QUANGUO JIANSHEHANGYE

ZHONGDENGZHIYEJIAOYUGUIHUA

TUIJIANJIAOCAI

全国建设行业中等职业教育规划推荐教材【园林专业】

园林植物环境

徐 荣 ◎ 主编

U0376265

中国建筑工业出版社

图书在版编目（CIP）数据

园林植物环境/徐荣主编 . —北京：中国建筑工业出版
社，2008（2022.8重印）
全国建设行业中等职业教育规划推荐教材（园林专业）
ISBN 978-7-112-09865-1

Ⅰ.园… Ⅱ.徐… Ⅲ.园林植物-环境生态学-专业
学校-教材 Ⅳ.S688

中国版本图书馆 CIP 数据核字（2008）第 045671 号

责任编辑：陈 桦
责任设计：赵明霞
责任校对：梁珊珊 兰曼利

全国建设行业中等职业教育规划推荐教材（园林专业）

园 林 植 物 环 境

徐 荣 主编

*
中国建筑工业出版社出版、发行（北京西郊百万庄）
各地新华书店、建筑书店经销
北 京 天 成 排 版 公 司 制 版
北京圣夫亚美印刷有限公司印刷
*
开本：787×1092毫米 1/16 印张：13¼ 字数：350 千字
2008 年 6 月第一版 2022 年 8 月第八次印刷
定价：**25.00** 元
ISBN 978-7-112-09865-1
　　　（21026）

本系列教材编写委员会

编委会主任：陈　付　沈元勤

编委会委员（按姓氏笔画排序）：

马　垣　王世劲　刘义平　孙余杰　何向玲

张　舟　张培冀　沈元勤　邵淑河　陈　付

赵岩峰　赵春林　唐来春　徐　荣　康　亮

梁　明　董　南　甄茂清

前　　言

在园林绿化行业蓬勃发展，职业教育体系深入改革的背景下，为了贯彻《中共中央国务院关于教育改革全面推进素质教育的决定》精神，根据教育部 2001 年颁发的《中等职业学校园林专业教学指导方案》园林植物环境课程教学基本要求，组织力量进行教材的编写。教材全面贯彻"以能力为本位，以就业为导向"的原则，以培养技能型、应用型人才为目标，突出实用性和新颖性。

《园林植物环境》教材可作为园林、园艺、林学专业及相关专业的中等职业学校教材和成人、在职人员职业技能培训教材及相关层次人员的自学参考书。本教材在编写过程中，第一，体现了综合性强，将植物生态学、土壤肥料学、农业气象学等知识有机融合起来，优化整合；第二，内容新颖，在注重基础知识、基本理论和基本技能的基础上，充分反映园林植物环境领域的新知识和新技术；第三，突出职业技能训练，注重基本理论的应用性，突出技能实训，具有较强的实践性；第四，结合编者多年从事园林环境教学工作、科研及实践所积累的经验，更具有针对性和实用性，突出了学生职业综合能力和专业技能的培养和发展需求。

全书共分为 10 章，内容包括绪论、园林植物与光、园林植物与温度、园林植物与水分、园林植物与大气、园林植物与生物、园林植物与土壤、生态系统的基本知识、园林植物生长的地理因素、实验实训。本教材对城市的光、温度、水、大气、生物、土壤和地理等生态因子与园林植物生长的关系及园林植物改善城市环境的生态作用，植物群落的一般结构特征、动态演替规律和分布特点及生物多样性等进行了详细的介绍。

本教材主编为徐荣，参与编写的有林玉宝、杨艳、贾秀香、李晓娟。具体分工如下：第 1 章由徐荣、林玉宝编写；第 2 章由林玉宝编写；第 3 章由林玉宝编写；第 4 章由林玉宝编写；第 5 章由林玉宝编写；第 6 章由徐荣编写；第 7 章由贾秀香编写；第 8 章由李晓娟、徐荣编写；第 9 章由徐荣编写；第 10 章由徐荣、林玉宝、杨艳、贾秀香。全书最后由徐荣修订与统稿。

编写过程中全体编写人员团结协作，热情奉献，并得到了编写人员所在单位领导的大力支持和出版社有关领导及编辑的支持和帮助。在此，一并致谢。

本教材在编写中，尽管有着明确的目标和良好的追求，但由于编者的水平有限，不足之处，在所难免，恳请读者批评指正。

编　者

2008 年 2 月

目　录

第 1 章 绪 论

本章学习要点:

1. 环境的概念、园林植物环境的概念和生态因子的分类;
2. 城市环境的特点;
3. 园林植物与环境相互作用的基本规律;
4. 园林植物环境课程的内容及学习任务。

1.1 环境与园林植物环境

1.1.1 环境的概念

环境是针对某一主体而言的,环境是指与某一特定主体有关的周围一切事物的总和。因此,随中心事物不同,环境的含意也随之改变。

1.1.2 园林植物环境

园林植物环境就是园林植物生存空间的所有因子的总和,是自然环境的重要组成部分,是以园林植物为主体,与一定的人工和自然物理要素相互作用形成的统一体。对园林植物来说,其生存地点周围空间的一切因素,如气候、土壤、生物(包括动物、植物、微生物)等,就是园林植物的环境。

构成环境的各个因素,称为环境因子。环境因子并不都对植物发生作用,如占大气体积近 80%的氮 (N_2),对非共生性高等植物就没有直接作用。在环境因子中,对植物发生作用的因子称为"生态因子"。生态因子中有一些是植物生活所必需的,主要有光、热、水、氧、二氧化碳和一些矿质元素,它们是植物的生存条件,通常称为"生活因子"。植物生存空间所有生态因子构成了植物的"生态环境",简称"生境"。

1.1.3 园林植物环境中生态因子的分类

园林植物环境是个有机的整体,构成园林植物环境的各要素间彼此都是紧密相关的。环境中的生态因子分为气候因子、土壤因子、地形因子、生物因子和人为因子五大类。

(1) 气候因子:包括光照、温度、空气、水分、雷电、风等因子。其中每一个气候因子又可分为许多独立的因子。

(2) 土壤因子:包括土壤结构、土壤水分、土壤有机质、矿物质、土壤物理性质和化学性质以及土壤动植物和土壤微生物等因子。

(3) 生物因子:包括动物、植物和微生物等因子。

(4) 地形因子:包括地势起伏状况,如山脉、高原、平原、洼地等,以及海陆分布、坡度、坡向、坡位、海拔、经纬度等。

(5) 人为因子:指人类对自然资源的利用、改造和破坏所造成的影响等。

上述五类生态因子中,气候、土壤和生物因子对植物直接发生作用。而地形因子对植物的作用,是由于地形影响了气候和土壤,并通过改变气候和土壤而影响植物。因此,地形因子对植物起间接的作用。人为因子对植物的影响往往超过其他所有因子。因为人类的活动通常是有意识、有目的的,所以对自然环境中的生态关系起着促进或抑制、改造或建设的作用,而有时则是起着破坏的作用。当然,自然环境中有些强大的作用,也不是人为因子所能代替的。例如,昆虫对虫媒花植物、风对风媒花植物在广阔地域内的传粉,就不是人工授粉所能胜任的。至于强大台风的破坏作用,目前人们还只能被动防御，尚无法改变。

1.1.4 城市环境特点

城市是人口聚集、人类的活动最集中的地方，特别在工业生产、交通运输、文化活动等方面表现最为突出，也是园林绿化工作较集中的地方。人类的生活、生产活动，极大地改变了城市内及其近郊的环境，因而也明显地影响了园林植物的生长、发育。因此，了解城市环境的特点是研究园林植物环境的重要基础。城市环境的特点主要表现为以下几个方面。

(1) 气候要素发生了变化。由于城市人口集中，加之大量的城市建设，使得某些气候要素发生了变化。①大气成分发生了明显的变化。城市中各种燃料的燃烧、废气的排放以及人类的频繁活动，增加了城市空气中二氧化碳的浓度，由一般平均含量0.03%(按体积)增加到0.05%～0.07%，局部地区可高达0.2%。此外，有毒气体(如SO_2、Cl_2、HF、H_2S等)、粉尘、有毒的重金属微粒(如铅、锡、铬、砷、汞等)大量增加，以及一些放射性物质都有所增加。空气中有害物质的增加，易对人类和植物产生危害。②雾多、云多，太阳辐射减弱，日照缩短，气温升高。城市空气中存在的许多固体粉尘、微粒，有许多是吸湿性核或凝结核，能使水汽凝结。在对流作用下，会使云、雾增多。据统计，城市中的雾日，冬季比农村多100%，夏季比农村多20%～30%。城市空气中较多的固体微粒及高浓度二氧化碳等，吸收和反射了太阳辐射，加之云雾多，以致光强度减弱，减弱程度可达10%～20%。特别是减弱了其中的红黄光和紫外线的强度，影响了植物的同化作用和花青素的形成，因此城市中培育的鲜花不及远郊培育的艳丽。此外，在城市高层建筑的阻挡下，日照时间也缩短，一般能减少5%～15%，有的地段甚至整天接受不到直射光。城市中人们生产和生活活动导致热量增加，此外，二氧化碳浓度的增加又阻止了地面热的扩散，加之马路、建筑物的强烈反射，使得城市年平均气温比周围郊区高1～2℃。这种现象称为"热岛效应"。在城市环境中，许多喜温植物较在同纬度的旷野环境中得以顺利越冬，提高了它们的纬度分布线。③风速较小，风向改变。由于城市建筑物的阻挡、摩擦，减低了风速；又因街道的走向、宽度、两旁建筑物的高度、朝向及形式等的不同，改变着风的方向。当街道方向与盛行风的风向一致时，可产生所谓"狭管效应"而使风速增大。这些都对园林植物的蒸腾、生长、繁殖以及一些树木的形态产生一定影响。④蒸发量小，相对湿度低。城市里的建筑物以及封闭性的道路，阻止了土壤对降水的吸收，同时也阻止了土壤水分的蒸发，大部分雨水很快沿地下管道排走。城市里植被少，植物蒸腾量小，气温较高，因而空气中相对湿度和绝对湿度都比开阔的农村地区低。由于城市中湿度较小，我们对一些喜湿性的植物，必须注意喷水灌溉，或采取群植、丛植措施，以利保湿。

(2) 土壤情况较为复杂。人类频繁的活动，彻底改变了土壤自然形成后的发育过程，形成了一种特殊的土壤类型——城市土壤。①城市土壤缺乏完整的发育层次，同时混杂着许多碎砖、碎瓦、石块，以及金属、玻璃、塑料等建筑垃圾或生活残余物。②土壤的理化性质变化较大。土壤空气少，表层特别板结，土壤中有时还含有对植物有害的物质等。③土壤水分减少，地下水位降低。

(3) 生物环境发生了巨大变化。在城市中，一般野生禽兽几乎绝迹，鸟类也随人口密度的增加及建筑结构的改变而减少，而能适应城市环境的昆虫却得到了繁殖的机会。使得许多城市的食叶害虫和蛀干害虫等有所增加，从而加大了药物防治的力度，进而增加了土壤及水体的农药污染。蜂、蝶类昆虫则逐渐绝迹，致使一些园林植物优良品种的传粉失去媒介，就需要加强人工辅助授粉了。

1.1.5 园林植物环境的生态意义

园林植物是构成园林景观的基本材料。园林植物不但构成园林景观，发挥美化和绿化的功能，而且在净化空气、吸滞灰尘、减少空气含菌量、减弱噪声、降温增湿、防止水土流失等方面具有明显的作用。园林植物构成的园林绿地，被誉为"城市的肺脏"，对改善和保护环境、维持生态平衡具有重要的作用。因此，园林植物环境建设在现代城市建设中具有举足轻重的地位。园林植物环境建设是城市文明建设的重要内容。当代园林观应以植物景观为主体，发挥园林的多重功能，不仅应重视园林的游憩、景观功能，更应重视园林植物改善环境的生态功能，即走生态园林的道路。

1.2 园林植物与环境相互作用的基本规律

1.2.1 生态环境对园林植物作用的基本规律

园林植物与其周围环境，实质上构成了一个有机的整体，各种生态因子对植物的影响过程也存在着一定的规律性，只是为了研究方便，才一个因子一个因子单独进行分析。实际上生态因子与园林植物相互作用的过程中，生态环境对园林植物作用有以下几个基本规律。

1) 园林植物特性与生态环境的统一性

不同的园林植物要求不同的生态环境。就园林植物与气象的关系来说，有喜温暖，有喜寒凉等等。就园林植物与土壤的关系而言，有些植物喜酸性土，有些喜钙质土，还有的适于盐碱土中生长。虽然植物的特性不是永久不变的，但如果突然把它们移栽或引种到远远超过它们特性所要求的生态条件下，就会出现生长发育不良甚至死亡的现象。从园林植物特性与生态环境的统一性这一规律出发，所谓速生树种或慢生树种的概念，不是绝对的，而必须与一定的土壤、气候等外界生态因子相联系加以考虑。只有了解树种生态和生物学特性，才能贯彻适地适树的原则。

应当指出，植物与环境统一的关系，不是永恒固定不变的，树种在不利的环境中，其遗传性也可能会发生变异，这种变异通过相当长的时期，会得到固定。因此，树种特性是外界环境和树种本身遗传性矛盾统一的产物。这样就有可能在园林实践中按人类需要的方向，利用各种方法，改变或保持植物特性。

2) 生态因子的相互联系、相互制约和综合作用的规律

任何生态因子都不是单独存在，而是相互联系、相互制约的。一个生态因子的变化，常会引起其他因子的变化。例如光照强度增加后，常引起气温、土温升高，空气相对湿度降低，土壤蒸发增强，水分减少等一系列因子变化，使整个生境趋于干热。又如风速加大，也会使温度降低，蒸发增强，气温、土温和其他条件也相应发生一定的变化。

生态因子不能孤立存在，也不能孤立地对植物发生作用，任何生态因子都是和其他生态因子综合在一起对植物发生作用的。环境是多因子的有规律的综合，各生态因子的效应总是在环境诸因子的配合中才能发挥出来，无论其中某项因子对植物的生长发育如何适宜，如果失去其他因子适当的配合，植物都无法完成其生长发育过程。例如某地区土壤虽有丰富的营养物质，如果没有适当的水分和其他生态因子的配合，就无法被植物吸收利用。相反，如果土壤瘠薄，缺乏营养物质，即使有适宜的水分、光照、温度等气候因子，植物也不会旺盛生长。当水分充足，通气良好，25~30℃的温度是种子发芽最适宜的温度；但在水分不足的情况下，同样的温度条件，种子发芽率却会明显下降。同样，如果土壤通气性不良，水分过多，发芽过程也会受影响。因此，生态因子总是在相互联系、相互制约之中，综合地对园林植物发挥作用。

3）生态因子的不可替代性和可补偿性

植物在生长发育过程中所需要的光、热、水分、空气、矿质养分等生态因子，对植物的作用虽不尽相同，但都各具重要性。树木对生态因子的需量可以达到最小，但不能缺少；如果缺少其中一种，便会导致植物生长受到阻碍，甚至死亡。而且任何一个因子都不能由其他因子来代替，这就是生态因子的不可代替性。另一方面，在一定条件下，某一生态因子在量上的不足，可以由其他因子的增加或加强而得到补偿，并仍然能获得相似的生态效应，这就是生态因子的可补偿性。例如，增加 CO_2 浓度，可以补偿由于光照减弱所引起的光合强度降低的效应。需要注意的是生态因子之间的补偿作用是有一定限度的。树木需要的微量铁元素和大量需要的水分、阳光、二氧化碳等具有同等的重要性，都是维持树木正常生活所必须的条件，当缺乏微量元素时，树木同样不能生存。

4）生态因子中的主导因子

在错综复杂的生态环境中，所有生态因子，都是植物生活所必需的，但对于植物种的影响，各因子所处的地位和作用并非完全相同。在一定条件下，其中必然有一些因子对别的因子的变化起着决定性作用。通常把这种起决定性的因子称为主导因子。植物代谢的日光、温度、水分、无机盐类、氧、二氧化碳等，对园林植物来说同等重要，缺少任何一种就足以影响植物的正常生长发育。只是在不同的场合，某一种或两种因子起主导作用。例如，在寒冷的北方水分充足的地区，光照条件往往是生态环境中的主导因子。因为改变光照条件，便能改变气温和土温，而气温和土温的变化，又影响到大气湿度和水分的蒸发、土壤微生物的活动及土壤有机质的分解。在干旱地区，水分条件常常是影响林木生长的主导因子。

主导因子不是一成不变的，它常随着时间和空间以及园林植物的发育阶段而变化。因此，在一个地区某一时间内起着主导作用的因子，在另一地区或另一时间就不一定是主导因子。在秋早严重的地区实行秋季播种育苗，幼苗出土不齐或生长不良，主要是受水分条件的限制；在冬季或早春，造林后 2～3 年内影响幼林生长的主导因子是杂草的竞争，而郁闭后，影响幼林生长的主导因子一般是林木密度、营养空间。

5）生态因子作用的阶段性

每一个生态因子，对植物各个不同生长发育阶段和同一植物的各个不同年龄阶段所起的生态作用是不相同的，或者说，植物对生态因子的需求是有阶段性的。例如，植物生长发育中极为重要的光因子，对大多数植物来说，在种子萌发阶段并不重要，早春苗床适当的高温有利于种子萌发。另外，一个生态因子在植物某一发育阶段为必需。例如，日照的长短在植物的春化阶段并不起作用，但在植物光周期中是很重要的。

6）生态因子的直接作用和间接作用

在研究生态因子对植物的生长发育的影响时，必须分清生态因子是起直接作用还是间接作用。光照、温度、氧气、二氧化碳、矿质营养元素等因子直接对植物的生长发育起作用，属直接作用的因子。而地形因子，如地形起伏、坡向、坡度、海拔等，可以通过影响光照、温度、雨量、风速、土壤性质等间接地对植物产生影响，从而引起植物与环境的关系发生变化，属间接作用因子。例如，在吉林省东部山区，一般在山的阳坡上部，由于土壤瘠薄、光照充足、空气湿度小、温度变幅大，主要分布以蒙古栎为主的耐瘠薄树种；而在山下的小溪两侧，因土壤肥沃、水分充足，则分布着以核桃楸、水曲柳、黄波罗等为主的喜肥湿性树种；在山的阴坡，由于光照弱、温度变幅小、空气湿度大、土层厚，分布着以云杉、冷杉为主的耐阴性树种。

7）生态因子的限制性作用

（1）限制因子

生物的生存和繁殖依赖于各种生态因子的综合作用，其中限制生物生存和繁殖的关键性因子就是限制因子。任何一种生态因子只要接近或超过生物的耐受范围，它就会成为这种生物的限制因子。

如果一种生物对某一生态因子的耐受范围很广，而且这种因子又非常稳定，那么这种因子就不太可能成为限制因子；相反，如果一种生物对某一生态因子的耐受范围很窄，而且这种因子又易于变化，那么这种因子就很可能是一种限制因子。例如，氧气对陆生动物来说，数量多、含量稳定而且容易得到，因此一般不会成为限制因子（寄生生物、土壤生物和高山生物除外）。但是氧气在水体中的含量是有限的，而且经常发生波动，因此常常成为水生生物的限制因子。限制因子概念的主要价值是使人们掌握了一把研究生物与环境复杂关系的钥匙，因为各种生态因子对生物来说并非同等重要，我们一旦找到了限制因子，就意味着找到了影响生物生存和发展的关键性因子。

（2）利比希（Liebig）最小因子定律

德国化学家 Baron Justus Liebig 于 1840 年分析了土壤与植物生长的关系，认为每一种植物都需要一定种类和一定数量的营养元素，并阐明在植物生长所必需的元素中，供给量最少（与需要量比相差最大）的元素决定着植物的产量。例如，当土壤中的氮可维持 250kg 的产量，钾可维持 350kg，磷可维持 500kg，则实际产量只有 250kg；如果多施 1 倍的氮，产量将停留在 350kg，因这时产量为钾所限制。利比希指出："植物的生长取决于处在最小量状况的食物的量"，这一概念被称为"利比希最小因子定律"。

利比希之后，不少学者对此定律进行了补充。当限制因子增加时，开始增产效果很明显，继续下去，效果渐减。如土壤中的 N 支持其最高产量的 80%，P 支持 90%，最后实际产量是 72%，而不是 80%。

（3）谢尔福德（Shelford）耐性定律

美国生态学家 V. E. Shelford 于 1913 年指出，生物的存在与繁殖，依赖于某种综合环境因子的存在，只要其中一项因子的量（或质）不足或过多，超过了某种生物的耐性限度，则使该物种不能生存，甚至灭绝。这一概念被称为谢尔福德耐性定律。

应注意的是，生物的耐性限度会因发育时期、季节、环境条件的不同而变化。当一个种生长旺盛时，会提高对一些因子的耐性限度；相反，当遇到不利因子影响它的生长发育时，也会降低对其他因子的耐性限度。

1.2.2　园林植物对环境作用的基本规律

1）园林植物对环境作用的阶段性

环境制约着植物，植物的存在也在不断地影响和改造着环境。例如，城市园林植物群落对城市的光照、温度、湿度、土壤等都有很大的影响。但植物在生长发育的不同阶段对环境的作用是不同的。如一棵 100 年生的水青冈树高 25m，冠幅 15m，叶表面积 1600m²，每小时产生氧气 1.17kg，消耗二氧化碳 2.35kg。它的作用相当于 2700 棵树冠面积为 1m² 的小树。一般来说，在植物群落发育初期，由于个体矮小，对环境的作用比较微弱，随着植物群落的不断发育，对环境的改造作用不断地增强，在植物群落发育盛期，植物群落对环境的改造作用最强。

2）园林植物对环境条件的指示性

植物与环境之间是相互统一的，每种植物的生存都要求一定的环境条件，植物在空间上的变化，在一定程度上与气候和土壤条件的变化相适应。人们能利用植物群落和植物的变化，指示改变了的环境条件。因此，植物的变化必然会反映出环境条件的变化，这种现象就是植物的指示性。根据这一原理，就可以用植物来指示环境。例如，有杜鹃、茶树自然生长的地方，土壤一定呈酸性；有柽柳、甘草等植物自然生长处，土壤一定呈碱性。

利用植物群落和植物的指示作用来研究立地条件，可以更加明确地鉴定立地条件对植物生长的适宜程度，可以更加具体地表达环境条件的综合作用，也有利于解决实际生产问题。但是，应当注意不要把植物对环境的指示作用绝对化。因为植物在一定环境下存在，并不仅仅决定于立地条件，同时也决定于植物区系和植物之间的相互作用以及人为因素的影响等。

1.3 园林植物环境课程

1.3.1 园林植物环境课程的内容和任务

1) 园林植物环境课程的内容

园林植物环境主要研究构成植物群落的各种植物与其他生物之间的相互关系，并研究这些生物和它们所在的外界环境之间的相互关系。园林植物环境研究的内容是阐述园林植物环境各要素的特点、变化规律，园林植物与其环境相互关系的规律，以及园林植物主要生态因子在园林绿化中的应用。本课程内容包括：介绍与园林植物有关的大气中所发生的主要物理过程和物理现象，即园林气象知识；介绍与园林植物有关的土壤、肥料条件及其在园林绿化中的应用，即园林土壤肥料知识；介绍园林植物生存条件，园林植物及其群落与环境相互作用的过程及其规律，即园林植物生态知识。本课程以园林植物生态知识为主线，把园林植物生态学知识、气象学知识和土壤肥料知识有机地整合在一起，以环境因子的变化规律及其与园林植物的相互关系为重点，形成了本课程的知识结构。

2) 园林植物环境课程的任务

园林植物环境课程的主要任务是阐明园林植物环境因子的特点及变化规律，揭示园林植物个体的生长发育和群体的结构、形态、形成、发展与环境之间的生态关系，从而更好地控制和调节园林植物与环境之间的关系。在园林工作中，了解园林植物与环境的相互关系，一方面便于正确地改善环境条件，以满足园林植物对外界物质和能量的要求；另一方面可充分发挥植物的生态适应潜力，使其能最充分地利用环境条件和最有效地改造环境，从而最大限度地发挥植物在园林绿化中的优势和潜力。

1.3.2 园林植物环境课程与其他学科的关系

园林植物环境课程是园林专业一门重要的综合性很强的专业基础课。它涉及的面很广，与许多基础科学密切联系、相互渗透。它与植物形态、解剖、分类、进化，以及植物生理、植物保护等生物科学密切相关；并与气象、土壤、地理、地质、环境等科学有直接或间接的联系。在城市中，人类社会的种种活动对植物起着极大的影响，因而园林植物环境课程也涉及社会科学的有关知识。

1.3.3 学习园林植物环境课程的重要性

学习园林植物环境课程，可为进一步学习园林植物栽培养护、园林植物的良种繁育，以及园林规划设计、施工乃至园林经营管理等知识和技能奠定基础。园林植物种类繁多，包括众多的观赏树木、花卉、草本与地被植物。在配置这些园林植物时，可以是单株种植，但多数情况下是丛栽群植或成片种植。有的是单层，有的是多层次组合。如前所述，城市中的园林生态环境较复杂。由于人们的频繁活动，造成路渠遍布、车辆众多、建筑密集、土壤结构复杂，光照、温度、湿度等气候条件具有特殊性，加之工业"三废"污染严重，使城市生态环境发生了很大变化。这就更需要在充分了解一般生态规律的同时，进一步掌握城市生态环境的变化情况，以及城市环境与植物相互作用的规律。

园林植物环境的类型很多，就其范围与面积而言，有广有狭，有大有小；就其性质与内容而言，有繁有简，有多有少。不论是范围广阔的风景区、自然保护区，还是范围不大的一片风景林、一座公园，甚至范围更小的一片草坪、一个花坛，都包括了最根本的、不可缺少的两方面的内容，这就是植物与它所生存的环境。没有植物，就不能形成园林植物环境；没有必要的生活条件，花草树木也就无法生长发育。因此，园林工作者就需要认真研究它们之间的相互关系，熟悉园林植物环境的基础知识，只有这样才能更好地进行园林绿化工作。

复习思考题

1. 简述环境、园林环境的概念。
2. 环境中的生态因子分为哪几类？
3. 说明城市环境的特点。
4. 阐述园林植物与环境相互作用的基本规律。
5. 试分析本地区园林植物环境建设的现状及存在的问题。

园
林
植
物
环
境

第2章 园林植物与光

1. 太阳辐射的基本概念；
2. 光与园林植物的生长发育的关系；
3. 园林植物对光环境的适应及光环境的调控在园林绿化中的作用。

太阳能是一切生命活动的能源。地球表面的能量绝大部分都直接和间接地来自太阳能。太阳以辐射的形式将太阳能传递到地球表面，给地球带来光和热，并使地球上产生昼夜和四季。光是包括园林植物在内的一切绿色植物所必需的生存条件之一。绿色植物通过光合作用将太阳辐射能转化为化学能贮藏在合成的有机物质中，除自身需要外，还提供给其他生物体，为地球上几乎所有生命提供了直接和间接的生长、运动、繁殖的能源。太阳辐射由于强度、光质及光周期随时间和空间发生一系列规律性的变化，这些变化都会对植物的生长和发育产生直接的影响。不同的光环境下生长发育着不同种类的植物，而不同种类的植物对光环境的要求也不相同。园林植物只有在适宜的光环境下，才能良好地生长发育。只有根据园林植物的生态特性，选择适宜的环境栽植，才能达到良好的园林绿化效果。

2.1 太 阳 辐 射

2.1.1 太阳辐射

自然界中的一切物体，只要其绝对温度高于 0K(－273℃)，都以电磁波的形式向四周不停地放射能量，这种放射能量的方式称为辐射。以辐射方式传递的能量称为辐射能。辐射是自然界中最重要的能量传输方式。

太阳是一个巨大的炽热的球体，其表面温度约 6000℃，内部的温度更高。太阳以电磁波的形式不断地向四周空间放射能量，这种传输能量的过程称为太阳辐射。以辐射的方式传递的太阳能量称为太阳辐射能。据计算每分钟太阳放射出的热量大于 20.9×10^{27} J，整个地球一年中，从中获得 5.4×10^{24} J 的热量，这是地面和大气主要的热量来源，来自其他星球的热量仅占太阳辐射的亿分之一，来自地球内部的热量仅为太阳辐射的万分之一。因此可以说，太阳辐射几乎是地球表面和大气热能的全部来源。

地球是一个球体，加之其表面形状复杂，使之接收太阳辐射的能量极不均匀，从而导致了地球上天气变化和不同气候的形成。由于各地得到的太阳辐射不均匀，造成了温度上的差异。温度高的地方气压低，温度低的地方气压高，空气由气压高的地方流向气压低的地方，形成大气流动。地球表面受热后使水汽蒸发，含有水汽的空气上升冷却，水汽凝云成雨。因此，太阳辐射是引起大气物理现象和物理过程变化的基本动力，也是形成一个地方气候的基本因素。

太阳以电磁波的形式向外辐射能量，辐射的波长范围很广，从 10^{-10} μm 的宇宙射线到波长几千米的无线电波都属于辐射的范围。各种辐射的波长见图 2-1。

波长不同，辐射能也不同。太阳辐射随波长不同的顺序排列称为太阳辐射光谱。在太阳辐射光谱中，99% 的能量集中在 $0.15 \sim 4\mu m$。太阳辐射光谱按其波长可分为紫外光谱区(波长小于 $0.38\mu m$)、可见光光谱区(波长为 $0.38 \sim 0.76\mu m$)和红外光谱区(波长大于 $0.76\mu m$)。太阳辐射能中红外光区约占 43%；紫外光区约占 5%，其余部分为可见光。由此可见，可见光和红外光区占太阳辐射能的绝大部分。

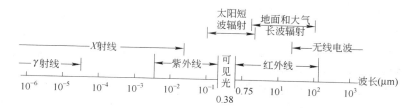

图 2-1 各种辐射的波长范围

在可见光区中按其波长又可分为红、橙、黄、绿、青、蓝、紫七种色光，其中红光波长最长，紫光波长最短。太阳辐射能力最强的波长为 $0.475\mu m$，在可见光的青蓝色区内。可见光光谱区既有热效应，又有光效应，所以太阳辐射俗称为阳光或日光。

对于某物体或某地接受到太阳辐射能的多少，常用太阳辐射强度来衡量。太阳辐射强度是指在单位时间内投射于单位面积上的太阳辐射能量，其单位一般采用"瓦/平方米"（W/m^2）。

2.1.2 太阳辐射在大气中的减弱

太阳辐射在经过大气层时，其中一部分被吸收，一部分被散射，还有一部分被反射，使太阳辐射通过大气后显著地减弱了。

1）大气对太阳辐射的吸收

太阳辐射通过大气时，大气中的各种成分（O_2、O_3、CO_2、水汽和尘埃等）会吸收一部分太阳辐射能变为自己的热能，这一过程称为大气对太阳辐射的吸收。

2）大气对太阳辐射的散射

当太阳辐射通过大气遇到空气分子或其他微粒等质点时，一部分能量就会以这些质点为中心向四周散播出去，这种现象称为散射（图 2-2）。散射只改变辐射的方向，不改变辐射性质。太阳辐射被散射以后，其中一部分就不能到达地面，因此散射也能使太阳辐射减弱。

散射有两种：一种是散射质点的直径比太阳辐射波长更小（如空气分子）的散射，称为分子散射。在晴朗无云时，大气干洁，空气质点半径

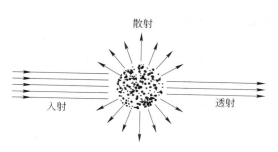

图 2-2 散射作用示意图

小，以分子散射为主，可见光中波长短的蓝紫光被散射得多，所以天空呈蔚蓝色。另一种是散射质点的直径比太阳辐射波长大的散射，如悬浮空气中的烟粒、尘埃、水滴等，各种辐射波长都同样地被散射，这种散射称为漫射。当大气中有较多烟尘杂质时则产生漫射作用，因此天空呈乳白色。

3）大气对太阳辐射的反射

大气中的云层和较大的灰尘杂质对太阳辐射均可发生反射作用，使太阳辐射中的一部分能量返回宇宙空间，因而使到达地面的太阳辐射减弱。云的反射能力因云状、云量和云的厚度而有很大的不同。云的反射率平均为 50%～55%。高云反射率约为 25%，中云为 50%，低云为 85%，稀薄云层为 10%～20%，厚云层可达 90%。可见，云量愈多，云层愈厚，其反射率愈高。

2.1.3 到达地面的太阳辐射

太阳辐射通过大气后，到达地面的有两部分：一部分是以平行光的形式直接投射到地面的太阳

直接辐射；另一部分是自天空射到地面的散射辐射。这两部分之和称为太阳总辐射。

1）太阳直接辐射

太阳直接辐射是指以平行光的形式到达地表水平面上的太阳辐射。其辐射强度与太阳高度角、大气透明度、云量、海拔高度及纬度有关。

(1) 太阳高度角是指太阳入射光线与地平面之间的最小夹角。它在 0°~90° 之间变化。太阳高度角不同时，地表面单位面积上所获得的太阳辐射能也不同。太阳高度角愈小，等量的太阳辐射能光束所散布的面积愈大(图 2-3)；太阳辐射穿过的大气层愈厚，地表单位面积上所获得的太阳辐射能就愈少(图 2-4)。

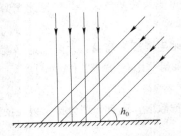

图 2-3　水平面上太阳辐射强度
随太阳高度角的变化

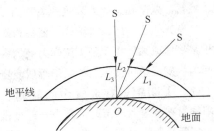

图 2-4　不同太阳高度角下
太阳光线穿过大气层厚度的变化

(2) 大气透明度是指大气的透明程度。它受大气密度、水汽含量和微尘杂质的影响。在高山上，空气稀薄，水汽和微尘杂质含量很少，大气透明度显著增加。所以高山上测得的太阳直接辐射强度要比山下或平原上测得的大。例如拉萨获得的太阳辐射量高达 847.4kJ/(cm² · 年)，素有"日光城"之称。

(3) 云量对太阳直接辐射影响很大。一般来讲，云层愈厚，云量愈多，太阳直接辐射愈弱。在乌云密布的全阴天时，太阳直接辐射可以减少到零。

(4) 海拔高度增加，大气厚度相对减小且大气变稀薄，含水汽和尘粒减少，透明度增强，太阳直接辐射增强。

(5) 纬度对太阳直接辐射也有影响。高纬度地区因太阳高度角小，阳光穿过的大气质量多，云量也较多，因而使得太阳直接辐射随纬度的增加而减少。

2）天空散射辐射

天空散射辐射是指太阳辐射被大气散射后，以散射光形式到达地面上的太阳辐射。天空散射辐射的强弱也取决于太阳高度角、大气透明度、云量、海拔高度和纬度。

(1) 太阳高度角愈大，照射在单位面积上的太阳辐射能则愈大，因而被散射得也愈多。

(2) 大气透明度差时，大气中散射质点增多，散射辐射增强，散射占的比例增大。

(3) 随着云量的增加，散射辐射占总辐射的比例也增大。特别是有大量明亮云的存在且太阳高度角又较小时，散射辐射的增强尤其显著。

(4) 天空散射辐射强度还随着海拔高度增高而减少，这主要是因为海拔增高，空气变得稀薄，大气透明度随之增加的缘故。

(5) 高纬度地区的散射辐射增大。在极地上空因有大量的薄云存在，加之地面积雪反射到空中的辐射再次散射，因此散射辐射比较强。极地地区的散射辐射可占太阳辐射的 75%，而在热带和温带地区，只占 30%～40%。

经过大气减弱以后到达地面的太阳辐射，并不能全部被地面所吸收，还有一部分要被地面反射到大气中去。通常深色、潮湿、粗糙的地面比浅色、干燥、平滑的地面反射要少。

综上所述，太阳辐射在被地面吸收以前，既要受到大气、云的吸收和散射，又要受到云层和地面的反射，最后真正被地面吸收的只有一部分。如果把到达大气上界的太阳辐射作为 100%，则通过大气层后，有 10% 被云层吸收，25% 被云层反射，9% 被氧、水蒸气、二氧化碳和臭氧等气体吸收，9% 被浮尘散射而扩散，能够到达地面的只有 47%。而在这 47% 中又有 4% 被地面反射，最后仅有43% 被地面吸收(图 2-5)。

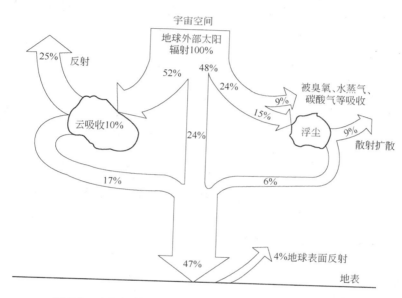

图 2-5　太阳辐射能到达地面分配示意图(北半球平均值)

2.1.4　地面辐射差额与热量平衡

1) 地面辐射

地面具有一定的温度，它在吸收太阳辐射的同时又昼夜不停地向外辐射能量，称为地面辐射。地面辐射的波长在 $3～80\mu m$ 之间，最大放射能力的波长为 $10\mu m$，属于红外线范围的长波辐射。地面辐射所放出的能量大部分被大气所吸收，只有少量透过大气散失到宇宙空间。白天，地面吸收的太阳辐射能比其放出的能量要多，因此地面温度升高，地面辐射也随之加强。夜间，因得不到太阳辐射，地面因放出能量而降温，地面辐射也比白天弱。

2) 大气辐射

大气直接吸收的太阳辐射能很少，主要吸收地面辐射而维持其一定的温度。大气不停地向四周放出辐射能，称为大气辐射。大气辐射的波长绝大部分在 $7～120\mu m$ 之间，最强辐射波长为 $15\mu m$，也属红外辐射。大气辐射有一部分向上进入宇宙空间，有一部分向下到达地面，这部分辐射因与地面辐射方向相反，故称为大气逆辐射。地面对大气逆辐射也有反射作用，所以地面只能吸收其中的一部分辐射能量。

3）地面有效辐射

地面一方面放出辐射，同时又吸收从大气向地面的大气逆辐射的一部分，地面辐射与被地面吸收的大气逆辐射之差，称为地面有效辐射。通常地面温度高于大气温度，地面放出的长波辐射大于吸收的长波辐射而经常损失热量。只有在近地层存在很强的逆温现象和空气湿度很大的情况下，地面才能由于吸收的大于放射的长波辐射而从大气中获得热量。

地面有效辐射的大小，随地面温度、空气温度与湿度及云况等因子的不同而发生变化。地面温度高，地面辐射强，则有效辐射大；空气温度高、湿度大时，大气逆辐射强，有效辐射就小。有云时，特别是在有浓密的低云时，有效辐射明显减弱，甚至可以减少到零，所以，有云的夜晚常比无云的夜晚温暖一些。人造烟幕之所以能防御霜冻也就是这个道理。此外，风力、海拔高度、地面状况及植物覆盖等因子也影响地面有效辐射。风可促使空气之间在水平方向和垂直方向的热量进行混合交换，使近地层空气降温慢，这便增大了大气逆辐射，使有效辐射减弱。海拔高，大气透明度较大，有效辐射也增大。地表平滑、潮湿或有植被覆盖时，有效辐射小；反之则大。

4）地面辐射差额

地面一方面吸收太阳辐射和大气逆辐射而获得热量，另一方面又向外放射长波辐射而失去热量。在单位时间内，单位面积地面所吸收的辐射与放出的辐射之差，称为地面辐射差额，又称为地面辐射平衡。

一天中，白天地面吸收的太阳辐射值经常超过地面的有效辐射值，所以地面辐射差额为正值。白天太阳短波辐射起主导作用，通常正午时地面辐射差额达最大值。夜间地面得不到太阳辐射，地面辐射差额为负值，因此夜间地面温度和近地面的大气温度都会降低。地面辐射差额由正值转负值出现在日落前 1h 左右，由负值转正值出现在日出后 1h 左右。

地面辐射差额的年变化因纬度不同而不同。纬度愈低，地面辐射差额为正值的月份愈多；纬度愈高，地面辐射差额为正值的月份愈少。

地面辐射差额是形成气候和小气候的主要因素。它决定着土壤和空气的温度及地面蒸发，因此有目的地改变地面有效辐射，就可以调节和改造小气候，以满足园林绿化建设中植物对光环境的需求。

2.1.5　太阳辐射的变化规律

由于地球是一个巨大的球体，在围绕太阳公转的同时，自身也在由西向东进行自转，所以到达地面的太阳辐射因时间和地点的不同而不同。太阳辐射随纬度和时间的变化发生着一系列规律性的变化。

1）太阳辐射的日变化

夜间太阳辐射为零。从日出到中午，太阳辐射随太阳高度角的增加而增强，正午时达到最大。午后又逐渐减小，日落后为零。在晴天的情况下，太阳辐射的这种日变化规律具有一定的普遍性。图 2-6 表明了晴天北京地区太阳辐射的变化规律。如果在阴雨、多云天气，则上述日变化规律常被破坏。

2）太阳辐射的年变化

在一年中，冬至日太阳高度角最小，白昼最短；夏至日太阳高度角最大，白昼最长。因此，夏季太阳辐射大，冬季太阳辐射小。太阳辐射从冬至到夏至逐渐增大，又由夏至到冬至逐渐减小。图 2-7 是北京地区太阳辐射的年变化，北京夏季正逢雨季，阴雨天多，太阳辐射量明显减少，致使全年的最高值出现在 5 月份。各地太阳辐射的年变化型不完全一样，在低纬度地区和干湿季明显的地区稍微复杂。

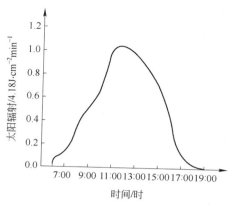

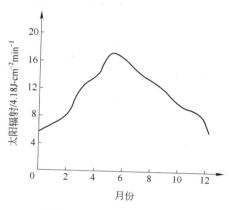

图2-6　晴天北京地区太阳辐射变化(1983年10月2日)　　　　图2-7　北京地区太阳辐射年变化

太阳辐射随纬度变化的规律：随着纬度增高，太阳辐射减小；随着纬度降低，太阳辐射增大。

由于在一年四季中接受的太阳辐射不同，形成了不同的季节。在天文学上以春分、夏至、秋分、冬至作为四季的开始。我国民间习惯上以农历正、二、三月为春季，四、五、六月为夏季，七、八、九月为秋季，十、十一、十二月为冬季。在气象统计上以公历3、4、5月为春季，6、7、8月为夏季，9、10、11月为秋季，12、1、2月为冬季。现在，我国以候的平均温度来划分四季。每5天为一候，全年72候。候温<10℃为冬季，≥22℃为夏季，10～22℃为春、秋季。以此计算北京地区春季55天，夏季103天，秋季50天，冬季157天。

总之，在北半球各纬度上，从春分到秋分这半年称夏半年，日出在早晨6∶00以前，日没在晚18∶00以后，全天昼长大于12h，夏至白天最长。从秋分到第二年春分这半年称冬半年，日出在早晨6∶00以后，日没在晚18∶00以前，全天昼长小于12h，冬至白天最短。由于我国由南到北纬度逐渐增加，夏半年中昼长也逐渐增加，加之绝大多数植物都在夏半年的温暖季节内生长发育，故此将我国北方地区称为长日照地区，南方地区称为短日照地区。南半球的昼夜长短和四季变化的情形正好与北半球相反。

我们的祖先根据古代黄河流域的天文和气候特征与农作物生长之间的关系，创造出二十四节气。节气的划分是根据地球在公转轨道上所处的位置而确定的。即把地球公转的轨道一周(360°)等分为二十四段，每年春分地球所在轨道上的位置定为0°，以后地球每转15°即为一个节气，每个节气历时约15天。

二十四节气的名称及日期见表2-1。

二十四节气的名称及日期　　　　　　　　　　　　表2-1

节气	日期	节气	日期	节气	日期	节气	日期
立春	2月4～6日	立夏	5月4～6日	立秋	8月6～8日	立冬	11月7～9日
雨水	2月20～22日	小满	5月20～22日	处暑	8月21～23日	小雪	11月22～24日
惊蛰	3月4～6日	芒种	6月5～7日	白露	9月7～9日	大雪	12月7～9日
春分	3月20～22日	夏至	6月21～23日	秋分	9月22～24日	冬至	12月22～24日
清明	4月4～6日	小暑	7月6～8日	寒露	10月7～9日	小寒	1月4～6日
谷雨	4月20～22日	大暑	7月22～24日	霜降	10月22～24日	大寒	2月20～22日

二十四节气中每个节气都有明确的含义。"立春"、"立夏"、"立秋"、"立冬"中的"立"是开始的意思，"四立"是四季的开始。春、夏、秋、冬则表示植物的萌、长、就、藏。"春分"、"秋分"中的"分"是平分的意思，"二分"表示昼夜平分，也恰是春秋两季的中间。"夏至"、"冬至"中的"至"是"到"或"最"的意思，"二至"表示炎热和寒冬已经到来。"雨水"表示天气回暖，降水开始以雨的形态出现，这一节气雨量明显增加。"惊蛰"表示开始打雷，土地解冻，蛰伏的昆虫被惊醒、开始活动。"清明"表示气候温暖，草木萌发，阳光明媚，大自然呈现一片清澈明朗的春色。"谷雨"表示降雨增加，雨生百谷。"小满"表示夏熟麦类作物的籽粒开始饱满，即将成熟。"芒种"表示有芒的作物如麦类的种子成熟了，或者表示晚谷作物忙于播种的时节。"小暑"、"大暑"中的"暑"是炎热的意思。小暑尚未达到最热，而大暑则是一年中最热的时节。"处暑"中的"处"是躲藏、终止的意思，表示炎热的天气已经过去。"白露"表示天气转凉，露水开始出现。"寒露"表示气温更低，露水发凉，将要结霜。"霜降"表示天气渐寒，已开始见霜。"小雪"、"大雪"表示天气更冷，降水以雪的形态出现。小雪时开始降雪，但雪量尚小；大雪时，雪量增大，地面可以积雪。

为了方便记忆，人们把二十四节气的名称编成歌谣，即：

春雨惊春清谷天，夏满芒夏暑相连；

秋处露秋寒霜降，冬雪雪冬小大寒。

每月两节日期定，最多相差一两天；

上半年来六廿一，下半年来八廿三。

歌谣的前四句概述了二十四节气的名称及其顺序，而后四句则指出一年中各节气日期的出现规律。应该注意，二十四节气起源于二千多年前黄河流域一带，主要反映黄河中下游地区的气候特点和农事活动情况。各地应根据当地的气候特点和植物的生长情况，因地制宜，灵活地运用二十四节气。

2.2　光与园林植物的生长发育

光是园林植物生长发育的必需条件之一，不同种类的园林植物在其生长发育过程中所要求的光照条件不同，而园林植物在长期适应不同光照条件下又形成相应的适应类型。

2.2.1　光谱成分与植物生长发育的关系

1) 光谱成分与植物光合作用

太阳辐射的主要成分是紫外线、可见光和红外线，不同波长的光具有不同的性质，对园林植物的生长发育具有不同的作用。

在太阳辐射中，只有可见光(波长 $0.38\sim0.76\mu m$)能被植物的光合作用利用。植物利用它进行光合作用并将其转化为化学能，形成有机物质。在可见光中红橙光(波长为 $0.61\sim0.72\mu m$)和蓝紫光(波长为 $0.4\sim0.51\mu m$)对植物的光合作用最为重要。植物吸收红橙光最多，它的光合作用活性最大，其次为蓝紫光。植物对绿光吸收量最少，称为生理无效光。

2) 光谱成分与植物的生长发育

一般来说，短波的光如蓝紫光、紫外线能抑制植物的伸长生长，使植物形成矮粗的形态，引起植物的向光敏感性、促进花青素等植物色素的形成，使得植物的茎叶、花颜色鲜艳。比较典型的是高原地区和高山上的植物较矮小且生长缓慢，可能是由于高原和高山地区空气稀薄，对紫外线的吸收较少，从而使得到达地面的太阳辐射中紫外线含量较高产生的抑制作用造成的。长波的光如红光、红外线能促进植物的伸长生长；红橙光利用叶绿素的形成，促进种子的萌发。

总之，不同波长的光对植物的作用不同，不同波长的太阳辐射对植物的主要生理生态作用如表2-2所示。

太阳辐射的不同波段对植物的生理生态作用

表 2-2

太阳辐射的波段	吸 收 特 性	生理生态作用
小于 280nm	被原生质吸收	可立即杀死植物
280～315nm	被原生质吸收	影响植物形态建成，影响生理过程，刺激某些生物合成，对大多数植物有害
315～400nm	被叶绿素和原生质吸收	起成形作用，如使植物变矮、叶片变厚等
400～510nm	被叶绿素和胡萝卜素强烈吸收	表现为强的光合作用与成形作用
510～610nm	叶绿素吸收作用稍有下降	表现为低光合作用与弱成形作用
610～720nm	被叶绿素强烈吸收	光合作用最强，某种情况下表现为强的光周期作用
720～1000nm	植物稍有吸收	对光周期、对种子形成有重要作用，促进植物延伸，并能控制开花与果实颜色
大于 1000nm	能被组织中水分吸收	能转化成热能，促进植物体内水分循环及蒸腾作用，不参与生化作用

2.2.2 光照强度与园林植物生长发育的关系

1）光照强度与植物光合作用

光照强度（或称照度）是指阳光在物体表面照射的强弱，它是太阳辐射光谱中的可见光部分（单位用勒克斯，lx）。光照强度对植物的生长起着重要的作用，它直接体现在光合作用强度上。在一定范围内，植物的光合作用随着光照强度的增强而增强，但是光照强度达到一定程度时，光合强度不再随光照强度的增加而增加，这种现象称为光饱和现象，此时环境中的光照强度值称为光饱和点。植物在进行光合积累的同时也有呼吸作用。当光照强度降低时，光合强度也随之降低。当光照强度低到一定程度时，植物光合作用制造的有机物与呼吸作用消耗的有机物相等，即植物的光合强度和呼吸强度相等，此时环境中的光照强度值称为光补偿点。

不同植物的光饱和点和光补偿点不同。就光饱和点而言，C_4植物的光饱和点一般比C_3植物高，喜阴植物的光饱和点较喜阳植物的高。就光补偿点而言，喜阴植物的光补偿点较低，约为100lx，而喜阳植物的可达500～1000lx。如果植物长期在光补偿点以下，植物将会逐渐枯黄至死亡，所以在园林植物的配置上要考虑植物的光补偿点，使植物能合理的利用光照进行光合作用。

2）光照强度与植物生长发育

光照能促使植物组织的分化，制约着各器官的生长速度和发育比例。强光对植物胚轴的延伸有抑制作用。光照过强时会造成叶绿素分解，或使细胞失水过多而使气孔关闭，造成光合作用减弱。而在光照充足的情况下则会促进组织的分化和木质部的发育，使苗木幼茎粗壮、低矮，节间较短，同时还能促进苗木根系的生长，形成较大的根茎比率。利用强光对植物茎的生长抑制作用，可培育出矮化的更具观赏价值的园林植物个体。

3）光照强度与园林植物的观赏性

植物在生长过程中具有向光性。园林植物，特别是园林树木由于各方向所受的光照强度不同，会使树冠向强光方向生长茂盛，向弱光方向生长不良，形成明显的偏冠现象。这种现象在城市的树木中表现很明显。在城市中由于高楼林立、街道狭窄，改变了光照强度的分布，在同一街道和建筑物的两侧，光照度会出现很大的差异。树木和建筑物的距离太近，也会导致树木向街心不对称地生长。

光照强度对植物的发育也有影响。植物体内的营养积累、花芽的分化和形成与光照强度密切相关。光照强度减少，营养物质积累也减少，花芽则随之减少。光照强度过弱甚至会出现只进行营养生长而不能形成花芽的现象。已经形成的花芽，也会由于体内养分供应不足而发育不良或过早脱落。因此，只有保持充足的光照条件，才能保证植物的花芽分化及开花结果。光照强度还影响植物开花的颜色。强光的照射有利于植物花青素的形成，使植物花色艳丽。光照的强弱对植物花蕾的开放时间也有很大影响。如半支莲、酢浆草在中午强光下开花，月见草、紫茉莉、晚香玉在傍晚开花，昙花在晚 21：00 之后的黑暗中开放，牵牛花、大花亚麻则盛开在早晨。

2.2.3　日照长度与园林植物生长发育的关系

日照长度(即昼长)是指从日出到日落太阳光直射到地面的时数。严格地说，影响植物生长发育的日照长度还应包括曙暮光在内，因为这部分光也能使一些植物进行光合作用。

1) 日照长度与植物开花

在自然条件下，昼夜的光照与黑暗总是交替进行的，在不同的纬度地区和不同季节里，昼夜的长短发生有规律的变化，这种昼夜日照长短周期性的变化称为光周期。许多植物的成花，在生长季节里要求每天一定的光照与黑暗的时数，如果光照时间不够或过长都会影响植物的开花，这种昼夜日照长短影响植物成花的现象称为光周期现象。例如翠菊在昼长夜短的夏季，只有枝叶的生长，当进入秋季以后出现昼短夜长时，才能长出花蕾。也就是说在光周期现象中，对植物开花起决定作用的是暗期的长短。短日照植物必须超过某一临界暗期才能形成花芽，长日照植物必须短于某一临界暗期才能开花(图 2-8)。

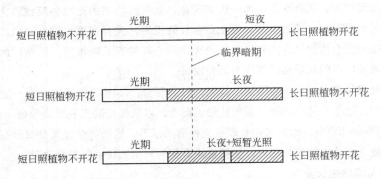

图 2-8　短夜、长夜、长夜闪光对长日照植物、短日照植物开花的影响

研究证明，波长为 640～660nm 的红光对中断黑夜所起的诱导作用最有效，用它进行光间断处理，明显抑制短日照植物的花芽形成，而促进长日照植物的花芽形成。秋季用短光照中断长时间的黑暗，抑制短日照植物的开花，可有效地控制植物的花期，以满足人们在不同季节对植物开花观赏的需求。

利用植物开花受日照长度影响的特性，用适宜植物开花的光周期处理植物，叫做光周期诱导。经过足够日数的光周期诱导的植物，即使再处于不适合的光周期下，那种在适宜的光周期下产生的诱导效应也不会消失，植物仍能正常开花。不同植物对所需的光周期诱导日数不同，这主要与植物的地理起源有关。通常起源于北半球的植物，越靠近北方起源的种或品种的长日照植物所需光周期诱导的长日照数越多；越靠近南方起源的短日照植物需要光周期诱导的短日照数越多。在光周期诱导期间，如果光照强度过弱，会减弱开花反应。植物开花不仅受到日照长短的影响。还受其他因素如温度、水分等的影响。生产实践中人为控制光照长短的同时，还要协调其他因子，才能真正达到控制花期的目的。

2) 光周期与植物休眠

光周期不仅对植物的开花有影响，而且对植物的营养生长和休眠也有明显的影响。一般来说，延长日照能使植物的节间生长速度增加，生长期延长；缩短日照则生长减缓，促进芽的休眠。北方深秋植物落叶多与短日照有关，使植物停止生长，进入休眠，有效地适应冬季即将到来的低温影响。南方起源的植物北移，由于秋季北方的日照时间长，往往造成南方植物徒长，秋季不封顶，很容易受到初霜的危害。要使南方植物在北方能安全越冬，可对其进行短日照处理，使其顶芽及早木质化，增强抗寒能力。

有很多园林花卉植物，只有在长日照的条件下才休眠，如原产于夏季干旱地区的多年生草本花卉，水仙、百合、仙客来、郁金香等。

2.3　园林植物对光的生态适应

在自然条件下，受植物生长的地域性影响，长期在一定的光照条件下生长的园林植物，在其生理特性及形态结构上表现出一定生态适应性，进而形成了与不同光照条件相适应的生态类型。

2.3.1　园林植物对光照强度的适应

叶片是植物接受光照进行光合作用的器官，在形态结构、生理特征上受光的影响最大，对光有较大的适应性。叶长期处于光照强度不同的环境中，其形态结构、生理特征上往往产生适应光的变异，称为叶的适光变态。阳生叶与阴生叶是叶适光变态的两种类型，一般在全光照或光照充足的环境下生长的植物叶片属于阳生叶，此类型具叶片短小、角质层较厚、叶绿素含量较少等特征。而在弱光条件下生长的植物叶片属于阴生叶，其特征是叶片排列松散、叶绿素含量较多。表 2-3 对阳生叶和阴生叶的特点进行了比较。

阳生叶和阴生叶的特点比较 表 2-3

	阳　生　叶	阴　生　叶
叶片	厚而小	薄而大
叶面积/体积	小	大
角质层	较厚	较薄
叶脉	密	疏
气孔分布	较密，但开放时间短	较稀，但经常开放
叶绿素	较少	较多
叶肉组织	栅状组织较厚或多层	海绵组织较丰富
分化生理	蒸腾、呼吸、光补偿点、光饱和点均较高	蒸腾、呼吸、光补偿点、光饱和点均较低

自然界中，有些植物只能在较强的光照条件下才能正常生长发育，如月季；而有些植物则能适应比较弱的光照条件，在庇荫条件下生长，如某些蕨类植物。不同植物对光照强度的适应能力不同，

特别是对弱光的适应能力有显著的差异。植物忍耐庇荫的能力称为植物的耐阴性。根据植物对光照强度的适应程度，可把园林植物分为以下三类。

(1) 喜光植物(阳性植物)

喜光植物指只能在充足光照条件下才能正常生长发育的植物。这类植物不耐阴，在弱光条件下生长发育不良。如木本植物中的银杏、水杉、柽柳、樱花、合欢、木瓜、花石榴、鹅掌楸、贴梗海棠、紫薇、紫荆、梅花、刺槐、白兰花、含笑、一品红、迎春、连翘、木槿、玫瑰、月季、侧柏、杨属、柳属等；草本植物中的芍药、瓜叶菊、菊花、五色椒、三叶草、天冬草、吉祥草、千日红、鹤望兰、太阳花、香石竹、向日葵、唐菖蒲、翠菊等。

(2) 阴生植物(阴性植物)

阴生植物指在弱光条件下能正常生长发育或在弱光下比强光下生长得好的植物。这类植物具有较高的耐阴能力。如木本植物中的云杉、罗汉松、三桠绣球、粗榧、杜鹃花、枸骨、雪柳、瑞香、八仙花、六月雪、蚊母树、海桐、箬竹、棕竹等；草本植物中的蜈蚣草、椒草、万年青、文竹、一叶兰、吊兰、龟背竹、玉簪、石蒜等。

(3) 中性植物

中性植物是指对光照的要求介于以上二者之间的植物。这类植物在光照充足时生长最好，也能忍受一定程度的庇荫。如木本植物中的雪松、樟树、木荷、桧柏、元宝槭、枫香、珍珠梅、荷花玉兰、紫藤、七叶树、君迁子、金银木等；草本植物中的石碱花、剪夏罗、剪秋罗、龙舌兰、萱草、紫茉莉、天竺葵等。

中性植物中的有些植物因其年龄和环境条件的差异，常常又表现出不同程度的偏喜光或偏阴生特征。

喜光植物与阴生植物在形态结构、生理特性及其个体发育等各方面有着明显的区别(表2-4)。

喜光植物与阴生植物的主要区别

表 2-4

	喜 光 植 物	阴 生 植 物
叶型变态	阳生叶为主	阴生叶为主
茎	较粗壮，节间短	较细，节间较长
单位面积叶绿素含量	少	多
分枝	较多	较少
茎内细胞	体积小，细胞壁厚，含水量少	体积大，细胞壁薄，含水量高
木质部和机械组织	发达	不发达
根系	发达	不发达
耐阴能力	弱	强
土壤条件	对土壤适应性广	适应比较湿润、肥沃的土壤
耐旱能力	较耐干旱	不耐干旱
生长速度	较快	较慢
生长发育	成熟早，结实量大，寿命短	成熟晚，结实量少，寿命长
光补偿点、光饱和点	高	低

根据树木的外部形态，常可大致推知其耐阴性：

(1) 树冠呈伞形者多为阳性树种，呈圆锥形且枝条紧密者多为阴性树种。

（2）枝条下部侧枝早落者为阳性树种，繁茂者多为阴性树种。

（3）叶幕区稀疏透光，叶片色淡而质薄，如为常绿树，叶寿命短者为阳性树种；叶幕区浓密，叶色浓深而质厚，如为常绿树，其叶可在枝条上生长多年者为阴性树种。针叶树之叶为针状者为阳性树种，叶扁平或呈鳞片状、表背面分明者为阴性树种；阔叶树之常绿者多为阴性树，落叶者多为阳性树或中性树种。

园林植物对光照强度的适应性，除了内在的遗传性外，还受年龄、气候、土壤条件的影响。植物在幼年阶段，特别是1～2年生的小苗是比较能耐阴的，随着年龄增加而耐阴程度减小；在湿润、肥沃、温暖的条件下，植物的耐阴性较强，而在干旱、瘠薄、寒冷的条件下，则表现为喜光。因此，在园林绿化中可适当增加空气湿度和增施有机肥来调节植物耐阴性的问题。

植物对光强的生态适应性在园林植物的育苗生产及栽培中有着重要的意义。对阴生植物和耐阴性强的植物育苗要注意采用遮阳手段。在园林绿化建设中，要注意根据不同环境的光照条件，合理选择配置适当的植物，做到植物与环境的相互统一，形成层次分明、错落有致的绿化景观，以提高其绿化、美化的效果。

2.3.2 园林植物对日照长度的适应

根据植物对光周期的不同反应，可以把园林植物分为以下四类。

1）长日照植物

长日照植物是指当日照长度超过临界日长才能开花的植物。也就是说，光照长度必须大于一定时数(这个时数称为临界日长)才能开花的植物。如：苹果、梅花、碧桃、山桃、榆叶梅、丁香、连翘、天竺葵、大岩桐、兰花、令箭荷花、倒挂金钟、唐菖蒲、紫茉莉、风铃草类、蒲包花等。这类植物每天需要的光照时数要达到12h以上（一般为14h)才能形成花芽，而且光照时数愈长，开花愈早；否则将维持营养生长状态，不开花结实。

2）短日照植物

短日照植物是指日照长度短于临界日长时才能开花的植物。如：一品红、菊花、蟹爪兰、落地生根、一串红、木芙蓉、叶子花、君子兰等。这类植物每天需要的光照时数要在12h以下（一般为10h)才能形成花芽，而且黑暗时数愈长，开花愈早；在长日照下只能进行营养生长而不开花。

3）中日照植物

中日照植物是指只有当昼夜长短的比例接近相等时才能开花的植物。如某些甘蔗种只有接近12h的光照条件才开花，大于或小于这个日照时数均不开花。

4）日照中性植物

日照中性植物是指开花与否对光照时间长短不敏感的植物，只要温度、湿度等生长条件适宜，就能开花的植物。如：月季、香石竹、紫薇、大丽花、倒挂金钟、茉莉等。这类植物受日照长短的影响较小。

植物对光周期的反应，是植物在进化过程中对日照长短的适应性表现，在很大程度上与原产地所处的纬度有关。因此在引种过程中，特别是引种以观花为主的园林植物时，必须考虑它对日照长短的反应。

2.4 光的调控在园林绿化中的作用

利用光对园林植物的生态效应和园林植物对光的生态适应性不同，适当调整光与园林植物的关系，可提高园林植物的栽培质量和增强其观赏性，达到更好的园林绿化效果。

2.4.1 调整花期

每到元旦、春节及国庆等节假日，各地园林部门在不同地点均展出多种不时之花，集春、夏、秋、冬各花开放于一时，以丰富和强化节日气氛。人们可根据植物开花对日照时数的要求不同，采取人为控制光照时间的手段，调整园林花卉植物的花期来满足市场的需求。

1）短日照处理

即在长日照季节利用遮光处理，缩短日照时数，令短日照植物开花。如菊花、一品红、叶子花、蟹爪仙人掌等属于短日照植物，在秋、冬季节日照变短时才陆续开花。如欲使这些品种提前到"十一"国庆节开花，就必须进行遮光处理。根据所确定的开花时间，每天只给提供 8~9h 光照，其他时间完全遮光。菊花经遮光处理后，20d 即可现蕾，50~60d 即可开花，因此，应在"十一"前 50~60d 进行短日照处理；一品红在"十一"前 50~60d 进行处理，也可开花；叶子花和蟹爪仙人掌可于"十一"前 45d 进行处理，都可达到在"十一"开花的目的。反之，若要令短日照植物延缓花期，则每天保证 12h 以上的光照。如秋菊的正常花期为 10 月下旬到 11 月，欲使它在 1 月或 2 月开花，可选用晚花品种采用人工增加照明的办法，使其全天光照时间达到 14~16h，处理时间需 80d 左右，即从 8 月中旬到 11 月中下旬。

2）长日照处理

即在短日照季节，延长光照时间，令长日照植物开花。例如唐菖蒲、晚香玉、瓜叶菊等长日照植物，在秋、冬及早春的短日照条件下不开花，可在温室内用白炽灯、日光灯或弧光灯等人造光源对其进行每天 3h 以上的补充光照，使每天光照时间达 15h 左右，就可达到催花的预期效果。

3）颠倒昼夜

采用白天遮光、夜间照明的方法，可使夜间开花的植物在白天开放。如昙花，本应在夜间开花，从绽蕾到怒放以致凋谢一般只有 3~4h。如果在花蕾形成后，在白天进行遮光，夜间用日光灯进行人工照明，经过 4~6d 处理后，昙花即可在上午 8：00~10：00 开花，至 17：00 左右凋谢，花期大大延长。

2.4.2 引种驯化

不同植物对生长区域的自然环境都存在长期的适应性，因此，在引种时要考虑引种地和原产地日照长度的季节变化，以及该种植物对日照长度的敏感性和反应特性、该种植物对温度等其他生态因子的要求。不同植物对光周期的要求不同，只有在适合的光周期下生长，才能正常地开花结实。通常，短日照植物由北方向南方引种时，由于南方生长季节光照时间比北方短，气温比北方高，往往出现生长期缩短、发育提前的现象；若短日照植物由南方向北方引种时，由于北方生长季内的日照时数比南方长，气温比南方低，往往出现营养生长期延长，发育推迟的现象。而长日照植物由北方向南方引种时，则发育延迟、花期推迟甚至不开花，若要使其正常发育，则必须满足其对长日照的要求，补充日照时间，才能开花结实。如若长日照植物由南方向北方引种时，则发育提前，生长期缩短，花期提前。

2.4.3 改变休眠与促进生长

日照长度对温带植物的秋季落叶和冬季休眠等特性有着一定的影响。在其他条件不变的条件下，长日照可以促进植物萌动生长，短日照有利于植物秋季落叶休眠。例如，城市中的树木，由于夜间路灯、霓红灯等灯光的照射延长了光照时间，使城市里的园林树木在春天萌动早、展叶早；在秋天落叶晚、休眠晚，即生长期有明显延长。因此，控制光照时间可以改变植物的萌动或调整休眠。

在园林植物育苗过程中，调节光照条件，可提高苗木的产量和质量。在高温、干旱地区，应对苗木适当遮阳；但在气候温暖、雨量多的地区，对一些植物，特别是喜光植物进行全光育苗，更能促进其生长。在有条件的地方，通过人工延长光照时间，促进苗木生长，可取得显著的效果。据资料记载，在连续光照下，可使欧洲赤松苗木高生长加速 5 倍，落叶松达 16 倍，而且苗木的直径和针叶也增长很多。

2.4.4　栽植配置

掌握园林植物的生态类型，在园林植物的栽植与配置中非常重要。只有了解植物是喜光性还是耐阴性种类，才能根据环境的光照特点进行合理种植，做到植物与环境的和谐统一。例如，在城市高大建筑物的阳面应以种植阳性植物为主，在其背面则以阴性植物为主。在较窄的东西走向的楼群中，由于道路两侧光照条件差异很大，所以树木的配置不能一味追求对称，南侧树木应选耐阴种类，北侧树木应选阳性树种。否则，必然会造成一侧树木生长不良。

复习思考题

1. 什么叫太阳辐射？太阳光谱是如何分布的？

2. 太阳辐射在通过大气时是如何被减弱的？

3. 为什么高纬度地区为长日照地区，低纬度地区为短日照地区？

4. 日照时间长短对植物生长发育有什么影响？

5. 列举当地栽植的园林植物中，哪些属喜光植物，哪些属阴生植物？

6. 菊花通常是在秋季 10 月份以后才能开花，如何使其在 7 月份开花？

第3章 园林植物与温度

本章学习要点：

1. 土壤温度及空气温度的变化规律；
2. 温度因子对园林植物的生态作用，园林植物对温度的适应性；
3. 园林植物对城市气候的调节作用以及温度因子的调控在园林植物上的应用。

温度是物体热量多少的最直接体现，是植物生长发育的重要生态因子之一。它会影响植物的光合作用、呼吸作用、蒸腾作用及根的吸收作用。植物的各种生理活动、生化反应都是在一定温度范围内进行的。在一定的范围内，温度升高，植物的生命活动旺盛，植物生长发育加快；温度降低，生长发育变缓。当温度超过植物所能忍受的最低点或最高点时，植物生长发育逐渐减慢、停止，甚至死亡。

3.1　温度及其变化规律

太阳辐射是地面主要热源，地面吸收太阳辐射后，使自身的温度发生变化。同时，地面又把一部分能量以地面辐射的形式释放给大气，大气吸收太阳辐射和地面辐射，同时进行大气逆辐射，因而大气温度也在不断变化。由于太阳辐射呈周期性变化，所以土壤温度和空气温度也在有规律地变化。

3.1.1　土壤温度

土壤中各种化学和生物化学过程以及植物生长发育活动，都是在一定温度范围内进行的。在适宜的温度范围内，随着温度增加各种活动都在增强。因此，园林植物生长与土壤温度有着密切的关系。要搞好园林生产，必须了解和考虑土壤的热状况。

土壤的热量随太阳辐射的变化而变化。白天，由于土壤吸收的太阳辐射大于地面辐射而增热；夜间，土壤表面的有效辐射增大而放热。具体表现为白天的温度高于夜间的温度。夏季由于吸收的太阳辐射多于冬季，其表现为夏季土壤温度高于冬季土壤温度。土壤温度不仅随昼夜和季节的变化而变化，也随土壤类型的不同而变化。

1）土壤温度的日变化规律

一天中，土壤温度在 13：00 左右最高，将近日出时最低。一天中土壤最高温度与最低温度差值称为土壤温度日较差。土壤温度日较差除受纬度、天气、海拔、土壤结构、土壤颜色、地被物影响外，还随土壤深度而发生变化。随土壤深度的增加，土壤温度日较差减小，到一定深度后，土温日变化消失，出现日温恒定层(深度约为 1m)。

2）土壤温度的年变化规律

7月平均土温最高，1月平均土温最低。影响土温日较差的因子同样影响年较差。随土壤深度的增加，年较差逐渐减少。在高纬度地区出现了永冻层(如我国的大兴安岭地区)。

园林植物的繁殖主要在土壤耕作层(0～20cm)内进行。提高土壤耕作层的温度，在春季有利于种子萌发、幼苗根系的生长；在秋季有利于延长根系生长的时间，便于幼苗和秋播种子的安全越冬。因此，可以通过作垄、作高床的方法增加太阳高度角，多接收太阳辐射，达到增温的目的。春季中耕除草，增加土壤的孔隙度，使土壤表层的导热率降低，表层升温快。秋季镇压土壤，使土壤导热率增加，土壤下层的热量能够上传。还可采用增施有机肥、增加覆盖物的方法来提高和保持土壤耕作层的温度。

3.1.2 空气温度

空气的冷热程度叫做空气的温度(简称气温)。空气温度对植物的生长发育同样起到保证作用,一般所说的气温是指距地面1.5m高的空气温度。

1) 空气的增热和冷却过程

大气直接吸收太阳辐射很少,其热量来源主要是地面辐射。白天,地面吸收太阳辐射后,除了给土壤本身增热外,还要把一部分热量传递给大气,使其增热;夜间,由于地面有效辐射失热而降温,使地面的温度低于大气温度,大气又把一部分热量传递给地面,使大气降温。因此,地面的热状况对大气的温度变化起决定性的作用。大气在吸收和放出热量的过程中,主要有辐射、对流、乱流、平流、蒸发与凝结等方式进行热量传递。

2) 空气温度的变化规律

气温随时间和空间而发生变化,气温的时间变化表现为气温的日变化、年变化、非周期变化。

(1) 气温的日变化

一天中气温有一个最高值和最低值。最高值夏季出现在14:00~15:00,冬季出现在13:00~14:00;最低值出现在日出前后。一天中,最高与最低气温之差称为气温的日较差。气温的日较差随纬度的增加而减少。例如,低纬度地区为10~12℃,中纬度地区为8~9℃,高纬度地区为3~4℃。随着海拔高度的升高,气温的日较差也是减小的(表3-1)。此外,晴天的气温日较差大于阴天。

气温日较差与海拔高度的关系 表3-1

地　名	泰山	泰安	华山	西安	黄山	屯溪
海拔高度(m)	1533.7	128.8	2064.9	396.9	1840.4	145.4
年平均日较差(℃)	6.5	11.5	6.5	10.6	6.0	9.7

(2) 气温的年变化规律

一年中最热月与最冷月平均气温分别出现在7月和1月;海洋上分别出现在8月和2月。一年中最热月平均气温与最冷月平均气温之差称为气温的年较差。气温年较差随纬度的升高而增大(表3-2),随海拔高度的升高而减小,随陆地距海洋的距离增加而增大。

我国几个城市最冷月和最热月平均气温及气温年较差 表3-2

地名	纬度(N)	最冷月平均气温(℃)	最热月平均气温(℃)	气温年较差(℃)
漠河	53°29′	−30.9	18.4	49.3
哈尔滨	45°41′	−19.4	22.8	42.2
长春	43°55′	−16.9	22.7	39.6
北京	39°48′	−4.6	25.8	30.4
南京	32°00′	2.0	28.0	26.0
昆明	25°01′	7.7	19.8	12.1
广州	23°08′	13.3	28.4	15.1
西沙群岛	16°50′	22.9	28.9	6.0

(3) 气温的非周期变化

气温除了日变化和年变化外,在空气大规模冷暖平流影响下,还会产生非周期性变化。在中高纬度地区,由于冷暖空气交替频繁,气温非周期性变化比较明显。气温的非周期性变化对植物的生长危害较大，如 3 月份出现的"倒春寒"和秋季出现的"秋老虎"天气，便是气温非周期变化的结果。

3.1.3 植物体温度

植物体的热量直接或间接地来自于太阳辐射。植物属于变温生物，植物地上部分的温度接近气温，地下部分的温度接近土温，并通过不断的能量交换，保持其体温与环境温度相平衡。如当植物体温高于气温时，就通过蒸腾作用和对光线的反射，使体温降低；当植物体的温度低于气温时，就从环境中吸收热量而使体温增高。

植物体内的某些生理活动(如呼吸作用)虽然也能放出部分热量，但由于辐射和传导作用，使呼吸作用放出的少量热量很快散发到大气中去。但当植物遭受损伤或病虫危害时，可使呼吸作用增强，以致引起植物体温明显增高。这对植物的生长发育十分不利。

植物体内的温度变化要比气温变化滞后，这是因为植物体含水较多，热容量大，某些器官的表面还覆盖有茸毛和木栓层等的缘故。茎粗大的植物，其内部组织白天温度(体温)较低，夜间则温度(体温)高。

树干内的温度变化受树干的粗细、树皮的厚度，特别是木栓层的存在与否的影响。白天阳光直射树干，热量由树干外部向内传递。但由于木材的导热率小，热量传递很慢，使树干向光面与背光面的温度相差很大。

植物叶片对温度反应敏感。白天有阳光照射时叶温增高，在强光照射下，叶温可以高出气温10℃以上。所以在静风条件下，植物叶片附近被一层较高的温度层所包围，可以形成数厘米厚的边界层，使叶片与周围空气间形成涡流，这有利于叶片与周围进行气体交换。夜间植物辐射冷却，在静风条件下，叶片温度比气温低，特别是叶缘和叶尖部分，叶片的低温有利于空气中水汽在叶上凝结形成露水。

芽的温度一般是白天较气温高，夜间较气温低。花的温度与芽的温度相似，但在没有阳光或风的天气，花的温度与气温几乎无差别。果实的温度与果实的贮藏物质、果实成熟程度以及果实的大小等有关。据对桃、李果实的调查，不受阳光直射的果实，在最高气温时，果实的温度比气温低；在最低气温时，果实的温度比气温高，温度日较差较气温日较差小。在日光直射下的果实温度比气温高5℃左右，比荫蔽条件下的果实高6℃左右。

3.2 温度与植物的生长发育

温度是植物的重要生态因子之一。因为植物的一切生理生化作用都是在一定的温度环境中进行的，所以温度影响植物的生长发育。

3.2.1 温度对园林植物生长的影响

1) 土壤温度与园林植物生长发育

土壤温度对植物生长发育的影响主要表现在以下几个方面。

(1) 对植物水分吸收的影响

植物根系吸收水分的量随着土壤温度的增加而增加，温度对植物吸水的影响又间接地影响了气孔阻力，从而限制了光合作用。

(2) 植物养分吸收的影响

温度降低影响植物对矿物质的吸收。以 30℃ 和 10℃ 下 48h 短期处理作比较，低温对矿物质吸收的影响顺序是磷、氮、硫、钾、镁、钙；但长期冷水灌溉降低土温 3~5℃，则影响顺序为镁、锰、钙、氮、磷。

（3）对植物块根、块茎形成的影响

这对于宿根花卉种球的形成很重要。在植物生长过程中，土壤温度不合适，要么不能形成块根、块茎，要么形成的个数多而小。

（4）对植物生长发育的影响

土壤温度对植物整个生育期都有影响，而且是前期影响大于气温。另外还直接影响植物的营养生长和生殖生长，间接影响微生物活性、土壤有机物转化等，最终影响植物的生长发育。

（5）影响昆虫的发生、发展

土温对地下害虫的发生、发展有很大影响。地下害虫的活动量大，危害园林植物种子萌发和幼苗存活。

2）空气温度与园林植物生长发育

（1）气温日变化与植物生长发育

气温变化对植物的生长发育、有机物产量的积累和品质的形成有重要意义。植物在生长发育期间，气温常处于下限温度与最适温度之间，这时日温差大是有利的，白天适当高温有利于增强光合作用，夜间适当低温利于减弱呼吸消耗。在高纬度温差大地区，在较低温度下，日温差大有利于种子萌发；而在较高温度下，日温差小有利于种子萌发。温度的日变化对植物生长发育的影响还与高低温的配合有关。

（2）气温年变化与植物生长发育

温度的年变化对植物生长也有很大影响，高温对喜凉植物生长不利，而喜温植物却需一段相对高温期。气温的非周期性变化对植物生长发育易产生低温灾害和高温热害。

3.2.2　植物的感温性

植物在生长过程中对一年当中和一天中的温度变化非常敏感。植物这种对温度变化的敏感性称为植物的感温性。

1）生物学温度

植物的生长和发育受一定温度范围的影响。将影响植物各种生理活动及生长发育的温度称为生物学温度。生物学温度通常用三个基点温度表示，即生物学最低温度、生物学最适温度和生物学最高温度。生物学最低温度是植物生理活动的下限温度，高于或低于这一温度时，植物开始或停止生长，又称为生物学零度。生物学最适温度是植物生理活动过程中最旺盛、最适宜的温度，在这个温度下，植物不仅生长快，而且生长得很健壮、不徒长。生物学最高温度是植物生理活动过程中能忍受的最高温度。

植物不同的发育时期对于三基点温度的要求是不同的。如种子发芽，一般生物学最低温度为 0~5℃，生物学最适温度为 20~30℃，生物学最高温度为 40~50℃，超过最高温度就对种子发芽产生有害作用。又如植物的光合作用，在温带生长的大部分树种，生物学最低温度为 5~6℃，生物学最适温度为 20~30℃，生物学最高温度为 40~50℃。原产于温带的芍药，在北京冬季零下十余摄氏度的条件下，地下部分不会冻死，翌春 10℃ 左右即能萌动出土。郁金香的花芽形成的最适温度为 20℃，而茎的生长最适温度为 13℃。

原产地不同,植物的三基点温度也不一样。对于生物学最低温度来说,原产于温带的植物,一般 5～6℃;原产于亚热带的植物,一般在 10℃ 左右;原产于热带的植物,一般为 15～18℃。生长最适温度一般都为 20～30℃。生长的最高温度,原产于温带的植物一般为 35～40℃;原产于热带和亚热带的植物一般为 45℃ 左右。例如:热带的水生花卉王莲生长最适温度为 25℃,最低温度为 15℃,最高温度为 35℃。

2) 界限温度

植物生长除三基点温度以外,还有界限温度。一般有日平均温度 0℃、5℃、10℃、15℃、20℃ 这几个界限温度。

春季日平均温度稳定升至 0℃ 以上,土壤开始解冻、积雪开始融化,这一时期称为土壤解冻期,也称为土壤返浆期。这一时期园林绿化工作开始进入春工时期,苗圃开始进入播种、移植、出圃等工作的大忙季节。

在温带地区,春季或秋季日平均气温稳定通过 5℃ 的日期,表示大多数植物开始生长或停止生长,因此通常把日平均气温稳定通过 5℃ 到稳定下降到 5℃ 以下的这一时期称为植物的生长期。日平均温度在 10℃ 以上的时期称为活跃生长期。15℃ 以上称为喜温植物的活跃生长期,20℃ 以上称为热带和亚热带植物的活跃生长期。随纬度的增加,其生长期、活跃生长期均逐渐减少。因此,我国北方地区在栽培热带或亚热带园林植物(特别是木本植物)时,冬季必须做好防寒工作,否则会出现受冻的情况。

3) 春化作用

温带地区植物,必须经过一定时间的低温刺激后种子才能发芽、植物才能生长开花,这种现象称为春化作用。这个需要低温的植物发育阶段称为春化阶段。如牡丹、芍药的种子进行春播(干燥种子保存到春天播),由于没有满足其对低温的要求就不能发芽,只有秋播经过冬天的低温期,次年才能发育。如果用"湿沙藏法"处理,满足种子对低温的要求,则春播也能萌发。

不同种植物,其春化阶段需要的低温和持续时间是不同的。温带植物要求更低的温度和更长的持续时间(图 3-1)。

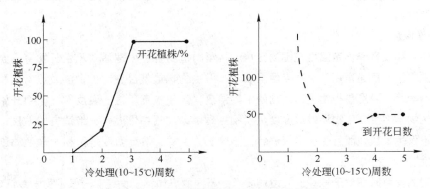

图 3-1　低温持续期对紫罗兰属成花的影响

植物花芽的形成也具有一定的感温性。很多植物在气温高至 25℃ 以上时进行花芽分化,入冬植物进入休眠,经过一定低温后休眠解除,开始开花,如梅、桃、山茶花等。很多原产于温带北部以及高山的植物,花芽多在 20℃ 以下的较凉爽气候条件下形成,如石斛属的某些种类在 13℃ 左右和短日照条件下进行花芽分化。

温度对植物的果实及种子的品质有影响。在果实成熟期有足够的温度，促进果实的呼吸作用，使果实内有机酸分解和氧化加快，使果实含酸量降低，含糖量高、味甜、着色好，温度不足则相反。我国广东省柑橘的含酸量比四川、湖南的都低就是这个道理。

3.2.3 积温对植物的生态意义及植物对温度的适应

1）积温

积温是一定时期内逐日平均气温的累积值，是研究植物生长、发育对热量的要求和评价热量资源的一种指标。发育除了要求一定的温度范围和持续期外，而且在各生育期或全生育期间需要一定的温度积累。只有当温度累积到一定的总和时，才能完成其发育周期。积温分为活动积温和有效积温两种。活动积温是指植物某生育期内高于或等于生物学下限温度（如 10℃）的日平均温度的总和；有效积温是指植物某生育期内的日平均温度减去生物学下限温度（如 10℃）的差之总和。在某一个时期内，如果温度较低，达不到植物所需要的积温，生育期会延长，成熟期推迟；相反，如果温度过高，很快达到植物所需的积温，生育期会缩短，有时甚至会引起高温逼熟。

不同植物在整个生长期内，要求不同的积温，如柑橘需要有效积温（生物学零度为 10℃）为 4000～4500℃。根据植物需要的积温量，在引种时要考虑引种区的积温条件，才能取得成功。例如，观果类花卉四季橘，引种到北方，通常不能在自然条件下正常开花结实，只有栽培在温室内才能结果。

积温作为一个重要的热量指标，可以作为植物引种的重要依据，以免造成引种的盲目性；还可以作为植物物候期、病虫害发生期等预报的重要依据，对植物进行适当的管理。

2）植物对温度的适应

植物对温度条件的要求，是植物在系统发育过程中，对温度条件长期适应的结果。按照植物对温度的要求程度，可把植物分为三类。

（1）耐寒植物：有较强的耐寒性，对热量不苛求。如牡丹、芍药、梅花、落叶松、红松、白桦、山杨等。

（2）不耐寒植物：要求生长季有较多的热量，耐寒性较差。如柑橘、热带兰科植物、榕树、樟树、木芙蓉、棕榈等许多热带、南亚热带起源的植物。

（3）半耐寒植物：对热量要求和耐寒性介于两者之间，可在比较大的温度范围内生长。如雪松、悬铃木、桑、杨、杜鹃花等。

3.2.4 节律性变温的生态作用

在地球上大部分地区，温度都有昼夜变化和季节变化。这种温度随昼夜和季节而发生的有规律的变化，称为节律性变温。植物长期适应节律性变温，会形成相应的的生长发育规律。

1）昼夜变温与温周期现象

植物对昼夜温度变化节律的反应，称为温周期现象。它对植物的种子发芽、生长、产品质量等方面均有影响。

（1）种子的发芽

多数种子在变温条件下可发芽良好，而在恒温条件下反而发芽略差。如果给以昼夜有较大温差的变温处理后，则可以大大提高种子的发芽率。例如，百部的种子在恒温条件下，浸种 14～30d，只有个别种子发芽；而同样是浸种 14～30d，在变温 19～22℃ 的条件下，发芽率则为 68.5%。

变温能提高种子的萌发率，主要是由于降温后，可以增加氧在细胞中的溶解度，从而改善了萌发的通气条件以及提高了细胞膜的透性。

(2) 植物生长

昼夜变温对植物生长有明显的促进作用。例如，在不同昼夜温度组合下培育火炬松幼苗，在一定温度范围内，发现昼夜温差最大时生长最好，恒温时生长最差。但夜间温度不能过低，否则会给植物造成寒害。

(3) 植物的开花结实

变温与开花结实一般白天温度在植物光合作用最适范围内，夜间温度在呼吸作用较弱的限度内，这样变温越大，光合作用净积累的有机物就会越多，对花芽的形成就越有利，开花就越多。如金鱼草成花的最适日温是 14～16℃，夜温是 7～9℃。温差大，也有利于植物的结实，且质量好。

(4) 植物产品品质

昼夜温差大，有利于提高植物产品的品质。如吐鲁番盆地在葡萄成熟季节，由于气温高、光照强，昼夜温差常在 10℃ 以上，所以葡萄果实含糖量高达 22% 以上；而烟台地区受海洋气候影响，昼夜温差小，葡萄果实含糖量在 18% 左右。

昼夜温差大对植物生长有利，是因为白天高温有利于植物进行光合作用，光合作用合成的有机物质多，夜间的适当低温使呼吸作用减弱，消耗的有机物质减少，使得植物净积累的有机物增多。一般来说，原产于大陆性气候地区的植物，在日变幅为 10～15℃ 条件下，生长发育最好；原产于海洋性气候区的植物，在日变幅为 5～10℃ 条件下生长发育最好；一些热带植物能在日变幅很小的条件下生长发育良好。

2) 季节变温与物候

植物适应一年四季温度的变化，形成与之相适应的发育节律，称为物候。例如大多数植物都是春季开始发芽，继而出现展叶、生长、开花结实、果实成熟，秋末落叶以后休眠过冬。植物器官这种受当地气候的影响，从形态上表现出各种变化的现象称为物候期或物候阶段。植物的物候期与温度密切相关，每一物候期需要一定的温度量。例如小兴安岭天然林内红松的主要物候期如下：一般在 4 月中旬至下旬，平均气温上升到 4.5℃ 以上，树液开始流动；5 月中旬，平均气温上升至 10.7℃，芽开始膨胀；新枝从 5 月中旬开始生长，6 月上旬至中旬，平均气温 14～17℃，开始迅速生长；在 6 月上旬，平均气温为 14.8℃，花芽显露；6 月下旬，平均气温 18℃，开始授粉；9 月上旬，平均气温 14.4℃，球果开始成熟。

由于温度随经、纬度和海拔而发生变化，所以物候也随之而发生变化。美国物候学家霍普金斯 (A. D. Hopkins) 从 19 世纪末起，经过 20 年对植物物候材料研究分析得出结论：在其他因素相同时，北美洲温带地区，每向北移动纬度 1°，向东移动经度 5° 或海拔向上升高 122m，植物的物候期在春天和初夏将各延迟 4 天；在秋天则相反，要提前 4 天。这就是著名的霍普金斯物候定律。在我国，南京与北京纬度相差 6°，桃树开花相差 19 天，武汉与杭州的纬度相当，经度相差 6°，而玉兰的花期相差 4 天。物候的差异因地而异，不能机械地套用某种固定公式。城区的温度高，各物候期都与郊区有所区别。

3.2.5 极端温度对植物的影响及植物对其的抗性

温度除了节律性变化之外，还经常发生非节律性变化，包括温度的突然降低和突然升高。这种突然出现的极端温度对植物影响非常大。它对植物的伤害程度取决于它的强度、持续时间、受影响的外界环境条件、植物的活力状况、所处的发育阶段以及锻炼程度等。

1）低温对植物产生的影响

我国属于典型的大陆性季风气候，在冷暖空气频繁交替的季节，气温常常出现异常。在大规模冷空气南下时，使温度急剧下降，给所经过地区的植物带来严重的伤害，甚至死亡。按植物受害时的温度，一般把低温危害分为以下几类。

（1）冻害

冻害是指在生长期中，气温降到0℃以下时，造成植物细胞间隙结冰，如果气温回升快，细胞来不及吸水，使植株脱水而死亡的低温天气。

（2）霜冻

秋季出现的第一次霜冻称为初（早）霜；翌年春季出现的最后一次霜冻称为终（晚）霜。春季植物正值萌芽，秋季正值成熟。因此，初、终霜对植物危害最大，特别是幼苗应注意防霜冻。

从初霜日起到翌年的终霜日止的天数，称为霜期，其余天数则称为无霜期。为了能够搞好一个地区的园林生产和经营工作，就一定要了解该地区的霜期和大致的初、终霜日出现的时间。

在园林生产上，常采用灌水、搭风障、覆盖、培土等方法防止霜冻。

（3）寒害

寒害（冷害）是指气温虽然在0℃以上，但低于植物当时生长发育阶段所能忍受的最低温度，引起生理活动障碍，出现嫩枝和叶片萎蔫的低温天气。如原产于热带和亚热带的喜温植物，所能忍受的最低温度是15~18℃，当气温降到3~5℃时，就会造成嫩枝和叶片萎蔫。

（4）冻拔

由于温度下降造成土壤结冰，使地表的土壤体积膨胀，连带小苗根系一起向上拔起。当土壤解冻时水分蒸发，土壤下陷，苗木留于原地，根部裸露，严重时出现倒伏死亡，像被人拔起一样。多出现于土壤黏重、土壤含水量高的较为寒冷的地区。

（5）生理干旱

土壤结冰时，由于根系吸不上水，地上部分仍然进行蒸腾作用，造成树木枝干因缺水而死亡。在我国北方如北京等一些多风的城市，生理干旱经常发生，特别是一些木质化程度较低的、木质部不致密的树种或枝条，受害严重。可采用在迎风面设风障的方法来降低其危害程度。

（6）冻裂

冬季，白天由于太阳照射的原因，使树干阴阳两面的温度不一样，夜间温度下降，热胀冷缩，使树皮纵向开裂而造成伤害。特别是一些树皮较薄的树种表现得较为严重。园林生产与管理上常采用树干包扎、包草、涂白等措施进行防护。

植物的受害程度除了和最低温度值有关外，还和降温速度、低温持续时间和温度回升速度等有关。一般来说，降温越快、低温持续时间越长、降温后温度回升越快，植物受害就越严重。

同一种植物的不同发育阶段，抗低温能力不同，即休眠期最强，营养生长期居中，生殖阶段最弱。植物对低温的适应表现在形态和生理两方面。在形态上，植物的芽和叶片表面有油脂类物质保护，芽上覆有鳞片，器官表面有蜡粉和密毛，树皮具有较发达的木栓组织等，在林地和高山上的植物常矮小，呈匍匐、垫状或莲座状。在生理上，主要是细胞中水分减少，细胞质含量增加，并积累糖类，以提高渗透压。糖类、脂肪和色素物质的增加，降低了细胞质的冰点。植物在低温季节来临时转入休眠，也是一种极有利的适应形式。

2) 高温对植物的影响

高温对植物主要有以下方面的影响。

(1) 根颈灼伤

特别是在太阳辐射较强的季节，地表吸收太阳辐射，温度升高很快，当增高到一定温度时，使幼苗的根颈受到灼伤，严重者会导致幼苗死亡。这一现象常出现在苗圃，可采用喷水、遮荫等降温措施来防止危害。

(2) 皮烧

树木受到强烈的太阳辐射，温度升高，引起树皮和形成层组织的局部坏死，而出现树皮斑点状死亡、爆皮或片状脱落。如北京某些地方的杯状开心形碧桃，就出现了因太阳辐射过强而使主枝爆皮的现象。在园林生产实践中可通过合理修剪、树干涂白等方法减轻危害。

植物对高温从形态方面表现出其适应特性。例如，有些植物体具有密生的茸毛和鳞片，能滤过一部分阳光；白色或银白色的植物体和发亮的叶能反射大部分光线，使植物体温不会增加得太快；有些植物的叶片垂直排列，以叶缘向光从而减少光照；有些树木的树干、根状茎附近具有很厚的木栓层，可以隔绝高温。

3.3 园林植物对城市气温的调节作用

3.3.1 城市气温的特点

人们发现，城市的温度要比郊区和农村高，而且这种状况有不断加强的趋势。这种城市温度高于郊区及农村温度的现象称为"热岛效应"。造成这种现象的原因主要有以下几方面：①城市的下垫面主要以沥青和水泥为主，这些物质热容量小、导热率高。白天，水泥和沥青可以吸收太阳辐射，到傍晚和夜间重新将白天聚积的热量散发出来。②城市的人口密集、工厂集中。每天生产和生活要消耗大量的燃料，放出巨大热量。城市里人为放出的热量相当于太阳辐射的 25%～50%。③城市里下垫面含水量低，加之降水后随之经下水道排走，用于蒸发耗热减少。④城市的树木少，蒸腾耗热少。据国外报道，一棵孤立的树，每天蒸发水 450L，需热量 112860J。这说明树木对环境的冷却作用是很大的。⑤城市建筑物多，高低错落，空气流通不畅，热量不容易扩散。⑥城市上空因各种污染物聚集较多，且 CO_2 含量较高，形成具有保温作用的空气层。由于以上种种原因，使城市平均温度均高于郊区。如上海市区比郊区年平均温度高 1～2℃。

3.3.2 园林植物对城市气温的调节作用

一方面，园林植物可以吸收、反射太阳辐射，使到达地面的太阳辐射减弱。另一方面，园林植物可以通过蒸腾作用消耗大量的热量。这样，园林植物可以明显降低城市的温度，减弱城市的热岛效应(表3-3)。

南京市内几个测点 35℃ 以上高温持续时间对比 表 3-3

地 点	类 型	高温持续时间(h)		
		35℃以上	37℃以上	39℃以上
鼓楼广场	无绿化广场	7.5	2.1	0
灵谷寺	森林公园	0	0	0
瑞金路	无绿化街道	7.3	2.0	0.4

地 点	类 型	高温持续时间(h)		
		35℃以上	37℃以上	39℃以上
中山东路	绿化街道	4.4	0	0
新华苍	无绿化居民区	8.4	2.7	1.4
青石村	绿化居民区	5.1	0	0

我国夏季大部分地区炎热，园林树木的降温效果尤为显著。1963 年对合肥市行道树种遮荫降温效果进行测定，结果说明园林树木在改善环境温度方面具有很大的作用，而且不同树种之间存在明显差异(表 3-4)。

常见行道树遮荫降温效果比较   表 3-4

树 种	阳光下温度(℃)	树荫下温度(℃)	温差(℃)	树种	阳光下温度(℃)	树荫下温度(℃)	温差(℃)
银 杏	40.2	35.3	4.9	小叶杨	40.3	36.8	3.5
刺 槐	40.0	35.5	4.5	构 树	40.4	37.0	3.4
枫 杨	40.4	36.0	4.4	梧 桐	40.2	36.8	3.4
悬铃木	40.0	35.7	4.3	楝 树	41.1	37.9	3.2
白 榆	41.3	37.2	4.1	旱 柳	38.2	35.4	2.8
合 欢	40.5	36.6	3.9	槐 树	40.3	37.7	2.6
加 杨	39.4	35.8	3.6	垂 柳	37.9	35.6	2.3
臭 椿	40.3	36.8	3.5				

(据吴翼 1963 年)

利用攀缘植物进行垂直绿化，不但能美化环境，也可以起到降低建筑物与室内温度的作用。例如，杭州植物研究所在杭州丝绸厂的观测资料表明：爬满爬山虎的墙面温度比没有绿化的墙面温度低 3℃ (图 3-2)。

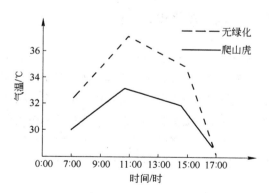

图 3-2　垂直绿化对温度的影响(7 月 9 日)

3.4　植物生长的温度环境的调控及其在园林绿化中的应用

3.4.1　植物生长的温度环境的调控

植物不仅需要一定的气温，栽培床和繁殖床的温度对根部的影响往往更为重要。一般规律是，地温高于气温，日温高于夜温，否则对植物生长不利。可以说，温度随时随地都在制约着植物的生长和发育。当环境温度不利于植物生长时，可以通过人为措施，调节和控制温度的变化，进而促进和调节植物生长发育。常采用的措施有以下几个方面。

1）合理耕作

合理耕作常采用的措施有耕翻松土、镇压和垄作。耕翻松土的方法可以疏松土壤、通气增温、调节水汽和保肥保墒，从而达到保温的作用。镇压可以使土壤孔隙度减少，使土壤热容量、导热率增大。垄作可以增大土壤的受光面积，提高土壤温度。

2）地面覆盖

地面覆盖对土壤温度的调控作用较大，也是常采用的措施，常采用的方法有秸秆覆盖、有机肥覆盖和地面铺沙。在北方地区秋冬季利用作物秸秆覆盖植物，可以抵御冷风袭击，减少土壤水分蒸发，防止土壤热容量降低，利于保温和深层土壤热量向上运输。铺沙除了有保温作用，还有保水效应，可防止土壤盐碱化，土壤的温、湿度条件可以得到改善，利于植物光合作用的加强，促进根系的生长，促使生育期提前。

3）灌溉排水

水的热容量和导热率都较大，在寒冷季节灌溉可以提高地温，防止冻害的袭击。但如果土壤中的含水量过大，土壤温度不易提高，特别在北方的春季不利于植物的返青。采用排水措施，降低土壤含水量，可以减少土壤热容量和导热率。

4）设施增温

设施增温是利用增温或防寒设施，人为地创造适于植物生长发育的气候条件进行生产的一种方式。

5）物理化学制剂

生产上适宜的温度调节剂多数是工业副产品生产的高分子化合物。在不同的季节使用的化学制剂不同，在冷季使用增温剂，在高温季节使用降温剂。

3.4.2 温度环境调控在园林绿化中的应用

1）温室栽培

原产于热带、亚热带及暖温带的植物，在我国北方地区不能越冬，为保证它们安全过冬，必须移入温室养护，例如仙客来、君子兰、扶桑、巴西木等。不同种类花卉在越冬时对温室的温度要求也不同。根据这一特点，人们又把这些花卉分为四类：第一类是冷室花卉，冬季在 1～5℃ 的室内可过冬，如棕竹、蒲葵等。第二类是低温温室花卉，最低温度在 5～8℃ 可过冬，如瓜叶菊、樱草、海棠、紫罗兰等。第三类是中温温室花卉，最低温度在 8～15℃ 才能过冬，如仙客来、香石竹、天竺葵等。第四类是高温温室花卉，最低温度要求高于 15℃ 才能过冬，如气生兰、变叶木、鸡蛋花、王莲等。

另外，通常在露地栽培的花卉，在冬季利用温室进行促成栽培，可以促进开花并延长花期，也可在温室内进行春种花卉的提前播种育苗。

2）荫棚栽培

在园林花木播种育苗中，耐阴性强的植物，种子萌发后，由于幼苗刚出土，对剧烈变化的温度以及强光照不适应，需搭荫棚进行遮阳处理。仙客来、球根海棠、倒挂金钟在夏季生长不好，都是因为夏季温度太高所致。有些不能忍受强光照射的花卉，需置于荫棚下培养，如杜鹃、兰花等。夏季软材扦插及播种等，也需在荫棚下进行。一部分在露地栽培的切花，如果设荫棚保护，可获得比露地栽培更好的效果。

3）低温贮藏

在园林生产实践中，低温贮藏是一种常用的方法，主要用于种子贮藏、苗木贮藏和接穗贮藏。种子贮藏一般方法是把美人蕉、大丽花、百合、银杏等种子和湿河沙混合堆放在一起，温度保持在1～10℃，这样既可以使种子在贮藏期间不萌发且保持活力，又可以提高种子播种后的发芽率。苗木贮藏，北方地区秋天起苗后，一般的做法是在排水良好的地段挖窖，然后在窖内放一层苗木，铺一层湿沙，窖温保持在3℃左右，这样既可以使苗木不萌动，又可以保持苗木的生命活力。接穗贮藏，在北方地区秋季采下接穗后，打成捆放入0～5℃的低温窖中，保持接穗生活力可达8个月，以确保嫁接成功。

4）花期调整

植物的花期也受温度影响，因为温度与植物的休眠密切相关。有的植物因冬季低温而休眠，有的则因夏季高温而休眠。可以通过对温度的调控打破或促进休眠，让植物的花期提前或延迟。一些春季开花的木本花卉，例如迎春、梅花、杜鹃、牡丹等，如果在温室中进行促成栽培，便可提前开花。利用加温方法催花，首先要预定花期，然后再根据花卉本身的习性来确定提前加温的时间，再将室温增加到20～25℃，湿度增加到80%以上，牡丹经30～35d可以开花，杜鹃需40～45d开花，龙须海棠仅10～15d就能开花。而需在适当低温条件下开花的桂花，当温度升至17℃以上时，则可以抑制花芽的膨大，使花期推迟。为了使春季开花的植物花期推迟，在春季植株萌发前，将植株移到1～3℃低温下，让其继续休眠，于需要开花前1个月左右移到温暖处，加强管理便可在短期内开花，如碧桃、杜鹃花等。

5）防寒越冬

冬季的严寒会给北方的树木带来一定的危害，因此，在入冬前要做好预防工作。严寒对北方植物的主要危害有树干冻裂、根颈和根系冻伤。

在北方冬季，树干冻裂(北方称"破肚子")的现象，通常幼树发生多，老树发生少；阔叶树发生多，针叶树发生少。一般可采用石灰水加盐或加石硫合剂对树干进行涂白，降低树干昼夜温差，减少树干冻裂。

在树干组织中，根颈生长停止最迟，进入休眠晚，地表突然降温常引起根颈局部受冻，而使树皮与形成层变褐、腐烂或脱落。由于根系没有休眠期，北方冻土较深的地区，每年表层根系都要冻死一些，有些可能大部分冻死。常采取的预防办法是：封冻前浇一次透水，称为灌冻水。然后在根颈处堆松土40～50cm厚并拍实。

此外，可以通过用稻草或草绳把树干包起，防止树干被冻。对地下部分易冻死的灌木，入冬前于一侧挖沟，将树冠拢起，推倒植物体，全株覆一层细土，轻轻拍紧，以保护灌木越冬。也可将其放入假植沟内进行防寒。对于易遭受生理干旱(干梢)的树木，可采用搭风障的方法来防寒。

6）降温防暑

夏季的过高温度也会给一些植物带来危害，尤其是城市里的园林植物受城市"热岛效应"影响，受害更重些。高温的主要危害有皮伤和根颈灼伤。

皮伤多发生在树皮光滑树种的成年树上，例如桃树、云杉等，受害树木的树皮呈现斑点状死亡或片状剥落，给病菌的侵入创造条件。预防的办法为：加强浇灌，保证树木对水分的需求；修剪时多保留阳面枝条，可以减少太阳辐射；也可以采用涂白的办法减少热量吸收。

根颈灼伤，其表现为在根颈处造成一个宽几毫米的环状组织坏死带。早晚喷灌浇水、地表覆草、局部遮阳，可以防止或减轻危害。

复习思考题

1. 气温的日变化和年变化有何特点？气温的日较差、年较差大小取决于哪些因子？

2. 何谓温度日较差和年较差？土壤温度日(年)较差的大小与哪些因子有关？

3. 为什么新疆的西瓜比北京地区的甜？

4. 什么是植物温度三基点？它在园林植物养护中有什么意义？

5. 分析本地区节律性变温和非节律性变温的特点，根据其特点在园林实践中应注意哪些问题？

6. 为什么城市中心的公园在夏季感觉凉爽些？

7. 温室栽培在园林生产中有什么重要意义？

第 4 章　园林植物与水分

本章学习要点:

1. 水的形态及其变化;
2. 园林植物对水分的要求及适应;
3. 园林植物对城市水分状况的调节作用;
4. 水环境调控在园林绿化中的应用。

水是组成植物体的基本成分之一,是植物赖以生存和生长发育必不可少的生存条件。在植物体内各部分中均含有大量水分,植物体一般含有 60%~80% 的水,有的甚至高达 90%。水使植物的细胞、组织、器官呈一定膨胀状态,并且有一定形状和弹性。水也是植物光合作用合成有机质的直接原料。植物体内的新陈代谢、物质转化与运输、体温调节、蒸腾作用等均有水的参与才能进行。因此,水环境在园林植物环境中占有非常重要的地位。

4.1 水的形态及其变化

4.1.1 水的形态变化

大气中的水有气态、液态和固态三种形态,也称为水的三相。在大多数的情况下,水是以气态形式存在于大气中的。在大气的各种成分中,只有水的三态能在常温和常压的情况下共存于大气中,而且三态之间能互相转化。水由液态转变成气态的过程称为蒸发;水由固态直接转变成气态的过程称为升华;水由气态转变为液态的过程称为凝结;水由气态直接变为固态的过程称为凝华。水的形态之间的转化决定于它们的温度。当温度低于 100℃ 时,才可能有液态水存在;当温度低于 0℃,才能有固态水出现。

4.1.2 空气湿度及表示方法

空气湿度是指大气的干湿程度,它取决于空气中水汽含量的多少。空气湿度的大小常用水汽压、绝对湿度、相对湿度、饱和差和露点温度来表示。

1) 水汽压与饱和水汽压

由于地球引力作用使大气中各种气体(包括水汽)对地球表面产生压力,即为大气压力。空气中水汽所产生的分压力,称为水汽压(e),单位为百帕(hPa)。水汽压的大小取决于空气中的水汽含量。水汽含量愈多,水汽压就愈大。

空气中所能容纳水汽的多少,与温度有密切关系。温度愈高,空气中能容纳的水汽就愈多。但在一定温度条件下,一定体积空气中能容纳的水汽量是有一定限度的。如果水汽含量没达到这个限度,这时的空气称为未饱和空气;如果水汽含量恰好达到这个限度,这时的空气称为饱和空气,饱和空气的水汽压称为饱和水汽压(E)。如果水汽含量超过这个限度,这时的空气称为过饱和空气。在一般情况下,超过限度的那部分水汽会发生凝结。

饱和水汽压的大小与温度、水相、蒸发面的形状等因素有关。水面温度升高,水分子平均动能增大,单位时间内逸出水面的分子数也就增多。同时,由于水面上的水汽分子密度增大,返回液面的分子数也随之增多。当进出水面的分子数达到动态平衡时,就处于饱和状态。所以饱和水汽压随着温度的升高而增大,呈正相关关系(表4-1)。冰面的饱和水汽压比同温度条件下的水面要小。溶液面的饱和水汽压较纯水的要小。凸面上饱和水汽压大,平面次之,凹面最小。

不同温度下水面的饱和水汽压　　　　　　　　　表 4-1

T (℃)	− 40	− 30	− 20	− 10	0	10	20	30	40
E (hPa)	0.19	0.51	1.25	2.87	6.11	12.28	23.90	42.48	73.86

2) 绝对湿度和相对湿度

单位容积空气中所含水汽量，即水汽密度，称作绝对湿度(a)。单位为 g/m³ 或 g/cm³。在一般程度下，以 mbar 为单位的水汽压，在数值上近似等于以 g/m³ 为单位的绝对湿度的数值。由于绝对湿度不能直接测得，因此在实际工作中，常采用水汽压近似表示绝对湿度。但两者单位是不同的，故它们的概念也不同。水汽压(绝对湿度)的大小表示空气中所含的水汽量，但不能反映空气对水汽的最大容纳限量，故不能用它来正确判断空气的潮湿程度。

空气中实际水汽压与同温度下饱和水汽压的百分比，称为相对湿度(r)。其表达式为：

$$r = e/E \times 100\% \tag{4-1}$$

相对湿度直接表示当时温度下空气距离饱和的程度。当空气未饱和时，相对湿度小于 100%；当空气饱和时，相对湿度等于 100%；当空气过饱和时，相对湿度大于 100%。相对湿度的大小不仅随空气中水汽含量的多少而变，而且还随温度的升降而变。当水汽压不变时，气温升高，饱和水汽压迅速增大，相对湿度变小；气温降低，饱和水汽压减小，相对湿度增大。

3) 饱和差

饱和差(d)是指在一定温度下饱和水汽压与实际水汽压之差，单位为 hPa。其表达式为：

$$d = E - e \tag{4-2}$$

饱和差的大小反映空气中的水汽含量距饱和时的绝对数值。在一定温度条件下，水汽压值愈大，饱和差愈小。

4) 露点温度

当空气中的水汽含量不变且气压一定时，通过降低温度，使空气中的水汽达到饱和时的温度，称为露点温度(t_{DP})，简称露点。它的单位与温度相同。

在气压一定时，露点的高低只与空气中的水汽含量有关。空气中的水汽含量多时，露点高；反之，则露点低。所以，露点也是反映空气湿度大小的物理量。在实际大气中，空气经常处于未饱和状态，露点温度常比空气温度低。因此，根据气温与露点温度差值的大小，大致可以判断空气饱和的程度。气温与露点的差值愈大，说明空气愈干燥；差值为零，说明空气中水汽已达饱和状态。

空气湿度在一天乃至一年当中存在着一定的规律性变化。下面就以相对湿度来说明一下其日变化和年变化的情况。相对湿度的日变化与气温的日变化相反，最高值出现在清晨气温最低时，最低值出现在午后气温最高时(图 4-1)。当气温升高时，水汽压和饱和水汽压均增大，但饱和水汽压的增大比水汽压要快得多。因此相对湿度随温度的升高而减小，随温度的降低而增大。一般来说，相对湿度的年变化也应与气温年变化相反。但我国大部分地区属季风气候区，夏季盛行气团来自海洋，带来充沛的水汽，水汽压大；冬季盛行气团来自干燥的内陆，水汽极少，水汽压小。因此，相对湿度的年变化与气温的年变化大体一致，夏季气温最高时，相对湿度最大，冬季或春季，相对湿度最小(图 4-2)。

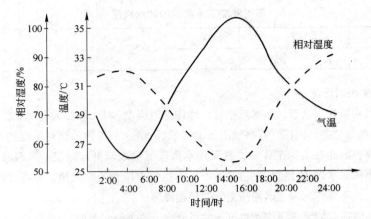

图 4-1　相对湿度的日变化(南京，1981 年 7 月 6 日)

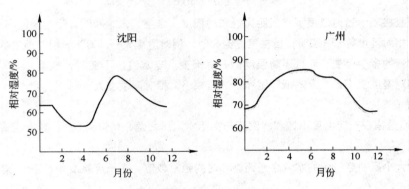

图 4-2　相对湿度的年变化

4.1.3　降水

1) 降水的形成

水由汽态转为液态的过程，称为凝结。当大气中的水汽达到饱和时，在凝结核的作用下发生凝结。降水是指以雨、雪、霰、雹等形式从云中降落到地面的液态或固态水。广义的降水包括云中降水(雨、雪、霰、雹等)和地面水汽凝结物(露、霜、雾凇、雨凇)。一般情况下，降水指云中降水。通常云滴(云中的水滴和冰晶)体积极小(一般半径小于 20μm)，受空气浮力及上升气流作用而悬浮在空中，在这个过程中小水滴和冰晶不断增大，增大到能够克服空气的阻力和上升气流的顶托而下降，而且在将下降过程中又不被蒸发掉而降落到地面，这样就形成了降水。

2) 降水的种类

(1) 按照降水的物态形式可将其分为雨、雪、霰和雹。

雨：降到地面的液态水滴称为雨。雨的直径一般为 0.5～7mm。雨滴下降速度与直径有关，雨滴越大，其下降速度也越快。

雪：是一种固态降水，大多是白色不透明的六出分枝的星状、六角形片状结晶。常常缓缓飘落，温度较高时多成团降落。按其强度可分为小雪、中雪、大雪。立春之前的雪称为冬雪，能保持和提高植物的抗寒能力，防止植物的过早发育，以免冻害。立春之后的雪称为春雪，此时天气已逐渐回暖，植物开始生长，容易遭受冻害。

霰：是指白色不透明的圆锥形或球形的颗粒固态降水。它是由过冷却水在冰晶周围冻结而成，其直径为 2~5mm，落在地面时常反跳，松脆易碎，常见于阵雪之前。若直径小于 1mm，则称为米雪。

雹：俗称雹子。是指坚硬的球状、锥状或形状不规则的固态降水。雹核一般不透明，外面包有透明和不透明相间的冰层。大小不一，直径一般为 5~50mm，也有像鸡蛋、拳头或更大的。冰雹是一种灾害性天气，因多发生在夏季，故对处于生长中的植物不仅造成机械损伤，也容易造成低温危害。

(2) 按降水的性质将其分为连续性降水、阵性降水、间歇性降水和毛毛状降水四类。连续性降水的强度变化小，持续时间长，降水范围大。阵性降水的特点是骤降骤止，变化很快，天空云层巨变，范围小，强度较大。间歇性降水时小时大，时降时止，变化慢。毛毛状降水，雨滴极小，降水量和强度都很小，持续时间较长。

(3) 按降水强度大小可将其分为小雨、中雨、大雨、暴雨、大暴雨、特大暴雨及小雪、中雪、大雪和暴雪。

3) 降水的表示方法

(1) 降水量

从天空降落在地面上的液态或固态(经融化后)降水，未经蒸发、渗透、流失而在水平面上积聚的水层厚度叫做降水量，以 mm(毫米)为单位。一天中降水量达 0.1mm 时算作一个雨日。纯雾、露、霜、雾凇、吹雪不作降水量处理。

(2) 降水强度

单位时间内的降水量叫做降水强度，单位为 mm/d 或 mm/h。按降水强度的大小可将降雨分为小雨、中雨、大雨、暴雨、大暴雨和特大暴雨。降雪也可分为小雪、中雪、大雪和暴雪。划分标准见表 4-2。

降水强度划分　　　　　　　　　　　　　表 4-2

	雨			雪	
类　别	mm/12h	mm/24h	类　别	mm/12h	mm/24h
小　雨	0.1~4.9	0.1~9.9	小　雪	0.1~0.9	0.1~2.4
中　雨	5.0~14.9	10.0~24.9	中　雪	1.0~2.9	2.5~4.9
大　雨	15.0~29.9	25.0~49.9	大　雪	3.0~5.9	5.0~9.9
暴　雨	30.0~69.9	50.0~99.9	暴　雪	≥6.0	≥10.0
大暴雨	70.0~140.0	100.0~250.0			
特大暴雨	>140.0	>250.0			

(3) 降水变率

降水变率表示降水量的变动程度，有绝对变率和相对变率两种。

绝对变率：某年或某月的实际降水量与多年同期平均降水量的差值叫做降水距平，即绝对变率。绝对变率为正时，表示比正常年(月)份降水量多，负值表示比正常年(月)份降水量少。因此，降水绝对变率是表示某地降水量的变动情况。

相对变率：为了便于不同地区降水变动程度的比较，通常采用相对变率。相对变率是降水距平值与多年同期平均降水量的百分比。即：

$$相对变率 = \frac{降水距平}{多年同期平均降水量} \times 100\%$$

相对变率愈大，表示平均降水量的可靠程度愈小，发生旱涝灾害的可能性就愈大。在分析降水量的历年平均变动情况时，常采用平均相对变率。平均相对变率是指降水变率的多年平均值。根据某一地区平均相对变率的大小，可以看出该地降水量的可靠程度。由各年变率中还可以挑选出变率最大或最小的极端变率来。极端变率可用来说明某地最多雨和最少雨的年份(或月份)中降水量与多年平均值相比较，可变动到什么程度。

(4) 降水保证率

降水保证率指降水量高于或低于某一界限降水量的频率的总和。表示某一界限降水量的可靠程度的大小。

4.1.4　蒸发

大气中的水汽主要来自于地球表面水分蒸发和植物的蒸腾作用。水分蒸发和植物的蒸腾速度的快慢与空气湿度、蒸发面的性质、温度、风等有直接关系。

一般说温度高、空气湿度小、风速较大、表面粗糙且颜色深的土壤，蒸发的速度较快。相反，温度低、空气湿度大、风速小、颜色浅且表面光滑的土壤，蒸发速度较慢。我国北方大部分地区春季由于温度会升得较快，风速较大且降水量少，往往蒸发量较大，造成春季干旱现象经常发生。

植物的蒸腾速度除受温度、风速、空气湿度影响外，还与植物的种类、叶片的结构等有关。一般情况下，叶量多的植物大于叶量少的植物；阔叶树大于针叶树；角质层薄的大于角质层厚的。白天的蒸腾速度比夜间快。

4.2　园林植物对水分的需求和适应

在植物的长期进化过程中，与其生态环境中的水环境产生了一定的适应关系。水分的过多或过少，对园林植物的生长发育过程均会产生一定的影响，严重时会使园林植物致死。

4.2.1　植物体的水分平衡

通常植物的根吸收水和叶蒸腾水之间保持着适当的平衡关系。要使植物维持良好的水分平衡，必须使吸水、输导和蒸腾三方面的比例适当。当水分供应不能满足植物蒸腾的需要时，平衡便被打破，植物体表现为水分亏缺，使其气孔开张度变小或关闭，蒸腾减弱而减少水分的散失，以达到恢复和维持暂时的水分平衡。植物体的水分经常处于动态平衡状态，这种动态平衡关系是由植物的水分调节机制(植物的适应性)和环境中各生态因子间相互调节、制约的结果。影响植物体水分平衡的主要因子是土壤、湿度、温度、光照、风力等。在水分不足的地方或季节，植物易受到干旱的威胁。由于土壤水分长时间供应不足，加之植物蒸腾继续消耗大量的水分，致使水分平衡的破坏超出植物体自身的调节范围而不能恢复，造成萎蔫甚至枯死。但若长时间水分过多，如连续降雨或低洼涝湿，也会使植物体内的水分平衡遭到破坏。

4.2.2　植物对水分的需要

植物对水分的需要是指植物在正常生活过程中所吸收或消耗的水分。在正常情况下，植物从环境中吸收的水分约有 99% 用于植物的蒸腾作用，只有很少一部分(一般不超过 1%)水分用于植物的光合作用。植物对水分的需求因植物的种类、发育期、生长状况及环境条件不同而异。通常木本植物的需水量大于草本植物；休眠期的树木小于生长期的树木；针叶树小于阔叶树。据测定，一株玉米一天从土壤中吸收大约 2kg 的水，而一株橡树一天消耗的水分可达 570kg。植物的需水量还与温度有一定的关系。一般来说，在低温地区和低温季节，植物的需水量小，生长缓慢；在高温地区和高温季节，植物的需水量大，生产量也大，在这种情况下必须供应充足的水分才能满足植物的需求。植物的需水量还与光照度、大气湿度、土壤含水量等其他生态因子有直接关系。植物的不同发育阶段需水量也不相同。

植物的需水量常用蒸腾量和蒸腾系数来表示。蒸腾量以每克叶片每天蒸腾的水分总量(g)来表示；蒸腾系数以植物生产 1g 干物质所消耗水分的总量(g)来表示。不同植物对水分的需求不同，现将一些植物的蒸腾系数列出供参考(表 4-3)。

几种植物的蒸腾系数   表 4-3

植物种类	蒸腾系数(g)	植物种类	蒸腾系数(g)
栎	340	花旗松	170
桦	320	水青冈	170
松	300	苏丹草	304
落叶松	260	狗尾草	285
云 杉	230	紫苜蓿	844

4.2.3 植物对水分的适应

由于长期生活在不同的水环境中，植物会产生固有的生态适应特征。根据水环境的不同以及植物对水环境的适应情况，可以把植物分为水生植物和陆生植物两大类。在园林绿化建设中，要根据栽植环境水分状况及园林植物对水的适应情况，选择适宜的植物进行配置和栽培，同时要加强管理，才能收到良好的绿化美化效果。

1）水生植物

水生植物是指自然生长在水中，在旱地不能生存或生长不良的植物。水体生境的主要特点是弱光、缺氧、密度大等。水生植物对水体生境的适应特点是体内有发达的通气系统，以保证身体各部位对氧气的需要；叶片常呈带状、丝状或极薄，这均有利于增加采光面积和对 CO_2 与无机盐的吸收；植物体具有较强的弹性和抗扭曲能力以适应水的流动。根据植物的形态特征，水生植物可分为沉水植物、浮水植物和挺水植物三种类型。

(1) 沉水植物：整个植物沉没在水下，与大气完全隔绝的植物，如皇冠草、瓜子草、金鱼藻、狸藻和黑藻等。

(2) 浮水植物：指叶片漂浮在水面的植物。包括不扎根的浮水植物(漂浮植物)如凤眼莲、浮萍等等和扎根的植物如睡莲、菱角、眼子菜、大薸等。

(3) 挺水植物：指植物体大部分挺出水面的植物，如千屈菜、荷花、芦苇、香蒲、水葱等。

2）陆生植物

生长在陆地上的植物统称为陆生植物，包括旱生、湿生和中生植物三种类型。

(1) 旱生植物

旱生植物是指长期处于干旱条件下，能长时间忍受水分不足，但仍能维持正常生长发育的植物。根据旱生植物的生态特征和抗旱方式，又可分为多浆液植物和少浆液植物两类。

① 多浆液植物：又称"肉质植物"。例如仙人掌、芦荟、景天、马齿苋等。这类植物蒸腾面积很小，多数种类叶片退化而由绿色茎代行光合作用；其植物体内有发达的贮水组织，植物体的表面

有一层厚厚的蜡质表皮，表皮下有厚壁细胞层，大多数种类的气孔下陷，且数量少；细胞质中含有一种特殊的五碳糖，提高了细胞质浓度，增强了细胞保水性能，大大提高了抗旱能力。这类植物在湿润地区多在温室内盆栽，炎热干旱地带则可露地栽培。

② 少浆液植物：又称"硬叶旱生植物"。如柽柳、沙拐枣、羽茅、梭梭、骆驼刺、木麻黄等。这类植物的主要特点是：叶面积小，大多退化为针刺状或鳞片状；叶表具有发达的角质层、蜡质层或茸毛，以防止水分蒸腾；叶片栅栏组织多层，排列紧密，气孔量多且大多下陷，并有保护结构；根系发达，深根性，能从深层土壤内和较广的范围内吸收水分；维管束和机械组织发达，体内含水量很少，失水时不易显出萎蔫的状态，甚至在丧失 1/2 含水量时也不会死亡；细胞液浓度高、渗透压高，吸水能力特强，细胞内有亲水胶体和多种糖类，抗脱水能力也很强。这类植物适于在干旱地区的沙地、沙丘中栽植；潮湿地区只能栽培于温室的人工环境中。

(2) 湿生植物

湿生植物指适于生长在潮湿环境且抗旱能力较弱的植物。根据湿生环境的特点，还可以区分为耐阴湿生植物和喜光湿生植物两种类型。

① 耐阴湿生植物：主要生长在阴暗潮湿环境里。例如多种蕨类植物、兰科植物，以及海芋、翠云草、秋海棠等植物。这类植物大多叶片很薄，栅栏组织与机械组织不发达，而海绵组织发达，防止蒸腾作用的能力很小，根系浅且分枝少。它们适应的环境光照弱、空气湿度高。在园林绿化设计与施工中这类植物适于配置在湿度较大且光线较暗的低凹地段、假山石、建筑物背阴面等地。

② 喜光湿生植物：主要生长在光照充足、土壤水分经常处于饱和状态的环境中。例如池杉、水松、灯心草、红树、小毛茛以及泽泻等。它们虽然生长在经常潮湿的土壤中，但也常有短期干旱的情况，加之光照度大，空气湿度较低，因此湿生形态不明显，有些甚至带有旱生的特征。这类植物叶片具有防止蒸腾的角质层等，输导组织也较发达；根系多较浅，无根毛，根部有通气组织与茎叶通气组织相连，木本植物多有板根或膝根。在园林绿化设计与施工中，这类植物适于配置在地下水位高的湿地、池沼边缘或沟边、路旁等处。

(3) 中生植物

中生植物是指适于生长在水湿条件适中的环境中的植物。这类植物不能忍受过湿或过干的环境条件。其种类多，数量大，分布最广。中生植物的形态结构及适应性均介于湿生植物和旱生植物之间，随水分条件的变化，可趋于旱生方向或趋于湿生方向。

中生植物的种类是多种多样的。木本中生植物，如雪松、油松、女贞、广玉兰、侧柏、桧柏、油松、雪松、碧桃、榆叶梅、梅花、刺槐、合欢、五角枫、鸡爪槭、黄栌、旱柳等；多年生草本植物，如菊花、萱草、大丽菊、百合、美人蕉、万年青、吊兰、阔叶麦冬等；一二年生草本中生植物，如鸡冠花、瓜叶菊、牵牛花、金鱼草、万寿菊等。

中生植物可塑性大，适应性多样。但较长时间的干旱或潮湿，对它们的正常生长也会产生很大影响。如何满足其适生的水分条件，易被园林绿化工作者所忽略。因此，在园林规划设计中，在考虑艺术效果的同时，需要认真分析和研究各种园林植物适应水分的生态特性，因地制宜地配置适生种类，才能达到预期效果。

4.2.4 水分异常对园林植物的影响及植物的抗性

1) 干旱

干旱是指一个地区在一段时间内降水量异常减少，引起土壤有效水分贮量大大减少，不能满足植物对水分的需求，使植物生长受到抑制，出现萎蔫甚至死亡的现象。干旱会降低园林植物的各种生理过程，对其生长发育将产生不利的影响。干旱能降低植物体内合成酶的活动，并使分解酶活性增强，使园林植物体内能量代谢紊乱，能量利用率降低，原生质结构被破坏，营养物质的吸收和运输受阻，光合作用速率降低。干旱缺水会造成园林植物萎蔫，破坏体内的水分平衡，从而引起植物体内的水分重新再分配。萎蔫的叶片因吸水压力大，将从植物体其他部位夺取水分，渗透压较高的幼叶在干旱时向老叶夺水，加速叶片老化，减少了尚能进行光合作用的有效叶面积。干旱缺水还会使植物的营养生长和生殖生长争夺水分的矛盾加剧。萎蔫时，果实内的水分将向叶片流动，引起落花、落果，或者果实变小，品质和数量降低。干旱严重时，会使园林植物永久萎蔫以致枯死。干旱对不同种类园林植物影响的程度也不同。通常，草本植物比木本植物受害严重，湿生植物较旱生植物受害严重。

植物对干旱的抗性主要通过形态适应和生理适应来实现。长期在干旱地区生活的植物其形态上有以下五个方面的特征：一是根系比较发达，扎得较深，能有效地利用深层土壤水分，根冠比增加。二是叶细胞较小，细胞间隙也较小，能减轻干旱时细胞脱水时的机械损伤。三是散射气孔密集，输导组织发达，利于水分运输。四是细胞壁较厚。五是叶片表面的角质层和蜡质层较厚。其生理特征表现为：一是细胞渗透势低，吸水能力强。二是原生质具有较高的亲水性、黏性和弹性，既能抵抗过度脱水，又可减轻脱水时的机械损伤。三是缺水时合成反应仍占优势，而生物大分子的降解减少，原生质稳定，生命活动正常。

2）雨涝

雨涝是指由于长期阴雨或暴雨，雨量过多而排水不畅造成积水成涝和过度潮湿。园林植物生长需要大量的水分，但是雨涝和过高的大气湿度，反而会破坏园林植物（主要指陆生植物）体内的水分平衡，对园林植物的生长发育产生严重的不良影响。

雨涝使土壤水分过多，尤其在淹水的情况下，土壤会严重缺氧，导致植物根系有氧呼吸作用减弱，无氧呼吸作用增强；同时抑制了好氧细菌的活动，促进嫌氧细菌活动，使土壤中有机质的分解和养分的释放速度变慢，并造成有毒物质大量积累，从而阻碍园林植物根系呼吸和养分的释放，使根系中毒、腐烂，以致造成园林植物的死亡。

植物对雨涝的适应也反映在形态适应和生理适应两个方面。形态特征表现为：抗涝性强的植物体内有发达的通气组织，可以把氧气从叶片输送到根部，即使地下淹水，也可以从地上部分获得氧气。生理特征表现为：雨涝引起植物的无氧呼吸，使植物体内积累有毒物质，而植物通过某种生理生化代谢来消除有毒物质，或本身对有毒物质具有忍耐力。

雨涝大致可分为三种：一是历时较短、降水强度较大的暴雨或特大暴雨造成的雨涝。这种雨涝对园林植物的影响主要表现在对土壤的冲刷上，造成部分植物根系裸露，甚至被雨水冲倒。二是降水强度不大，但阴雨期较久的渍涝。出现这种渍涝，地面虽然无洪水，但因长期缺少日照，加上土壤水分过多，对园林植物的生长发育产生较大影响。三是阴雨日较长，总雨量较大，造成既涝又渍，对园林植物的危害最重。在园林绿化建设中特别是对旱生植物，要注意采取一些排水措施，以降低雨涝对园林植物生长发育的危害。

3）冰雹

冰雹是从发展旺盛的积雨云中降落下来的固态降水。冰雹降落时，常伴有强烈的阵风、暴雨和降温，有时还伴有龙卷风。因此，冰雹是一种严重的灾害性天气。

冰雹造成的危害有两个方面：其一，会造成植物茎叶机械损伤。严重时草本植物会全部毁坏，落叶树木被打得片叶无存，树皮也被砸烂；常绿树木的新梢及侧枝被打断，严重影响园林植物的生长发育，甚至造成植株死亡。其二，冰雹常出现在植物生长旺盛的夏季，会造成降温，对植物体的生理活动造成影响，使其生长发育受阻。

4）雨凇和雪害

雨凇对园林植物的生长具有一定的影响。例如 1957 年 3 月和 1964 年 2 月，在杭州、武汉、长沙等地发生过雨凇，使早春开花的梅花、山茶、腊梅、迎春和初结果的枇杷、油茶等花果均受到损失，还造成了部分樟树、毛竹等常绿树折枝、裂干，甚至死亡。又如 1988 年 2 月 25、26 两日，浙江省德清县莫干山地区出现的一次严重的雨凇危害，单株毛竹冰层重者达 200～300kg，轻者有 100kg，以致压断竹秆、竹梢，有的全株被压倒。为了减轻雨凇对园林植物的危害程度，可以用竹竿击落园林植物枝叶上的冰，并设支柱支撑。

雪对园林植物的危害主要表现为积雪过多而造成的雪压和雪折。大雪可使园林树木发生机械损伤，如折枝、断干、损冠，甚至造成雪倒。如 2002 年初冬，北京的一场降雪，全市有 10 万株树木遭受了不同程度的损伤。另外，在生长季较短的地区，春季融雪降低了土温，从而也缩短了植物的生长期。同时融雪期时融时冻的交替变化，易引起冻害。

在多雪地区，应在大雪前对园林树木大枝设立支柱，对常绿树、枝条过密的树要进行适当的修剪，在降雪后要及时振落积雪并将雪压倒的枝条提起扶正。还要注意清理断梢、断枝，加强病虫害防治，以降低雪的危害程度。

雪对园林植物的生长也有有利的方面：雪不易传热，是很好的绝缘体，具有保护土壤、防止冻结过深而伤害植物根系以及保护幼苗、幼树越冬等作用；在早春干旱地区，雪是少雨季节水分的主要来源；雪中含有的氮化物比雨水中的多 5 倍，因此，可以增加土壤中的氮素含量。

5）酸雨

酸雨是指 pH 值低于 5.6 的降水。酸雨也称为酸沉降。酸雨主要是因大气污染造成的，是当今全球关注的重大环境问题之一。西欧一些国家发生的酸雨危害，致使大片森林死亡、土地酸化。目前，我国酸雨覆盖面积已占国土面积的 30%。

酸雨对园林植物的危害是很明显的。酸雨可直接腐蚀叶片的角质层，使叶中的营养物质淋失。被淋失的营养物质包括无机化合物中的大量元素和微量元素，其中，淋失数量最多的是钾、镁、锰，还包括有机化合物中的糖类、氨基酸、有机酸、激素、维生素、果胶等。酸雨还可使土壤中的营养物质被淋失，使土壤变质，致使园林植物缺乏营养而生长不良，甚至枯死。另外，酸性物质渗透到植物体中，其毒性会降低园林植物的免疫力，使植物生长衰弱，极易感染病虫害。

4.3 园林植物对城市水分状况的调节作用

园林植物对城市的水分状况具有一定的调节作用。园林植物通过其截留降水、保蓄水分、减少径流等作用来调节城市的水分循环过程和城市的湿度变化。这种调节作用随着园林植物的面积和结构复杂程度的增加而增大。

4.3.1 城市的水分特点

城市地区水分状况与其周围郊区农村相比有明显差异。首先，城市的绝对湿度比郊区农村低。

由于市区自然土壤面积少，地面多铺有不透水的水泥混凝土或沥青，使降水大部分通过排水系统排走；城市植被面积也比较少，通过植物蒸腾和地面蒸发到空气中的水分少于郊区农村地区，因此，市区空气中的水汽必然少于郊区农村。其次，城市的相对湿度也比郊区农村低。由于城市的热岛效应，使市区的气温明显高于郊区农村，其饱和水汽压也较高。第三，城市的降水强度和降水频度比郊区农村高。由于城市地区建筑物林立，特别是高层建筑很多，使市区下垫面的粗糙度大大提高，常常阻碍流过城市的气流，产生"堆积"现象；再加上城市上空大气污染远远高于郊区农村，污染物如灰尘及颗粒物易凝结水汽，形成凝结核多，有利于降水形成；此外，城市的热岛效应，引起市区的热空气上升，遇上空冷空气流易形成降水。使得城市的降水强度和频度均明显高于郊区农村。例如，上海市区年平均降水量为 1087.3mm，而郊区农村只有 1048.3mm(表 4-4)。

上海市区与郊区农村有关气候要素年平均值的比较(1961—1970 年)　　表 4-4

	全年雷暴天数(d)	全年日降水量大于 50mm 天数(d)	年均绝对湿度(mbar)	年均相对湿度(%)
市区	31.9	2.8	16.4	79
郊区	26.9	2.2	16.8	82
差值	5	0.6	-0.4	-3

4.3.2　园林植物对城市水分状况的调节作用

1）减少地表径流，增加土壤含水量

城市中的公园、林带、片林、庭院及街道绿化等园林植物在降雨过程中能截流降水，大大降低了群落下土壤的降水强度，从而减弱了对地面的冲击，减少了地表径流，其中以园林树木的树冠截流作用最为明显。另外，园林植物根系的生长，可以疏松土壤并使孔隙增多，地表水容易被土壤吸收。因此，园林绿地上的地表径流要比裸地小得多，而绿地土壤持有的水分比裸地大得多(表 4-5)。由此可见，园林植物群落能有效地为城市保蓄水分，改善城市的水分条件。

北京市降水在不同类型地面上的去向比例　　表 4-5

地面类型	树冠截流(%)	地面蒸发(%)	地表径流(%)	渗入土壤(%)
铺装地面	—	10	90	0
裸　　地	—	20	20	50
农　　田		17	17	73
园林绿地	10	10	10	75

注：1. 绿地按树冠覆盖 2/3、草地 1/3 估测；

　　2. 绿地渗入土壤的水分包括植物吸收蒸腾在内。

2）增加空气湿度和自然降水

园林植物减少地表径流，使土壤含水量增加，而植物从土壤中吸收的大部分水分又通过其蒸腾作用，向空气中不断输送。因此，园林植物可以增加城市空气中的水分含量，即提高空气湿度，这种作用称为植物增湿效应。据北京市园林局测定，在有园林植物的地方，空气相对湿度有明显提高，各种群落类型中以乔木群落最为显著(表 4-6)。增湿效应随绿地面积的增加而增大。增湿效应也因季节而异。夏季植物生长旺盛，蒸腾强度大，增湿效应最大；冬季植物大多停止生长，处于休眠状态，落叶植物的蒸腾强度小，增湿效应最小。

北京市不同绿地内相对湿度与非绿地比较　观测时间：1962 年 1 月　　　　表 4-6

观测地点	绿地类型	绿地相对湿度(%)	绿地外相对湿度(%)	增加值(%)
东单公园	小型绿地公园	68	46	22
纪念碑松林	小片针叶林	89	69	20
北京医学院	绿化的庭院	70	61	9
友谊医院	绿化的庭院	70	62	8
京门路	两行乔木的道路	67	43	24

　　经研究表明，当植被(特别是森林)面积比较大时，植被的增湿效应与降温效应综合作用，可以增加自然降水。据报道，森林地带的年降水量要比无林地平均高 17.4%，最高可达 26.6%，最低也有 3.8%。因此，增加城市园林植物的覆盖率，对调节城市的水分循环，具有重要的意义。

　　由于城市湿度普遍较低，气候较干燥，所以，园林植物的增湿效应对调节城市水分、改善气候、提高居民的环境舒适度极其有益。

4.3.3　园林植物对城市水污染的净化作用

　　在城市，工业废水、降落的空气污染物、农药及生活污水排入水体，造成了水质污染。污水中常含有毒甚至剧毒的氰化物、氟化物、硝基化合物、酚、汞、镉、铬等，还有某些发酵性的有机物和亚硫酸盐、硫化物等无机物，以及放射性物质和致病的微生物等。这些有害物质不仅影响农、林、牧、副、渔各业的发展，而且危及人类的健康。水污染是当今世界共同关注的环境污染问题，世界各国均对预防水体污染和净化已被污染的水域给予了高度重视。

　　园林植物对城市的水污染具有一定净化的作用。许多植物具有吸收、富集和分解、转化水体中有毒物质的能力，对污水具有明显的净化作用。植物富集有毒物质的能力因植物种类不同而异，许多植物的富集程度可比水中毒质浓度高几十倍乃至几千倍。同时许多植物也能将某些低浓度的有毒物质分解并转化成无毒成分。因此，可以利用具有强富集作用、转化作用的植物来减少水中的有毒物质，达到净化水质的目的。例如芦苇能吸收酚和其他 20 多种化合物；水葱能吸收酚、嘧啶、苯胺，而且还有一定的灭菌作用；凤眼莲能吸收镉、汞、铅、酚、锌等。此外，浮萍、金鱼藻、眼子菜等也都有较好的净化污水的功能。许多园林植物对大气污染物也具有吸收能力，因此，可以减少大气污染物降落到地面而污染水体的程度。如臭椿、夹竹桃、银杏、女贞、龙柏等对大气中的二氧化硫等污染物都具有较强的吸收能力。

　　园林植物对城市水污染虽具有一定的净化作用，但要防止和减轻城市水污染，最根本的途径是工程治理和综合利用相结合，减少污染物的排放。

4.4　水环境调控在园林绿化中的应用

　　水是植物体的重要组成部分，植物体一般含 60%～80% 的水，有的甚至含有 90% 以上。植物的光合作用、呼吸作用和物质的运输等各种生命活动都离不开水。不同植物的不同生长发育时期需水量不同，都有最高和最低两个基点，并有一个最适的范围。如果高于最高点，可导致根系缺氧、窒息，甚至烂根死亡；如果低于最低点，可导致植物萎蔫、死亡；如果接近两个基点则植物生长不良。因此，掌握园林植物的生态习性及其对水分需要的变化规律，合理调节水分，从而保证园林植物的正常生长。

4.4.1　合理浇灌

浇灌是满足植物对水分的需要、维持植物体水分平衡的重要措施。特别是在园林绿化的施工与管护中，浇灌是极为重要的手段。各种园林植物的浇水量，应根据植物的生态习性、生长发育阶段、天气、季节以及土壤情况等各方面因素来确定。不同生态习性的植物需水量不同。例如：喜湿的蕨类、秋海棠、兰科植物、瓜叶菊、慈姑等，要多浇水；耐旱的仙人掌类等多浆液植物要少浇水。植物的不同生长发育阶段，需水量不同。通常播种期需要多；出苗后少浇；随着植物生长、开花，浇水量逐渐增加；到结实期，又需要少浇水；休眠期更要少浇。例如，朱顶红种植后只要保持土壤的湿润，便会终止休眠，生出根来，一旦抽出花茎，蒸腾增加，就需少量灌水；当叶片大量生长后，就需水分充足。在不同季节和天气情况下，植物的需水量不同。干燥的晴天应多浇；阴湿天少浇或不浇。冬季大部分植物处于休眠状态，一般不需浇灌。对一些室内植物浇水，要因室温而异，室内温度高时要多浇，温度低时少浇；春季天气转暖，浇水量应较冬季为多；夏季天热，蒸发量大，浇水量要增加。不同种类土壤中生长的植物，其浇水量应有所差别。通常盐碱土中的植物，要"明水大浇"；对沙质土中的植物，因沙土保水力差，应小水勤浇；对较黏重、保水力强的土壤中的植物，灌水次数和灌水量应当减少。对盆栽花卉的浇水原则是见湿见干。判定盆栽基质含水量的方法有多种，例如敲击瓦盆、水分标尺、湿度传感装置等。浇灌方法因植物习性而定，例如滴灌、喷灌、喷雾等。

4.4.2　调整花期

干旱的夏季，充分灌水有利于植物生长发育，促进开花。例如干旱条件下，在唐菖蒲抽穗期充分灌水，可使花期提早约一周。

夏季的干旱高温常迫使一些花木进入夏季休眠，或迫使有些植物加快花芽的分化，花蕾提早成熟。例如在夏季对玉兰、梅花、丁香、桃、紫荆等花木停止灌水，保持干旱，使之自然落叶，强迫其进入休眠状态，3～5d 后再给予良好的水、肥条件，这些花木则能很快解除休眠而恢复生长，并能提早在国庆节期间开花。

如果在秋季落叶后，将春季开花的牡丹先经低温(0～3℃)处理 2～3 周后，移入 20～25℃ 的温室内，保持温室湿度为 60%～80%，可促其花芽萌动，根据需要可提前在冬季或早春开花。如果于秋季先进行干燥冷凉处理，然后每日对枝干喷水 6～7 次，也可以使牡丹在国庆节期间开花。再如杜鹃花等，用控制温度和不断在枝干上喷雾、喷水的方法，亦能使其在冬季或春节前后开花。

4.4.3　抗旱锻炼

园林植物自身具有一定的抗旱潜力。凡抗旱能力较强的，其叶面积较小，甚至能在干旱季节落叶，表现出旱生植物的特性。许多中生性园林植物，在短期干旱的影响下，能表现出不同程度的抗旱特性。因此，可以在园林植物苗期逐渐减少土壤水分供给，使其经受一定时间的适度缺水锻炼，促使其根系生长，叶绿素含量增多，光合作用能力增强，干物质积累加快。经过锻炼的植物，即使在发育后期遇干旱，其抗旱能力仍较强。

在园林植物种子的萌芽阶段进行抗旱锻炼，往往效果更佳。一般的方法是，先浸种催芽，使萌动的种子风干(约2d)后播种。用此法有时还能使植物出现某些旱生形态结构(如叶脉变密、表皮细胞及气孔变小、气孔增多、根系发达等)。

4.4.4　灌水防寒

水的热容量和导热率大于干燥的土壤和空气的热容量和导热率。灌水后土壤含水量提高，一方面，土壤的导热能力提高，土壤深层的热容量上升，从而提高了地表土和近地表空气的温度；另一方面，土壤的热容量提高，增强了土壤的保温能力。此外，灌水后土壤中水蒸发进入大气，使近地层中的水汽含量增多，在夜间降温时，水汽凝结成水滴，同时放出潜热，从而缓冲了温度下降的幅度。据测定，灌水后可使近地层增温 2~3℃。因此，在园林花卉栽培中，南方冬季寒冷时进行冬灌能减少或预防冻害；北方在深秋灌冻水，可以提高植物的抗寒能力；早春灌水则有保温、增温的效果。

复习思考题

1. 解释水气压、饱和差、降水强度、蒸发。
2. 露和霜有何区别？
3. 降水如何形成？常见的降水种类有哪些？
4. 按降水强度大小可将降水分为哪些等级？
5. 何谓植物体的水分平衡？植物体如何维持体内的水分平衡？
6. 不同植物对水分的需要量有何不同？
7. 何为水生植物？分为哪几类？
8. 园林植物对城市水污染净化方面有何作用？
9. 如何使牡丹花在国庆节开放？

园
林
植
物
环
境

第 5 章　园林植物与大气

本章学习要点：

1. 大气的组成成分及各成分的生态学意义；
2. 大气污染对园林植物的影响及园林植物对大气的净化作用；
3. 风对园林植物的影响及园林植物对风的防护作用。

围绕地球表面的空气称为地球大气，简称大气。其厚度可达 2000～3000km。在实用上常取 100～1200km 的范围。在大气层中，空气的分布是不均匀的，离地面越高，空气越稀薄。在地球表面 12km 范围以内的空气层，其重量约占空气总重量的 95% 左右。在这一层，气温上冷下热，产生活跃的空气对流，这个空气层称为对流层。风、云、雨、雾、雪、雷电等天气现象都在对流层中产生。

5.1　大气组成及其生态意义

5.1.1　大气的成分及其生态意义

地球大气是由多种气体混合组成的，还包括一些固体和液体的杂质。不含水汽和其他杂质的大气称为干洁大气。干洁大气主要由氮(N_2)、氧(O_2)、氩(Ar)、二氧化碳(CO_2)组成，这四种气体占对流层内空气容积的 99.99%（表 5-1）。此外，还有极少量的氖(Ne)、氦(He)、氪(Kr)、氙(Xe)、臭氧(O_3)、氢(H_2)和碳、硫、氮的化合物。所以干洁大气是由多种气体混合而成的。

干洁空气的主要成分（对流层内）

表 5-1

气　体	容积百分比（%）	质量百分比（%）
氮(N_2)	78.084	75.52
氧(O_2)	20.948	23.15
氩(Ar)	0.934	1.28
二氧化碳(CO_2)	0.033	0.05

（1）水汽及其生态作用

大气中的水汽是由地球表面水体的蒸发、植物的蒸腾以及潮湿土壤的蒸发而来的。在组成大气的各种气体成分中，以水汽含量的变化幅度为最大。在对流层中，水汽的含量随着高度的升高而迅速减少。水汽在大气中存在着气态、液态和固态的相互转换。水汽的存在可以阻挡地面长波辐射向宇宙太空散逸，因而对地面有保暖作用。水汽的相变，不仅伴随着能量的吸收和释放，也是大气中云、雾、雨、雪、雷鸣电闪的基础，所以水汽是天气变化的重要角色。

（2）O_2 及其生态作用

大气中的 O_2 主要来源于植物的光合作用，少量的 O_2 来源于大气层中的光解作用，即在紫外线照射下，大气中的水分子分解成 O_2 和 H_2。植物在光合作用过程中吸收 CO_2 释放出氧气。植物自身呼吸作用也会消耗少量的 O_2。大量的 O_2 用于大气平衡和其他生物包括人类的呼吸消耗。

大气中供植物呼吸的 O_2 是足够的，但在土壤中，由于土壤含水量过高或土壤结构不良等原因，往往会导致植物根系缺氧，严重时会引起植物中毒死亡。例如城市街道旁的土壤往往过于板结，土壤 O_2 供应不足，影响了行道树根系的生长。所以，改善土壤结构和水分，保证土壤良好的通气性，才能使植物根系呼吸正常。

（3）CO_2 及其生态作用

大气中的 CO_2 主要来源于有机物燃烧、动植物和土壤微生物的呼吸作用以及死亡生物的腐烂等，其次来源于矿泉、地面裂缝及火山喷发。大气中的 CO_2 含量有日变化，还有季节变化，其含量一般只占空气容积的 0.03% 左右，而在城市可超过 0.05%。一般来说白天比夜间、夏季比冬季浓度小。随着工业化进程的推进和世界人口的增长，全球大气中的 CO_2 含量逐年增长。据研究：距今约1万年以前，大气中的 CO_2 浓度仅为 0.020%，到 19 世纪末也只有 0.029%，而 1979 年大气中二氧化碳浓度已增至 0.0335%，1970 年至 1978 年，平均每年增加 0.000119%。大气中的 CO_2 是绿色植物进行光合作用不可缺少的原料。在正常光照条件下，光照强度不变，随 CO_2 浓度增加，植物的光合作用强度也相应提高。如葡萄、柑橘等，增加 CO_2 浓度，其光合作用强度可增加 40%。根据这一原理，可以对植物进行 CO_2 施肥。CO_2 对太阳辐射吸收很少，而对地面热辐射有强烈的吸收作用，同时 CO_2 本身对周围大气和地面放射长波辐射，具有"温室效应"。

正常大气中的 CO_2 浓度约为 0.032%，由大气及生物调节维持在稳定平衡状态。土壤中的 CO_2 含量要略高于大气，但是一旦土壤中的 CO_2 含量过高，也会导致植物根系窒息或中毒死亡。

(4) N_2 及其生态作用

N_2 是大气组成中最多的气体，同时氮元素也是生物体内及生命活动不可缺少的成分。但是，氮元素一般不能被植物直接吸收和利用，仅有少数有根瘤菌的植物可以用根瘤菌来固定大气中的游离氮。所以，大部分植物所吸收的氮元素来自土壤中有机质的转化和分解产物。虽然活性氮在植物的生命活动中有极重要的作用，但土壤中的氮元素往往不足。当氮元素缺乏时，植物生长不良，甚至叶黄枝死，所以生产上常常施以氮肥进行补充。在一定范围内增加土壤氮元素，能明显促进植物的生长。

(5) O_3 及其生态作用

在高层大气中，氧分子吸收了短于 0.24μm 的紫外线而分解成氧原子，氧原子很活泼，与氧分子结合成 O_3。O_3 主要分布在 10～40km 的大气层中，集中分布在 20～50km 附近。由于 O_3 对紫外线有强烈的吸收作用，使到达地球表面的紫外线含量大大减少，一方面可以使地球表面温度不致过高，另一方面也保护了地球表面的生物免遭强紫外线的杀伤。O_3 层是地球生命的保护罩。因为过多过强的紫外线不但能杀死部分细菌，也能杀死植物细胞，抑制植物生长，也会使人皮肤癌变。地球上一旦失去 O_3 层的保护，生物将无法生存。因此 O_3 层浓度的变化会对气候变化和地球上的生命带来巨大影响。

5.1.2 大气的垂直分层

地球大气圈的顶部并没有明显的分界线，而是逐渐过渡到星际空间的。大气的底界就是地面，所以地面也称为大气的下垫面。由于地球的重力作用，自地面至高空的空气越来越稀薄，最后地球大气和弥漫在星际空间、密度极小的"星际气体"联系在一起了。所以大气的上界，即大气的"顶"并没有一个截然的界线，而是模糊的。

大气的各种物理属性，无论在垂直方向或者在水平方向上的分布都是不均匀的。根据大气的上述各种物理属性，特别是温度随高度的变化，可以自下而上把大气层分为对流层、平流层、中间层、热层(暖层)和散逸层五个层次(图 5-1)。

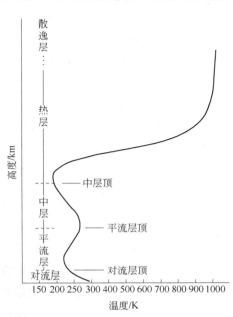

图 5-1 大气的垂直分布

1）对流层

对流层是紧贴地面的一层，它受地面的影响最大。因为地面附近的空气受热上升，而位于上面的冷空气下沉，这样就发生了对流运动，所以把这层叫做对流层。它的下界是地面，上界因纬度和季节不同而不同。据观测，在低纬度地区其上界为 17～18km；在中纬度地区为 10～12km；在高纬度地区仅为 8～9km。夏季的对流层厚度大于冬季。以南京为例，夏季的对流层厚度达 17km，而冬季只有 11km，冬夏厚度之差达 6km 之多。对流层内的温度随着高度的增加而降低。对流层是大气的底层，它的平均厚度为 10～12km。对流层顶在低纬度地区平均在 17～18km 处，在中纬度地区平均在 10～12km 处，在高纬度地区平均在 6～9km 处。对流层的厚度虽不足整个大气层厚度的 1%，但却集中了 3/4 的质量和几乎全部的水汽。云、雾、降水等天气现象都出现在这一层中。对流层有以下三个重要的特征。

（1）气温随高度的增加而降低。由于对流层接触地面，热量来自地面，因而气温随高度的增加而降低。平均来说高度每增加 100m，气温下降 0.65℃。

（2）空气具有强烈的垂直运动，即对流运动。对流运动的结果使得低层的热量、水分、杂质和尘埃向大气上层输送。由于对流作用，一些主要的天气现象——云、雨、雾、雪、冰雹等均出现在此层内。

（3）温度和湿度在水平方向上分布不均匀，而且越靠近地面变化越大。

2）平流层

此层气流运动相当平衡，而且主要以水平运动为主，故称为平流层。平流层顶在 50～55km 处。该层内的温度随着高度的增加而逐渐升高。起初变化很小或略有上升；至 25～30km 以上，温度上升很快。该层内天气晴好，气流平稳，适于飞行。

3）中间层

中间层顶在 85km 上下，该层内气温随高度的升高而普遍下降，空气的垂直运动很强烈，顶部气温在 -83℃ 以下，又称"高空对流层"。

4）暖层（热层）

该层顶约在 800km 处。层内空气密度很小，只占大气总重量的 0.5%，以致于声波难以传播。据探测，在 120km 高空，声波已难以传播；270km 高空，大气密度只有地面的一百亿分之一，所以在这里即使在你耳边开大炮，也难听到什么声音。暖层里的气温很高，据人造卫星观测，在 300km 高度上，气温高达 1000℃ 以上。所以这一层叫做暖层或者热层。该层内的温度随着高度的增加而逐渐升高。主要特点：一是气温随高度升高而迅速上升；二是空气处于高度的电离状态，所以暖层称电离层。

5）散逸层

散逸层又叫外层，它是大气的最高层，高度最高可达到 3000km。暖层以上的大气已极为稀薄，分子间距离很大，所以空气粒子运动速度大，又远离地面，受地心引力作用小，容易向星际空间逃逸。这一层大气的温度也很高，空气十分稀薄，受地球引力场的约束很弱，一些高速运动着的空气分子可以挣脱地球的引力和其他分子的阻力散逸到宇宙空间中去。根据宇宙火箭探测资料表明，地球大气圈之外，还有一层极其稀薄的电离气体，其高度可伸延到 22000km 的高空，称之为地冕。地冕也就是地球大气向宇宙空间的过渡区域。不过在空气粒子逸出大气层的同时，也有空气粒子从星际空间飞入大气层中，且两者维持动态平衡。

5.2 大 气 污 染

大气污染一般是指人类活动向大气中排放的有害物质，其浓度超过大气及其生态系统的自净能力，打破了生态平衡，对人类健康、生物生存、正常的工农业生产和交通运输产生危害的现象。大气污染物主要分为有害气体(二氧化硫、氮氧化物、一氧化碳、碳氢化物、光化学烟雾和卤族元素等)及颗粒物(粉尘和酸雾、气溶胶等)。它们的主要来源是燃料的燃烧和工业生产过程。地球上自从有了人类活动后，就开始有了大气污染。大气污染随着工业的发展、城市人口的增加而日益严重。

5.2.1 大气污染的形成

大气污染的形成主要由于人类生活、工业生产、交通运输等向大气排放的有害物质。生活污染主要包括居民取暖、做饭、燃烧排放的烟尘，以及各种生活垃圾造成的污染。工业污染主要包括工厂排放的烟雾、粉尘和各种有害物质，甚至核物质泄漏。交通运输污染主要包括汽车、飞机、轮船等行驶中排放的废气。据统计，交通工具排放的二氧化碳几乎占废气总量的45%以上。

1) 大气污染物的种类

引起人们注意的大气污染物大约有100多种。常见的污染物列于表5-2中，其中危害较大的有SO_2、Cl_2、H_2S、HF、O_3、NO_2、粉尘等。

污染物的种类和成分　　　　　　　　　　表 5-2

污染物种类	成　　分
粉尘	炭粒、飞灰、$CaCO_3$、ZnO、PbO_2 等
硫化物	SO_2、SO_3、H_2SO_4、H_2S、硫醇等
氮化物	NO、NO_2、NH_3 等
氧化物	O_3、过氧化物、CO 等
卤化物	Cl_2、HF、HCl 等
有机化合物	碳化氢、甲醛、有机酸、焦油、有机卤化物、醚等

随着工业化进程、城市化的发展，人类对化石燃料和石油产品的需求迅猛增加，因而排放到大气中的污染物种类增多，数量增大，大气污染日趋严重。大气污染已成为全球性的问题，特别是城市地区更为突出。

2) 大气污染物的来源

大气污染物按来源可分为天然污染源和人为污染源。

(1) 天然污染源

自然界中某些自然现象向环境中排放有害物质或造成有害影响的场所，是大气污染的一个很重要的来源。天然污染源主要有以下几种。

① 火山喷发：排放出 SO_2、H_2S、CO_2、CO、HF 及火山灰等颗粒物。

② 森林火灾：排放出 CO、CO_2、SO_2、NO_2 等。

③ 自然尘：风沙、土壤尘等。

④ 森林植物释放：主要为烯萜类碳氢化合物。

⑤ 海浪飞沫：颗粒物主要为硫酸盐与亚硫酸盐。

在有些情况下天然源比人为源更重要。有人曾对全球的硫氧化物和氮氧化物的排放作了估计，认为全球氮氧化物排放中的93%、硫氧化物排放中的60%来自天然源。

(2) 人为污染源

人类的生产和生活活动是大气污染的主要来源。大气的人为污染源可概括为以下几方面。

① 燃料燃烧：燃料(煤、石油、天然气等)的燃烧过程是向大气输送污染物的重要发生源。煤是主要的工业和民用燃料。煤燃烧时除产生大量烟尘外，在燃烧过程中还会形成一氧化碳、二氧化碳、二氧化硫、氮氧化物、有机化合物及烟尘等有害物质。

② 火力发电厂、钢铁厂、焦化厂、石油化工厂和有大型锅炉的工厂、用煤量最大的工矿企业，根据工业企业的性质、规模的不同，对大气产生污染的程度也不同。

③ 家庭日常生活用的炉灶，由于居住区分布广泛、密度大，排放高度又很低，再加上无任何处理，所排出的各种污染物的量往往不比大锅炉低，在有些地区甚至更高。

④ 工业生产过程排放：工业生产过程中排放到大气中的污染物种类多、数量大，是城市或工业区大气的主要污染源。工业生产过程中产生废气的工厂很多。例如，石油化工企业排放二氧化硫、硫化氢、二氧化碳、氮氧化物；有色金属冶炼工业排出的二氧化硫、氮氧化物以及含重金属元素的烟尘；磷肥厂排出氟化物；酸碱盐化工工业排出二氧化硫、氮氧化物、氯化氢及各种酸性气体；钢铁工业在炼铁、炼钢、炼焦过程中排出粉尘、硫氧化物、氰化物、一氧化碳、硫化氢、苯类、烃类等。总之，工业生产过程排放的污染物的组成与工业企业的性质密切相关。

⑤ 交通运输过程中排放：现代化交通运输工具如汽车、飞机、船舶等排放的尾气是造成大气污染的主要来源。内燃机燃烧排放的废气中含有一氧化碳、氮氧化物、碳氢化合物、含氧有机化合物、硫氧化物和铅的化合物等多种有害物质。由于交通工具数量庞大，来往频繁，故排放污染物的量也非常大。

⑥ 农业活动排放：农药及化肥的使用，对提高农业产量起着重大的作用，但也给环境带来了不利影响，致使施用农药和化肥的农业活动成为大气的重要污染源。

田间施用农药时，一部分农药会以粉尘等颗粒物形式散逸到大气中，残留在作物体上或黏附在作物表面的仍可挥发到大气中。进入大气的农药可以被悬浮的颗粒物吸收并随气流向各地输送，氮肥在土壤中经一系列的变化过程会产生氮氧化物释放到大气中，造成大气农药污染。

化肥在农业生产中的施用给环境带来的不利因素。

5.2.2 大气污染对植物的危害

大气中有毒物质的浓度超过了植物能忍受的限度时，植物就开始受害。植物受害的最低浓度称为"临界浓度"。植物接触临界浓度以上的有毒物质而受害的最短时间，称为"临界时间"。各种气体使植物受害的临界浓度和临界时间是不同的，如氟化氢有十亿分之几的浓度就能使一些植物产生明显的受害症状，而二氧化硫的临界浓度则要高些(表5-3)。

几种植物受氟化氢危害的浓度和时间 表 5-3

临界浓度(μg/kg)	临 界 时 间	受 害 植 物
1	10d	唐菖蒲
10	20h	唐菖蒲
1	20~60d	葡萄、樱桃、杏、李
5	7~9d	葡萄、樱桃、杏、李
1	100h	部分针叶树
10	15h	部分针叶树
50	3h	桃

大气中的污染物主要通过气孔进入叶片并溶解在叶细胞的汁液中，通过一系列的生物化学反应对植物产生毒害。

1）二氧化硫

二氧化硫是我国当前最主要的污染物，排放量大，对植物的危害也比较严重。二氧化硫是各种含硫的石油和煤燃烧时的产物之一，发电厂、石油加工厂和硫酸厂等散发较多的二氧化硫。0.05～10mg/L 的二氧化硫就有可能危害植物，当然以持续时间而定。少量的硫是植物生长所需要的，然而高浓度的二氧化硫进入植物体内，会造成高浓度的亚硫酸根离子的累积，高浓度的亚硫酸根离子会使植物受到损害。SO_2 从气孔扩散至叶肉组织，进入细胞后和水发生反应，形成 H_2SO_3 和 SO_3^{2-}，从而对叶肉组织造成破坏，叶片水分减少，叶绿素 a 与叶绿素 b 比值变小，糖类和氨基酸减少，叶片失绿，严重时细胞发生质壁分离，叶片逐渐枯焦，慢慢死亡。在叶片内，SO_3^{2-} 会被慢慢地氧化成 SO_4^{2-}，而后者的毒性比前者低近 30 倍，可进行自我解毒。因此，只有当 SO_3^{2-} 积累到一定程度，超过植物的自净能力后，才产生毒害。

大气污染物主要通过气孔进入叶内，对植物生理代谢活动产生影响，所以植物受害症状一般首先表现在叶片上面。不同的污染物对植物毒害的症状有一定差异。大气中的 SO_2 浓度达到 0.3μg/g 时，植物就出现受害症状。针叶树首先在两年以上的老针叶上出现褐色条斑或叶色变浅、叶尖变黄，然后逐渐向叶基部扩散，最后针叶枯黄脱落。阔叶树受危害后，叶部可出现几种症状，大多数在叶脉间出现褐色斑点或斑块，颜色逐渐加深，最后引起叶脱落。一般生理活动旺盛的叶片吸收 SO_2 多，吸收速度快，所以烟斑较重；而新枝与幼叶所受的伤害比老叶轻，产生的烟斑也较少。

2）Cl_2 及 HCl

Cl_2 及 HCl 毒性较大，主要以氯气单质形态存在于大气中。Cl_2 进入植物组织后产生的次氯酸是较强的氧化剂，由于其具有强氧化性，会使叶绿素分解，在急性中毒时，表现为部分组织坏死。氯气对植物的毒性不及氯化氢强烈，但较二氧化硫强 2～4 倍。空气中的最高允许浓度为 0.03μg/g。危害症状为叶尖黄白化，渐及全叶，伤斑不规则，边缘不清晰，呈褐色；妨碍同化作用，乃至坏死。针叶树受害症状与 SO_2 所致的烟斑相似，但受伤组织与健康组织之间常常没有明显的界限，这是与 SO_2 毒害的不同之处。阔叶树受害后，叶面出现褐色斑块，叶缘卷缩。Cl_2 的毒害症状大多出现在生理活动旺盛的叶片上，下部枝的老叶和枝顶端的新叶很少受害。

3）氟化物

以氟化物为主的复合污染所造成的危害比前两种有害气体严重得多。氟化物主要是 HF，属剧毒类的大气污染物，它的毒性比 SO_2 大 30～300 倍。氟化物通过气孔进入叶肉组织后，首先溶解在浸润细胞壁的水分中，小部分被叶肉细胞吸收，大部分则顺着维管束组织运输，在叶尖与叶缘积累。针叶树对氟化物十分敏感，针叶受害从顶端开始，随着氟化物的积累，逐渐向基部发展，受害组织缺绿，随后变为红棕色。阔叶树受害后，首先在叶片尖端和叶缘产生灰褐色烟斑，烟斑逐渐扩大，最后使叶脱落。氟化物所致烟斑多发生在新枝的幼叶上，这是与 SO_2 和 Cl_2 伤害症状的显著区别。鸢尾、唐菖蒲、郁金香这类植物对氟化物污染极敏感。

4）光化学烟雾

它是由汽车和工厂排放出的氮氧化物和碳化氢，经阳光中紫外线照射，而产生的一种蓝色烟雾。其主要成分是 O_3。O_3 主要破坏叶片栅栏组织、细胞壁和表皮细胞。植物受毒害后，叶片失绿，叶表出现褐色、红棕色或白色斑点，斑点较细，一般散布整个叶片。光化学烟雾危害植物的症状是：叶片背面变为银白色或古铜色，叶片正面受害部分与正常部分之间有明显横带。

5）固体颗粒物

固体颗粒物如煤和石灰的粉尘、硫磺粉、氧化硅等，因其轻重大小不同，有的能飘浮到很远的地方才沉降，称为飘尘；有的在污染源近处就降落，称为降尘。飘尘或降尘落在植物叶片上时，布满全叶，堵塞气孔，妨碍光合作用、呼吸作用和蒸腾作用，从而危害植物。这些微尘中的一些有毒物质可通过溶解渗透，进入植物体内，产生毒害作用。在无风、低压的阴雨天气，SO_2、NO_2、Cl_2等有害气体溶解在雨水中形成酸雨。酸雨的酸性强度与有害气体的浓度成正相关关系。酸雨有很强的腐蚀作用，植物叶片、嫩枝受害，会造成枯萎、落叶，严重时会引起成片植物群落死亡。

大气污染对植物的危害与污染物的浓度和危害时间密切相关。当有害气体浓度很高时，在短期内(几天、几小时甚至几分钟)便会破坏植物叶片组织，叶片产生许多明显的烟斑，甚至整个叶片枯焦脱落，芽枯损，植株长势显著衰弱和枯萎，称为急性伤害。植物长期接触低浓度有害气体，出现叶片逐渐失绿黄化，或产生烟斑、枯梢、烂根或根质酥脆等现象，称为有害气体对植物的慢性伤害。一般在植物外表被害症状出现以前，内部生理活动已出现异常。

大气中污染物对植物伤害的程度，与当地的气候和地形条件有关。风大、大气湍流强，有利于污染物的扩散和稀释，而污染的下风向易使污染物积累并形成危害。白天，植物的气孔张开，有毒气体容易进入植物体内；夜间则气孔关闭，有毒气体不容易进入。遇到阴雨、静风、气压低的天气，有害气体积聚在工厂周围或高层建筑群间不易扩散，浓度比平时大大增高，使污染的危害程度提高。

5.2.3 大气污染产生的其他危害

大气污染还能对气候产生不良影响，如降低能见度，减少太阳的辐射(据资料表明，城市太阳辐射强度和紫外线强度要分别比农村减少 10%～30% 和 10%～25%)而导致城市佝偻发病率的增加；大气污染物能腐蚀物品，影响产品品质。近十几年来，不少国家发现酸雨，雨雪中酸度增高，使河湖、土壤酸化、鱼类减少甚至灭绝，森林发育受影响，这与大气污染是有密切关系的。

5.3 园林植物对城市大气环境保护的作用

5.3.1 植物对大气层污染的抗性

植物能吸收一定量的大气污染物并对其进行解毒，这就是植物的抗性。不同植物种对各种大气污染物的抗性不同，这与植物叶片的结构、叶细胞生理生化特性有关。一般规律是，常绿阔叶植物的抗性比落叶阔叶植物强，落叶阔叶植物的抗性比针叶树强。确定植物对大气污染抗性强弱，主要有以下三种方法。

(1) 野外调查：这种方法是在相似的条件下，调查不同植物种所受伤害的程度，并据此划出不同抗性等级。野外调查是确定植物抗性最基本且实用的方法。

(2) 定点对比栽培法：在污染源附近栽种若干种植物，经过一段时间的自然熏气后，根据各种植物受害的程度确定其抗性强弱。

(3) 人工熏气法：把试验的植物置于熏气箱内，给熏气箱内通入有害气体，并控制在一定的浓度，经过一段时间后，比较各种植物的受害程度，以确定其抗性强弱。

我国自 20 世纪 70 年代以来，许多单位采用上述三种方法对植物的抗性进行了广泛的研究，筛选出了一批抗大气污染的植物(见附录)。对植物抗性强弱有不同划分标准，在附录中采用三级抗性标准。

（1）抗性弱：这类植物不能长时间生活在一定浓度的有害气体污染环境中。受污染时，生长点常干枯，叶片伤害症状明显，全株叶片受害普遍，长势衰弱，受害后生长难以恢复。

（2）抗性中等：这类植物能较长时间生活在一定浓度的有害气体环境中。受污染后，生长恢复较慢，植株表现出慢性伤害症状，如节间缩短、小枝丛生、叶形缩小、生长量下降等。

（3）抗性强：这类植物能较正常地长期生活在一定浓度的有害气体环境中，基本不受伤害或受害轻微，慢性伤害症状不明显。在高浓度有害气体袭击后，叶片受害轻，或受害后生长恢复较快，能迅速萌发出新枝叶，并形成新的树冠。

5.3.2　园林植物对大气层污染的监测作用

有些植物对大气污染的反应要比人敏感得多。例如，SO_2 浓度达到 $1\sim5\mu g/g$ 时，人才能闻到气味，$10\sim20\mu g/g$ 时才使人受到刺激而咳嗽、流泪，某些敏感的植物在 $0.3\mu g/g$ 浓度下几个小时就会出现受害症状。有些有毒气体的毒性很大（如有机氟），但无色无味，人不易发现，而某些植物却能及时呈现反应。因此，可以利用某些对有毒气体特别敏感、容易产生受害症状的植物来监测、指示环境污染的程度和污染的范围。甚至根据受害症状特点，还可以初步鉴别污染物的种类。

利用植物监测环境污染，必须选择优良的监测植物。优良的监测植物具备下列条件：

（1）对污染物有较强的敏感性。

（2）受害症状明显，干扰症状少。

（3）生长期长，能不断抽生新枝。

（4）繁殖和栽培管理容易。

（5）具有较高的观赏价值。

可作为大气污染监测的园林植物参见表 5-4。

各种污染物质的监测园林植物　　　　　　　　　　　　　　　　　　　　表 5-4

污染物质	监测植物种类
SO_2	雪松、枫杨、泡桐、柳杉、紫茉莉、大波斯菊、紫丁香
HF	雪松、云南松、唐菖蒲、郁金香、美人梅、梅花、落叶杜鹃
Cl 或 HCl	糖槭、杨树、圆柏、铁刀木、落羽松、榆叶梅、臭椿、珍珠梅
O_3	女贞、垂柳、梓树、牡丹

利用植物监测，要精确确定污染物质的种类和含量是困难的。植物表现的症状往往是多因素综合作用的结果，有时不同的污染物引起的症状相似，有时多种污染物同时发生作用，有时因土壤缺乏某种元素可能引起相似的症状。因此，植物监测可以作为仪器监测的辅助手段。低浓度的污染可通过叶片分析进行测定。

5.3.3　园林植物对环境的净化作用

1）吸收二氧化碳，放出氧气

大气中二氧化碳浓度的不断增加被认为是世界公害之一。正常情况下空气中 CO_2 含量为 0.03%，但是在人口密集区和工厂区，由于生活和生产大量排放 CO_2，所以浓度可达 0.05% ～ 0.07%，局部地方甚至更高。当 CO_2 含量达到 0.2%～0.6% 时，就会引起人们头疼、耳鸣、血压增高、呕吐等各种反应，而含量达 10% 以上则会造成死亡。

地球上的绿色植物是 CO_2 和 O_2 的调节器。树木在进行光合作用时吸收 CO_2，放出 O_2。虽然树木也要进行呼吸作用，但光合作用放出的 O_2 要比呼吸作用消耗的 O_2 量大 20 倍。空气中 60% 的 O_2 来自陆地上的植物，人们把绿色植物喻为"新鲜空气的加工厂"。

据测定，每 $1hm^2$ 园林绿地（以乔木为骨干树种）每天吸收 $CO_2$900kg，生产 $O_2$600kg。调查体重 75kg 的人每日呼吸时排出 $CO_2$0.90kg，消耗 $O_2$0.75kg。据此计算，每日城市居民需要园林树木面积 $10m^2$ 或约 $50m^2$ 的草坪，就可以消耗掉每人因呼吸排出的 CO_2 并供给需要的 O_2。

不同树种吸收 CO_2 的能力不同，一般言之，阔叶树种吸收 CO_2 的能力较针叶树种为强。据1971年日本研究的资料表明，每公顷阔叶林每天约可吸收 $CO_2$1t，放出 $O_2$0.73t，约可供1000人的1天呼吸之用。

如果考虑城市燃料燃烧放出的二氧化碳和消耗的氧气，还需再增加2倍以上的绿地面积，才能维持城市生态系统的二氧化碳与氧气的平衡。目前，我国城市的绿化现状十分严峻，人均公共绿地面积与发达国家城市相比，差距很大。因此，城市绿化工作是当前城市建设面临的迫切问题，必须引起各级政府和社会的高度重视。

2）减少粉尘污染

树木能减少粉尘污染，一方面是由于树木具有降低风速的作用，随着风速减慢，空气中携带的大粒粉尘也会随之下降；另一方面是由于树叶表面不平，多茸毛，且能分泌黏性油脂及汁液，吸附大量飘尘。据测定，一株165年的松树，针叶的总长度达250km，$1hm^2$ 松林每年可滞留灰尘36.4t；$1hm^2$ 云杉林每年可吸滞灰尘32t。各种树木的滞尘能力有差异，如桦树比杨树的滞尘量大2.5倍，构树比青秆竹大近30倍。表5-5列出了南京市部分阔叶树的滞尘量。

不同树木单位面积上的滞尘量（g/m^2）   表5-5

树　种	滞尘量	树　种	滞尘量	树　种	滞尘量
刺　楸	14.53	楝　树	5.89	泡　桐	3.53
榆　树	12.27	臭　椿	5.88	乌　桕	3.39
朴　树	9.37	构　树	5.87	樱　花	2.75
木　槿	8.13	三角枫	5.52	蜡　梅	2.42
广玉兰	7.10	桑　树	5.39	加　杨	2.06
重阳木	6.81	夹竹桃	5.28	黄金树	2.05
女　贞	6.63	丝棉木	4.77	桂　花	2.02
大叶黄杨	6.63	紫　薇	4.42	栀　子	1.47
刺　槐	6.37	悬铃木	3.73	绣　球	0.63

注：引自孔国辉等《大气污染与植物》，1985。

植物滞尘量大小与叶片形态结构、叶面粗糙程度、叶片着生角度，以及树冠大小、疏密度等因素有关。一般叶片宽大、平展、硬挺而且不易被风抖动、叶面粗糙的植物能吸滞大量的粉尘。植物叶片的细毛和凹凸不平的树皮是截留吸附粉尘的重要植物形态特征。此外，松柏类树木，其总的叶面积较大，并能分泌树脂、黏液，一般滞尘能力普遍较强。

树木对灰尘的阻滞作用，因季节不同而有变化。冬季叶量少，甚至落叶，夏季叶量最多。植物吸滞粉尘能力与叶量多少成正相关关系。

据统计，吸滞粉尘能力强的园林树种，在我国北部地区有刺槐、沙枣、国槐、家榆、核桃、构树、侧柏、圆柏、梧桐等；在中部地区有家榆、朴树、木槿、梧桐、泡桐、悬铃木、女贞、臭椿、龙柏、圆柏、楸树、刺槐、构树、桑树、夹竹桃、丝棉木、紫薇、乌桕等；在南部地区有构树、桑树、鸡蛋花、黄槿、刺桐、羽叶垂花树、黄槐、苦楝、黄葛榕、夹竹桃、阿珍榄仁、高山榕、银桦等。

树木的减尘效果是极明显的。据广州市测定，在居住区墙面种有五爪金龙的地方，与没有绿化的地方比较，室内空气含尘量减少22%。在用大叶榕绿化的地段含尘量减少18.8%。南京林业大学在南京一水泥厂测定，绿化片林比无树空矿地空气中的粉尘量减少37.1%～60%(表5-6)。

空旷地与绿地的粉尘量比较　　　　　　　　　　　　　　　　　表5-6

污染源方向与距离	绿化情况	粉尘量(mg/m³)	绿化地减尘率(%)
东南360m(非主风方向)	空旷地	1.5	53.3
	悬铃木林下(郁闭度0.9)	0.7	
西南30～35m(主风方向)	空旷地	2.7	37.1
	刺楸林	1.4	
东面250m(非主风方向)	空旷地	0.5	60.0
	悬铃木林带背后(高15m，宽80m，郁闭度0.9)	0.2	

注：引自东北林学院主编《森林生态学》，1981。

北京市环保所1974年、1975年、1977年对北京市不同地区的降尘量进行了测定。结果表明，无论春季、夏季还是冬季，绿地中的降尘量都低于工业区、商业区和生活区(表5-7)。

北京各类地区降尘量比较　　　　　　　　　　　　　　　　　表5-7

类　型	1974年12月	1975年4—5月	1977年5—6月
绿　地	38.63	44.44	32.5
工 业 区	89.84	70.31	61.62
商 业 区	1113.4	—	44.12
生 活 区	—	47.83	34.50

林带能有效地降低风速，从而使尘埃沉降下来，但疏林与密林的作用效果是不同的。在密林内尘埃迅速减少，迎风面尘量最多、背风面尘散的疏林地所测定的相对含尘量，则随着离尘源的距离渐远，以比较稳定的比率逐渐减少。疏林以紧靠林带的背风处尘量最高(图5-2)。从这里开始，距尘源越远，则尘量越少。疏林与密林降尘效果不同，其原因是速度较大的风可掠过密林，并将质轻的微尘一起携带越过林带；而在透风的疏林内，随气流进入的粉尘则滞留在树丛中或是滞留在林带边沿。密林虽然可以产生单侧涡流而起滞尘作用，但效果不如疏林。所以，营造防护林带时，宜密度适中，乔、灌木混合配置。落叶与常绿混合配置，这样能更好地发挥其降风减尘功效。

3) 降低有毒气体浓度

几乎所有的植物都能吸收一定量的有毒气体而不受害。植物通过吸收有毒气体，降低大气中有毒气体的浓度，避免有毒气体积累到有害的程度，从而达到了净化大气的目的。植物净化有毒气体的能力，除与植物对有毒物积累量有正相关关系外，还与植物对它们的同化、转移能力密切相关。植物进入污染区后开始吸收有毒气体，有毒物部分被积累在植物体内，部分被转移、同化。当植物

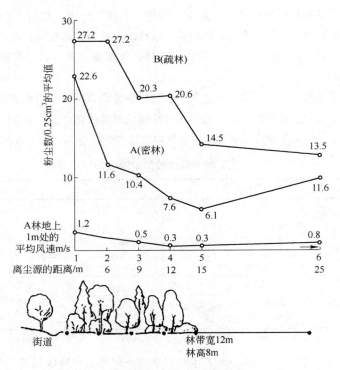

图 5-2　园林树木密植和稀植的粉尘沉降状况

(仿自 Hennebo, 1955)

离开污染区后,在植物体内积累的有毒物会因代谢的进行而减少。因此可以认为,植物从污染区移至非污染区后,植物体内有毒物含量下降愈快,该种植物同化、转移有毒物的能力愈强。例如,北京市园林局等单位的试验指出,国槐、银杏、臭椿对硫的同化、转移能力较强,毛白杨、旱柳、油松、紫穗槐较弱,新疆杨、华山松和加杨极弱。

植物吸收有毒气体的能力除因植物种类不同而异外,还与叶片年龄、生长季节、大气中有毒气体的浓度、接触污染时间以及其他环境因素如温度、湿度等有关。一般老叶、成熟叶对 S 和 Cl 的吸收能力高于嫩叶;在春、夏生长季,植物的吸毒能力较强。

植物在吸收有毒气体的同时,也就降低了大气中有毒气体的含量。当绿地面积比较大时,这种降毒效果是十分明显的。例如,北京市园林局对空气中 SO_2 日平均浓度测定表明,居民区 SO_2 浓度最高,为 0.223mg/m³,工厂区为 0.115mg/m³,绿地内最低,仅为 0.102mg/m³。绿地内 SO_2 浓度比居民区低 54.3%。

广州某化工厂对 Cl_2 污染状况进行了测定。在污染源附近有一段宽 15m、高 7m、郁闭度为 0.7~0.8、由榕树、高山榕、黄槿、夹竹桃等组成的林带,林带前空气中 Cl_2 平均浓度为 0.0666mg/m³。林带后仅为 0.027mg/m³,经过林带后,空气 Cl_2 浓度下降了 59.1%。特别在植物生长旺盛的夏季,净化效果更为显著(表 5-8)。

林带净化空气中 Cl₂ 的效应

表 5-8

位　置	空气中平均含 Cl₂ 量（mg/m³）					全年 Cl₂ 检出率（%）	经林带后 Cl₂ 含量降低率（%）
	春	夏	秋	冬	全年		
林带前（距污染源南约 20m）	0.064	0.057	0.058	0.083	0.066	82.6	59.1
林带后（距污染源南约 50m）	0.032	0	0.037	0.037	0.027	31.8	

　　大片的树林不但能够吸收空气中部分有害气体，而且由于树林与附近地区空气的温度差，会形成缓慢的对流，从而有利于打破空气的静止状态，促进有害气体的扩散稀释，降低下层空气中有害气体的浓度。

4）杀菌作用

　　空气中散布着各种细菌。细菌的数量在不同环境条件下差异甚大，据调查，城镇闹市区空气里的细菌数比公园绿地中多 7 倍以上。这是由于很多植物具有分泌杀菌素的能力。不少园林树木体内含有挥发性油，它们具有杀菌能力。如松柏类、柑橘类、胡桃、黄柏、臭椿、悬铃木等。据计算 1hm² 圆柏林 24h 内即能分泌出 30kg 杀菌素，能杀死白喉、肺结核、伤寒、痢疾等病菌。

　　据前苏联的系统研究，常见的有杀灭细菌等微生物能力的树种主要有松、冷杉、桧柏等；具有杀灭原生动物能力的树种有侧柏、圆柏、铅笔柏、辽东冷杉、雪松、黄栌、盐肤木、锦熟黄杨、大叶黄杨、桂香柳、胡桃、合欢、刺槐、槐、紫薇、木槿、女贞、悬铃木、石榴、枣、枇杷、枸橘、垂柳、栾树、臭椿等。

5）减弱噪声作用

　　噪声是一种特殊的空气污染。当噪声超过 90dB 时，对人体就有不利影响，如长期处于 75dB 以上的噪声环境中工作，就有可能发生噪声性耳聋。噪声还能引起其他疾病，如神经官能症、心跳加快、心律不齐、血压升高、冠心病和动脉硬化等。园林树木对减弱噪声是有一定作用的。树木能够吸收、反射部分声波，当声波通过时，树木摇动的枝叶可使声波减弱而逐渐消失。

　　据测定，40m 宽的林带，可以降低噪声 10～15dB，公园中成片的树林可降低噪声 26～40dB。绿化的街道比不绿化街道可降低 8～10dB。树木减弱噪声的功效与树木种类有关（表 5-9）。

各种乔木、灌木减噪功效

表 5-9

分组	减小噪声（dB）	树　种
Ⅰ	4～6	鹿角桧、金银木、欧洲白桦、李叶山楂、灰栒木、加洲忍冬、欧洲红瑞木、槲叶槭、红瑞木、加杨、高加索枫杨、欧洲榛、金钟连翘、心叶椴、西洋接骨木
Ⅱ	6～8	毛叶山梅花、枸骨叶冬青、欧洲鹅耳枥、洋丁香、欧洲槲栎、欧洲水青冈、杜鹃花属
Ⅲ	8～10	中东杨、山枇杷、欧洲荚蒾、大叶椴
Ⅳ	10～12	假桐槭

　　树木之所以能减弱噪声，一方面是因为声波被树叶向各个方向不规则反射而使声音减弱，另一方面是因为噪声声波造成树叶枝条微振而使声音消耗。因此，树木的减噪因素是树冠。树叶的形状、大小、厚薄、叶面光滑与否、树叶的软硬，以及树冠外缘凹凸的程度等，都与减噪效果有关。

　　一般认为，具有重叠排列的、大的、健壮的、坚硬叶片的树种，减噪效果较好；分枝低、树冠低的乔木比分枝高、树冠高的乔木降低噪声的作用大。在设计防噪林带时，不仅要考虑树种，还要考虑树种的搭配和排列。一般乔、灌木配置比单一种类效果好；一条完整的宽林带，其减噪效果不及总宽度相同的多条较窄的林带；由乔木、灌木、草本植物构成的疏松多层林带，比只一层稠密乔木结构的单层林带防噪效果好。防噪林带的位置设在靠近噪声源处效果比较显著。

5.4 园林植物的风环境

空气的水平流动形成风，它是园林植物一个环境因子。风对植物的作用是多方面的，它既能直接影响植物，又能影响环境中的温度、湿度、大气污染物的变化而间接影响植物的生长发育；同时，园林植物群落对风因子又有调节的功能。

5.4.1 气压与风

1) 气压

(1) 气压的概念

空气是有一定质量的，所以在重力作用下便会在水平面上产生压力，这便是气压，或称大气压力。气压就是单位面积上所承受的整个大气柱的重量，所以气压实际上是大气的压强。目前，用百帕(hPa)作为气压的单位，1hPa = 100Pa。

规定在纬度45°的海平面上，当空气温度为0℃时，大气产生的压强为标准大气压。1个标准大气压为1013.3hPa。由气压的定义可知，一地的气压可由公式 $P = lgh$ 求得。式中，P 为气压；l 为空气的密度；g 为重力加速度；h 为该地地面至大气上界的距离，亦即气柱的厚度。

(2) 气压随海拔高度的变化

随着海拔高度的升高，地面到大气上界的距离小了，同时空气的密度也在变小。大约在5.5km的上空，气压值仅为海平面上的1/2；在9km上空，气压值仅为海平面上的1/3。因此，随海拔高度的增加，气压降低。

(3) 气压的时空变化

即气压的日、年变化。温带地区气压的日变化很小，最小值出现在上午08：00左右，最大值出现午后20：00左右。

气压的年变化随地理状况而定，大陆上冬季气压高，夏季气压低；海洋则相反。另外，高纬度地区，气压年变化大。

2) 风

(1) 风的概念

空气的水平流动称为风。用风向、风速表示风的特征。

风向是指风的来向。如南风，即指风自南向北吹。

风速是指空气在单位时间内移动的水平距离，单位是 m/s，取一位小数。在气象上还用风力的大小，来表示风的强弱。风力分成13个等级，它们与风速的关系如表5-10所示。

风 力 等 级 表　　　　　　　　　　　　表 5-10

风力等级	海面浪高		海面和渔船景象	陆上地面物景象	相当风速(m/s)	
	一般	最高			范围	中数
0	—	—	平静	静烟直上	0.0～0.2	0
1	0.1	0.1	有微波	烟能表示风向，树叶略有摇动	0.3～1.5	1

风力等级	海面浪高		海面和渔船景象	陆上地面物景象	相当风速 (m/s)	
	一般	最高			范围	中数
2	0.2	0.3	有小波纹，渔船摇动	人面感觉有风，树叶有微响，旗子开始飘动，高的草和庄稼开始摇动	1.6～3.3	2
3	0.6	1.0	有小浪，渔船渐觉移动	树叶及小树枝摇动不息，旗子展开，高的草和庄稼摇动不息	3.4～5.4	4
4	1.0	1.5	浪顶有些白色泡沫，渔船满帆时，风使船身倾向一边	能吹起地面灰尘和纸张，树枝摇动，高的草和庄稼波浪起伏	5.5～7.9	7
5	2.0	2.5	浪顶白色泡沫较多，渔船缩帆一部分	有叶的小树摇摆，内陆的水面有小波，高的草和庄稼波浪起伏明显	8.0～10.7	9
6	3.0	4.0	白色泡沫开始被风吹离浪顶，渔船缩帆大部分	大树枝摇动，电线呼呼有声，撑伞困难，高的草和庄稼倒伏	10.8～13.8	12
7	4.0	5.5	白色泡沫离开浪顶，被吹成条纹状	全树摇动，大树枝弯下来，迎风步行感觉不便	13.9～17.1	16
8	5.5	7.5	白色泡沫被吹成明显条纹状	折毁小树枝，人在风中前进困难	17.2～20.7	19
9	7.0	10.0	被风吹起的浪花使水平能见度减小，机帆船航行困难	草房遭受破坏，房瓦被掀起，大树枝可折断	20.8～24.4	23
10	9.0	12.5	被风吹起的浪花使水平能见度明显减小，机帆船航行很危险	树木可被吹倒，一般建筑物遭破坏	24.5～28.4	26
11	11.5	16.0	被风吹起的浪花使水平能见度显著减小，机帆船航行极危险	大树木可被吹倒，一般建筑物遭严重破坏	28.5～32.6	31
12	14.0	—	海浪滔天	陆上少见，其摧毁力极大，房屋成片倒塌，造成重大灾害	>32.6	>31

（2）风的成因

由于地球表面受热不均，使得气压出现差异，这种差异使空气产生了流动，便形成了风。空气总是由气压高的地区流向气压低的地区，所以水平面上气压的差异是形成风的直接动力，或者说，水平面上气压梯度的存在形成了风。

不过空气的运动与气压的关系要复杂一些，空气在运动时还要受到地球自转和地面摩擦的影响，使得风的方向与气压梯度的方向不一致。

（3）风的变化

风的变化首先受到水平面上气压分布的影响。例如某地的东南方气压高，西北方气压低，该地应吹偏东南方向的风；若西北方气压高，东南方气压低，则相反，吹偏西北方向的风。另外，气压梯度越大，则风也越大。

其次，风受地形的影响很大。受山脉阻挡，风就会减小。风经过山地时会改变方向。当风向喇叭地形吹过，气流自开阔处直灌窄口时风速会迅速增大，这叫做狭管效应。我国台湾海峡、河西走廊等地都因此而多大风。气流越过高山后，往往在山的背风面下沉加速，容易产生大风，我国南疆春季大风便是一例。

风随着海拔高度的增大、受地面摩擦力的减小而逐渐增大。风的日变化规律是白天风力大于夜间，正午前后最大。

5.4.2 风的生态作用

1）风对植物生长的影响

风对植物的蒸腾作用有极显著的影响。风速为 0.2～0.3m/s 时，能使蒸腾作用增加二三倍。当风速较大时，蒸腾作用过大，耗水过多，根系不能供应足够的水分供蒸腾所需，叶片气孔便会关闭，光合强度因而下降，植物生长就减弱。据测定，风速 10m/s 时，树木高生长要比 5m/s 风速时低 1/2，比无风区低 2/3。风能减小大气湿度，破坏正常的水分平衡，常使树木生长不良、矮化。

盛行一个方向的强风常使树冠畸形。这是因为树木向风面的芽，受风的作用常死亡，而背风面的芽受风力较小，成活较多，枝条生长较好。

2）风对植物繁殖的影响

有许多植物靠风授粉，称为风媒植物；有些种子靠风传播到远处，称为风播种子。无风时，风媒植物将不能授粉，风播种子将不能传播他处。

3）风对植物的机械损害

风对植物的机械损害是指折断枝干、拔根等，其危害程度主要决定于风速、风的阵发性和植物的抗风性。风速超过 10m/s 的大风，能对树木产生强烈的破坏作用；风速为 13～16m/s，能使树冠表面受到 15～20kg/m² 的压力。在强风的作用下，一些浅根性树种常被连根刮倒。受病虫害、生长衰退、老龄过熟的树木，常被强风吹折树干。风倒与风折常给园林树木，特别是一些古树造成很大危害。

各种树木对大风的抵抗力不同。根据 1956 年台风侵害调查，抗风性较强的树种有马尾松、黑松、桧柏、榉树、核桃、白榆、乌桕、樱桃、枣树、葡萄、臭椿、朴树、板栗、槐树、梅、樟树、麻栎、河柳、台湾相思、柠檬桉、木麻黄、假槟榔、南洋杉、竹类及柑橘类树种。抗风力中等的有侧柏、龙柏、旱柳、杉木、柳杉、檫木、楝树、苦槠、枫杨、银杏、广玉兰、重阳木、椰榆、枫香、凤凰木、桑、梨、柿、桃、杏、合欢、梧桐、加杨、钻天杨、银白杨、泡桐、垂柳、刺槐、杨梅、枇杷、苹果树等。一般而言，凡树冠紧密、材质坚韧、根系深广强大的树木抗风力强；而树冠庞大、材质柔软或硬脆、根系浅者抗风力弱。同一树种的抗风力也因繁殖方法、当地条件和栽培方式的不同而有异。扦插繁殖者比播种繁殖者根系浅，故易倒；在土壤松软而地下水位较高处，根系浅，固着不牢，树木易倒；稀植的树木和孤立木比密植树木易受风害。

5.4.3 城市防风林

植物能减弱风力、降低风速。降低风速的程度主要取决于植物的体型大小、枝叶茂密程度。乔木防风的能力大于灌木，灌木又大于草本植物；阔叶树比针叶树防风效果好，常绿阔叶树又好于落叶阔叶树。在风盛行地区，可营造防风林带来减弱风的危害。防风林带宜采用深根性、材质坚韧、叶面积小、抗风力强的树种。乔、灌木结合的混交林防风效果好。

防风林带的防风效能与其结构有密切关系。一般根据林带的透风系数与疏透度，将林带分为紧密结构、疏透结构和透风结构三种。透风系数是指林带背风面 1m 处林带高度范围内平均风速与空旷地相应高度范围内平均风速之比。疏透度是指林带纵断面透光空隙的面积与纵断面面积之比的百分数。

（1）紧密结构透风系数 0.3 以下，疏透度 20% 以下。林带枝叶稠密，气流为林带所阻，大部分从林带上越过。越过林带的气流能很快到达地面，动能消耗少。在林带背风面，靠近林缘处形成一个有限范围的平静无风区。距林缘稍远，风速很快恢复原状。有效防风距离为树高的 10～15 倍。

（2）疏透结构林带具有较均匀的透光空隙，透风系数为 0.4～0.5，疏透度为 30%～50%，大约有 50% 的气流从林带内部透过。最小弱风区在背风面 3～5 倍树高处，有效防风距离为树高的 25 倍左右。

（3）透风结构林带稀疏，强烈透风，透风系数 0.6 以上，疏透度也在 60% 以上。这种林带气流易通过，很少被减弱，仅少量气流从林带上越过，气流动能消耗很少，防风效能不强。最小弱风区出现在背风面 3～5 倍树高处。

沈阳林业土壤研究所对这三种结构的防风效果进行了研究，结果见表 5-11。

不同结构林带的防风效果 表 5-11

结构 ＼ 相对风速(%) ＼ 位置	0～5 倍树高	0～10 倍树高	0～15 倍树高	0～20 倍树高	0～25 倍树高	0～30 倍树高
紧密结构	25	37	47	54	60	65
疏透结构	26	31	39	46	52	57
透风结构	49	39	40	44	49	54

注：以旷野风速为 100%。
引自中国科学院林业土壤研究所，1973。

复习思考题

1. 简述大气的垂直分层及各层的特点。
2. 分析本地区大气污染的形成。
3. 调查本地区大气污染对园林植物的危害。
4. 评价本地区大气质量状况。
5. 分析本地区园林植物对大气环境的净化作用。
6. 谈谈本地区如何进行城市防风林建设。

第6章　园林植物与生物

本章学习要点：

1. 植物间的相互关系；
2. 植物与动物的关系；
3. 生物关系的调节及在园林绿化中的应用；
4. 植物群落及其种类的组成和结构特征；
5. 植物群落的演替；
6. 城市植物群落。

在自然界中，每一种生物都不是孤立存在的。生物群落除了植物以外，还有动物和微生物，它们彼此之间相互影响、相互作用。在园林生产实践中，了解生物间的相互关系，调节好各生物因子间的关系，对园林植物的合理配置与管理，保护生物多样性，提高生态系统的稳定性有着重要意义。

6.1 植物间的相互关系

植物间的相互关系对同一生境生长的植物来说，可能对一方或双方有利，也可能对一方或双方有害。这些关系有的发生在同种植物之间，称为种内关系；有的发生在不同种植物之间，称为种间关系。不论种内或种间，根据其作用方式和机制，基本上可分为两类：直接关系和间接关系。

6.1.1 直接关系

直接关系是指植物个体间通过接触来实现的相互关系。主要表现为以下几方面。

1）树冠摩擦

受风的作用树木枝条相互摩擦、撞击，使芽、幼枝等受到损害，造成树木生长不良，结实减少。树冠摩擦是比较普遍的现象。

2）树干挤压

树干挤压指林内两个树干部分或大部分地紧密接触、互相挤压的现象。随着林木双方的进一步发育，便互相连接，长成一个整体。这种现象在森林公园的天然林内较常见，在城市园林的人工植物群落内，多在林木受风的机械作用产生倾斜时出现。树干的机械挤压在同种和不同种树木间均有发生。

3）附生关系

某些低等植物如苔藓、地衣、蕨类和高等有花植物，借助吸根着生于树干、枝、茎以及树叶上，进行特殊方式的生活，生理关系上与依附的林木没有联系或很少联系。温带与寒带地区，主要是苔藓、地衣和蕨类。南方热带附生植物种类繁多，以蕨类和兰科为主，还有生在叶子上的附生植物。它们主要依赖于积存在树皮裂缝和枝叉内的大气灰尘和植物残体生活。大气降水从树体上淋下许多营养物质，也是附生植物的营养来源。由于它们得到的水分来源于大气，晴朗干燥天气里失去水分后便处于假死状态。

热带森林中有种绞杀植物，如桑科榕属的一些种，它们多借鸟类把种子传播到树干凹陷处和枝权上，萌发生长营附生生活。在纯附生期间生长很慢，但从其气根到达土壤能吸收水分和养料以后，迅速生长，密集的气根网逐渐加厚，缠绕在附主树干上，限制生长，最后使附主绞杀枯死。

4）攀缘

攀缘植物利用树干作为它的机械支柱，从而获得更多的光照。攀缘的藤本植物适应温湿条件，在寒带和温带数量不多，只有山葡萄、猕猴桃、五味子、南蛇藤等几种，而在热带、亚热带地区非常繁茂、发育良好。常见的有眼睛豆、风车藤、刺果藤、羊蹄甲属等。藤本植物与所攀缘的树木间没有营养关系，但机械缠绕会使树干输导营养物质受阻，或使树干变形。由于树冠受藤本植物缠绕，削弱林木的同化过程，影响林木的正常生长发育。

5）根连生

密度大的树木之间的根系有时相互连接在一起，这种现象称为根系连生。发生根系连生的形式从简单的接合到根组织的连接。根连生到一定程度以后，开始互相交换营养和水分，能促进树木的生长发育。但是健壮的优势树木也能通过根的连生来夺取其他树木的养分和水分，从而造成其他树木的生长衰退和加速死亡。

6）寄生关系

寄生是指一个物种（寄生者）寄居于另一个物种（寄主）的体内或体表，从寄主获取养分以维持生命活动的现象。在寄生性种子植物中还可分出全寄生与半寄生两类。

全寄生：全寄生的高等植物主要见于列当属和菟丝子属，这些寄生植物不具备叶绿素和正常的根系，生长发育所需要的一切营养物质均靠寄主供给。

半寄生：主要见于桑寄生科和玄参科，它们具有正常的绿色叶或茎，可进行光合作用制造碳水化合物，但缺少正常的根系，所需的水分和无机养分由寄主供给。半寄生植物叶中含有叶绿素，能在光合作用过程中形成有机物质，但是要通过寄主来吸收水分、矿物质养分。

在植物之间的相互关系中，寄生是一个重要方面。寄生物以寄主的身体为定居的空间，并靠吸收寄主的营养而生活，因而寄生植物会使寄主植物的生长减弱，生物量和生产量降低，严重时寄主植物的养分耗尽，并使组织破坏甚至死亡。寄生和半寄生植物的细胞有很高的渗透压，能从寄主植物的组织中吸取水分以及矿质元素。例如温带寄生植物菟丝子大量寄生在杨树、柳树上时，可使树木严重受害。

除高等植物外，还有菌类寄生。真菌侵染是许多树木病害的成因。如菌类寄生，使树木呼吸强度加速 1～2 倍，光合作用降低 25%～39%，角质层受破坏或分泌毒素使细胞中毒，造成寄主生长不良或死亡。栗树的凋萎病是高毒性的寄生物寄生于一个无抗性的寄主植物的突出例子，栗树常因凋萎病致死或严重受害。

7）共生关系

两种生物生活在一起，相互依赖，甚至达到一种生物完全依赖于另一种生物获得食物，而后者又依赖于前者得到矿质元素或其他的生命必需物质，这种关系称为共生。共生关系包括互利共生和偏利共生。例如高等植物根系与真菌共生形成菌根，藻类与真菌共生形成地衣，固氮菌和豆科植物共生形成根瘤。具有菌根或根瘤的园林植物，在栽培中可通过土壤接种，促进菌根的形成，这有利于园林植物的生长。

6.1.2 间接关系

植物间的间接关系主要是指相互分离的植物个体通过环境条件而发生的相互影响。植物间的间接影响普遍存在，任何植物的存在总要与周围环境发生关系，从而间接地影响其他植物。

1）竞争关系

竞争是指植物间为利用环境中的能量和营养资源而发生的相互关系，这种关系主要发生在营养空间不足时。竞争关系的特点是一些植物个体对另一些个体产生不利的影响。植物的许多性质，如遗传特性、物候型、生长速度和生长特点、繁殖的方式和能力，忍受干旱和耐阴的程度都影响竞争的能力。植物间的竞争主要表现在争夺光照、水分和矿质营养上。在对光照的竞争中，高大的植株能得到较多的光照，在竞争中处于有利地位，较矮小的植株则往往因光照不足而生长不良。植物的根系在对水分和营养物质的竞争中起重要作用，处于同一层次的根系竞争最为激烈。在园林植物栽植中，可以根据植物根系的成层现象，合理配置园林植物，使根系处于不同层次，这样可以避免强烈竞争，使各种园林植物都能获得充足的水分与营养物质。

2）他感作用

植物的他感作用就是一种植物通过向体外分泌代谢过程中的化学物质，对其他植物产生直接或间接的影响。

植物的他感作用存在于各种气候条件下的各种群落中。他感作用的化学物质以挥发气体的形式释放出来，或者以水溶物的形式渗出、淋出和分泌出，既可由植物地上或地下部分的活组织释放，也可来自它们分解或腐烂以后。这些化学物质包括乙烯、香精油、酚及其衍生物、不饱和内脂、生物碱、黄酮类物质和配糖体等，其中以酚类化合物和烯萜类为主。

植物他感作用的研究在生产实践中具有极重要的意义。如桃树，其根中存在扁桃甙，分解后产生苯甲醛，严重毒害桃树的更新，一般老的桃树根没有清除之前，新的桃树长不起来。树木中典型他感作用的例子是黑胡桃树对其他植物的抑制作用。黑胡桃能通过叶、果实和其他组织分泌胡桃醌，当由雨水冲到土壤中后，被氧化，会对其他植物生长和发芽产生强烈的抑制作用，所以在黑胡桃树下及其附近不适宜栽种其他植物。

6.2 植物与动物的关系

在园林生态系统中，动物是重要的组成成分，有数量庞大和种类繁多的动物。这些动物总是与园林植物相互依存和相互适应，从而直接地或间接地影响着植物的生长发育。

6.2.1 植物对动物的影响

植物能为动物提供良好的栖息和保护的条件。群落内植物种类愈丰富，结构愈多样化，所能提供的栖息条件愈多，对动物的保护条件也愈好，适于栖息的动物就愈多。树木的年龄愈大，植物群落各层植物的发育愈丰盛，动物就更加丰富。植物群落是动物的生存环境，没有绿色植物也就没有动物，植物为动物提供食物和栖息场所。

在所有植被类型中，森林在这方面起的作用最大。这是因为组成森林的植物种类多，能为动物提供丰富的食物；再者林木形体高大，森林中的植物具有分层现象，能为动物提供多层次、隐蔽的栖息场所，这样使森林中的动物种类和数量都多于其他类型植被。

园林植物对动物的保护作用主要在于有独特的小气候，繁茂的树冠和灌丛、草丛是各种动物营巢与隐蔽的极好小生境，为动物提供了良好的栖息条件。很多鸟类筑巢在树冠上。浓密的乔、灌木能保持温度相对稳定，还能减低风力，拦截降水。植物群落中有丰富的食物资源，为动物提供丰富的植物性和动物性食料，如植物的种子、果实、枝叶、花等。

在城市中，由于人口众多、交通拥挤、污染严重，动物栖息的场所和其食物来源受到了影响，所以大多数珍贵野生动物在城里已绝迹，鸟的种类和数量也较少。因此，城市中应栽植丛林、片林，创造一定规模的森林环境，以丰富动物的种类。

6.2.2　动物对植物的作用

动物对植物的作用多种多样。动物的直接作用主要表现为以植物为食物，帮助传授花粉、散布种子；而间接作用除了在一定程度上通过影响土壤的理化性质作用于植物外，生态系统中各种动物与植物之间所存在的食物链关系对保持植物群落的稳定性发挥着重要的作用。

动物的存在影响着植物，制约着植物生长发育的各个过程。土壤上的动物具有粉碎、翻动土壤和分解有机质等作用，对改良土壤物理性质和提高土壤肥力具有重要作用。动物影响植物的繁殖，有些植物依靠动物传播花粉和种子。传播花粉的动物主要是昆虫、鸟类等。地球上虫媒植物占有花植物总数的90%。昆虫中的蜂蝶和蝇类是最主要的传粉者。鸟类中大约有2000种能传播花粉。许多植物依靠昆虫、鸟类甚至其他动物传授花粉，如椴树、刺槐、板栗、紫穗槐等是靠昆虫（特别是蜂、蝶类）传授花粉，巴蕉、槿、刺桐等常以蜂鸟、太阳鸟作媒介鸟。

有些动物以树木的种子为食，动物能吃掉植物的种子，伤害或毁坏幼树，但在保存和散布植物种子、维持群落的相对稳定上又有积极作用。它们又是种子的传播者。有些小粒种子，如桦木、杨树的种子常常由蚂蚁搬动传播。有些植物的种子带有钩刺或黏液，被动物携带至他处而得到传播，如苍耳、飞蓬和刺儿菜等。

6.3　生物关系的调节及其在园林绿化中的应用

6.3.1　生物关系的调节

有意识地控制绿地系统内生物间的相互关系，无论在园林生产实践上还是理论上都非常重要。合理的种植和养护措施，应是在弄清绿地系统内生物间相互关系的基础上，消除对主要树种的不良影响，为其生长更新创造良好条件，维持动态平衡。

在园林绿化中，要根据几种不同植物的特点，合理地进行植物配置，调节植物间的关系，为树木生长提供良好的生长发育条件。正确处理与控制生物之间的关系，制定养护管理措施，合理地调节并加以利用，是提高园林绿地养护管理水平的重要内容。因此，在城市园林绿化中，应多采用乡土树种，乔木、灌木、草配植，通过增加植物种的多样性，招来动物类群，以丰富整个群落的物种多样性。这对减少城市植物病虫害的危害、维护群落的稳定性有特别重要的意义。

6.3.2　生物关系的调节在园林绿化中的应用

1）采取合理适宜的栽植密度

园林树木的栽植一般株行距较大，这样可以避免种内和种间的各种不利关系对园林树木造成不良影响，如对营养空间的激烈竞争而造成的树木老化和死亡现象；也可以使栽培的园林树木迅速生长并保护良好的树形；还可以在园林树木下栽种灌木和花草，形成层次分明、色相多样的人工绿化景观，以达到绿化、美化环境的目的。

2）根据种间关系进行合理的植物配置

在园林植物配置上，一定要充分注意植物间的他感作用。充分利用植物间的相互促进关系，避免不利关系，这样才能保证配置成功，并达到互利的效果。根据研究，榆树与栎树、松树与接骨木、松树与云杉、桉树与草本植物是相互抵抗、相互抑制的，不能栽植在一起。而皂荚与七里香、黄栌与鞑靼槭是相互促进的。

3）加强益鸟、益虫保护

调节好园林植物的生物环境，加强对益鸟、益虫的保护，建立合理的种群关系，可以为园林植物的生长发育营造良好的生态环境，达到城市生态环境的和谐统一。由于城市植被少，缺少动物栖息的环境与食物，再加上人为的捕杀，珍贵的鸟类在城市里已基本绝迹，家雀的数量在不断减少，蜂、蝶、蜻蜓的数量也非常少。保护好这些鸟类和益虫，不仅有利于园林植物的开花授粉，防止病虫害的发生，也有利于改善城市的环境质量。另外，鸟儿在树上歌唱，蜂、蝶在花间起舞，可增添园林景观的自然性和提高观赏价值。

保护城市的益鸟、益虫可以采取以下一些措施：①要严禁捕杀鸟类和各种益虫，除了通过大力宣传教育外，还可以设立法规，依法保护。②要减轻环境污染，避免因污染给鸟类和益虫带来的伤害。③可以人为悬挂鸟巢，招引鸟类。④要大力种树、种草、种花，为鸟类和益虫提供栖息地和食物来源。

4）园林植物病虫害综合治理

在城市里由于缺少病虫害的天敌，一些能适应城市环境的害虫得到了繁殖机会，给城市的园林植物带来了严重的危害。例如，吉林省用于城市绿化的油松普遍遭受松干蚧的危害，绿篱用的榆树深受榆紫叶甲的危害；南方台湾草草坪普遍受到金龟子幼虫的危害等。传统的防治方法是喷洒农药，这样虽然可以消灭害虫，但一些害虫的天敌也被杀死，同时又会带来环境污染。对园林植物病虫害的防治应采用综合措施。其主要方法有：首先培育和选用抗病虫性强的植物，利用它们进行绿化可以减轻病虫的危害。例如，在长春市采用女贞作为绿篱，则病虫害就很少。其次利用天敌，开展"以虫治虫"、"以菌治虫"的生物防治。例如，利用赤眼蜂、白僵菌防治松毛虫已取得了显著效果。还有，可以利用一些无污染或污染轻的农药进行化学防治。如利用绝育剂、引诱剂和拒食剂等，这些农药不会造成环境污染，虽其本身不能杀死害虫，但可以使害虫虫口减少。

6.4 植物群落及其特征

6.4.1 植物群落

在自然界中，植物极少单独为生，总是聚集成群生长的，成为一个有规律的组合，这种植物组合，一般概括地称为植物群落。植物群落是各种生物及其所在环境长期相互作用的产物，同时在空间和时间上不断发生着变化。植物群落中植物之间存在着极复杂的相互关系，这种相互关系包括生存空间的竞争，各个植物对光能的利用，对土壤水分和矿质营养的利用，植物分泌物的影响，以及植物之间附生、寄生和共生关系等等。另一方面，群居在一起的植物在受到周围环境因素影响的同时，又作为一个整体，对周围环境产生一定的作用，如调节气候因子、减弱风沙和污染物的危害等，并在群落内部形成特有的有利于植物生长发育的生态环境。

植物与环境的生态关系并非以个体的形式与环境相互作用，而是在植物群落中以群落的有机整体与环境发生相互作用。因此，园林植物栽培和造园就应从植物群落角度着手，弄清植物群落的结构特征、发育规律以及群落内植物与植物间、植物与其他生物间、植物与环境之间存在的各种相互关系，从而营建符合生态规律的、相对稳定的人工植物群落。园林中的花坛、公园绿地、风景林等人工植物群落，就是人类在认识自然的基础上，建立起来的植物群落。植物群落按其在形成和发展过程中与人类栽培活动的关系，可分为两类。

（1）植物自然群落：在自然界中植物自然形成的群落，称为自然植物群落。

（2）植物人工群落：由人工栽培形成的群落，称为植物人工群落或栽培群落。

6.4.2　植物群落的基本特征

1）具有一定的种类组成

每个群落都是由一定的植物、动物、微生物种群组成的。因此，种类组成是区别不同群落的首要特征。一个群落中种类成分的多少及每个物种个体的数量是度量群落多样性的基础。

2）具有一定的外貌

一个群落中的植物个体，分别处于不同高度和密度，从而决定了群落的外部形态。在植物群落中，通常由其生长类型决定其高级分类单位的特征，如森林、灌丛或草丛的类型。

3）具有一定的群落结构

植物群落除本身具有一定的种类组成外，还具有一系列结构特点，包括形态结构、生态结构与营养结构。例如，生活型组成、种的分布格局、成层性、季相等。

4）形成群落环境

植物群落对其居住环境产生重大影响，并形成群落环境。如园林绿地与周围裸地就有很大的不同，包括光照、温度、湿度与土壤等都经过了生物的改造。

5）不同物种之间的相互影响

植物群落中的物种和谐共处，即在有序状态下共存。植物群落是植物种群的集合体，但不是说一些种的任意组合便是一个群落，不同的物种之间相互作用、相互依赖、相互选择、相互适应进化从而构成一个有机的整体。

6）一定的动态特征

植物群落是生态系统中具有生命的部分，生命的特征是不停地运动，群落亦是如此。其运动形式包括季节动态、年际动态、演替与演化等。

7）一定的分布范围

任一植物群落分布在特定地段或特定生境上，不同群落的生境和分布范围不同，不同植物群落都是按照一定的规律分布的。

8）群落的边界特征

在自然条件下，有些植物群落具有明显的边界，有的则处于连续变化中。前者见于环境梯度变化较陡或突然中断的情形，如地势陡峭的山地的垂直带，陆地环境和水生环境的边界处（池塘、湖泊、岛屿等）。后者见于环境梯度连续缓慢变化的情形，如沿一缓坡而渐次出现的群落替代等。但多数情况下，不同群落之间都存在过渡带，称为群落交错区，并导致明显的边缘效应。

6.5　植物群落的形成和发育

6.5.1　植物群落的形成

由于各种植物都有其生长、发育、传播、死亡的过程，由植物个体组成的群落也随着时间过程，处于不断变化发展中。植物群落的变化发展过程，一方面受植物之间相互关系的影响；另一方面又受外界环境条件的影响，而且由于植物群落的生命活动会改变环境因素，变化了的环境又会反过来影响到植物群落的生长发育，从而使得植物群落内的种科相互关系和变化发展演替过程极为复杂。

对城市植物栽培群体而言，由于其生存的环境不完全同于自然环境条件，并且受人为定向栽培管理的制约，使得群体的生长发育与自然群落有很大的区别。

我们看到的每一个植物群落，都是处于运动发展过程中的某一瞬间。现有群落的外貌、结构也都是群落动态过程中某一阶段的具体表现。植物群落的发生一般都具有这样几个过程，即：迁移、定居、竞争、反应。不仅裸露地段的群落发生过程如此，而且，在有植被覆盖的地段，一个新的群落的侵入过程也不例外。

1）迁移

从繁殖体开始传播到新定居的地方为止，这个过程称为迁移。繁殖体是指植物的种子、孢子以及能起繁殖作用的植物体的任何部分(如某些种的地下茎、具无性繁殖能力的枝和干以及某些种类的叶)。

植物的迁移能力决定于繁殖体的构造特征和数量。风播植物的种实，一般小而轻，或具膜翅、纤毛等。靠水力传播的种实，多数具有漂浮的气囊、气室。某些植物的种实具钩、刺、芒、黏液等，借以附着在动物或人的身上传播。这些种实是靠果实成熟时弹裂的力量传播的。圆形种实可借滚动而增加传播距离。还有一些具坚硬种皮的种子或可食的浆果，除自身重力传播外，还可依赖动物取食后携带到新的地方，随排粪而实现迁移。

依靠风、水和动物传播的植物，迁移距离往往可以很远；而依靠自力传播或以地下茎、匍匐枝向新地段延伸的，迁移距离都比较近。繁殖体的数量，从另一方面反映了迁移的能力。繁殖体的巨大数量，不仅能弥补构造上迁移能力的不足，而且是对传播途中所受的损失——定居中生境的严酷以及竞争中处于弱势等因素的有力补偿。

2）定居

繁殖体迁移到新的地点后，即进入定居过程。定居包括发芽、生长、繁殖三个环节。各环节能否顺利通过，决定于种的生物学、生态学特征和定居地的生境。

定居能否成功，首先决定于种子的发芽力与发芽条件，即发芽力保存期的长短、发芽率的高低、繁殖体所处生境中的水、温、空气诸因子的适宜与否和稳定程度。其次是幼苗的生长状况。发芽时着生部位的水肥供给条件、温度的高低及变化等都直接关系着幼苗的命运。裸露的土壤表面，有利于种子直接接触土壤并扎根生长，有地被物覆盖的地表(如枯枝落叶层、苔藓层或草被)，往往使种子不能直接接触土壤，不利于发芽和扎根生长。繁殖是定居的最后一个环节。定居地的生境能够满足该种各发育阶段的生态要求，该种才能正常繁殖而完成定居的过程。具无性繁殖能力的种，在满足营养生长的条件下，即有可能实现定居。

3）竞争

在一定的地段内，随着个体的增长、繁殖，或不同种的同时进入，必然导致对营养空间和水、养分等的竞争。结果是"最适者生存"。

竞争的能力决定于个体或种的适应性和生长速度。不同种类的生态学特性不同，对同一生境的适应也必定有差异。因此，在一定的生境中只能有最适应的一种或几种生存，其他种即使能在这里发芽、生长，也只能是短暂的，最终必将被排挤掉。同种的不同个体，即使年龄相同，但由于遗传特性的好坏、所处生境的优劣，也同样会表现出竞争能力的强弱。遗传性差、生活力弱或所处生境较劣的个体，必然生长逐渐落后，以致死亡。

群落中的不同植株，即使种类、年龄都相同，也必然会在形态(主要指高度和直径)、生活力和生长速度上表现出或大或小的差异。这种现象在森林群落中称为"林木分化"。林木分化反映出竞争能力的强弱，而剧烈的生存竞争，必然加速分化的进程。

竞争的结果，使植物群落随年龄的增加单位面积上的植物株数不断减少，这种现象在植物群落中，称为"自然稀疏"。

4）反应

通过定居过程，群落内生物与非生物环境间的能量转换和物质循环不断进行（改造环境的根本原因），原来的生境条件逐渐发生相应的变化，这就是"反应"。这种变化是由初期侵入的种类引起的。这种变化了的生境往往不适于初期种类本身的生存而导致另外一些较适应种类的侵入，这就是另一个新群落形成的开始。

在自然界中，上述过程经常交织在一起，不易截然分开。一般来说，迁移和定居是按顺序进行的，而竞争与反应则基本与定居同时发生，只不过初期在程度上不是那样激烈或明显。

6.5.2 植物群落的发育

从一个群落的形成到被另一个群落所代替，每一个植物群落都有一个发育过程，称为群落的发育。一般把群落的发育过程分为发育初期、发育盛期和发育末期三个阶段。

1）发育初期

群落建群种的良好发育是一个主要标志。由于建群种在群落发展中的作用，引起了其他植物种类的生长和个体数量上的变化。一个群落的发育初期，种类成分不稳定，每种植物个体数量的变化也较大，群落的结构尚未定型，主要表现为层次分化不明显，每一层中的植物种类也不稳定。群落中所特有的环境正在形成，但并不突出。

2）发育盛期

到了这一发育时期，适应于群落生境的植物种类大多存在，并得到了良好的发育。因此，群落的植物种类组成相对比较一致，这些种类在同一类型的其他群落中，分布也是均匀和具有一致性的，从而有别于不同类型的其他群落。其次，这一时期中群落的结构已经定型，主要表现在层次有了良好的分化，每一层都有一定的植物种类，呈现出一种明显的结构特点，在群落内生境都具有较典型的特点。如果群落的建群种是比较耐阴的种类，则在发育盛期还可以见到它们在群落中有良好的更新状况。

3）发育末期

在一个群落发育的整个过程中，群落不断对内部环境进行改造。最初，这种改造作用对该群落的发育起着有利的影响。但当这一改造作用加强时，被群落改变了的环境条件则往往对它本身发生不利的影响，表现为原来的建群种生长势逐渐减弱，缺乏更新能力。同时，一批新的植物侵入和定居，并且旺盛生长。一个群落的发育末期，必然孕育着下一个群落的发育初期。原有群落的特点，往往要延续到下一个群落开始进入发育盛期的时候才会全部消失。

6.6 植物群落的种类组成和结构特征

6.6.1 植物群落的种类组成

任何群落都是由一定生物种所组成，每种生物都具有其结构和功能上的独特性，它们对周围的生态环境各有一定要求和反应，它们在群落中各处于不同的地位和发挥不同的作用，但群落中所有种彼此相互依赖、相互作用、共同生活在一起而构成一个有机整体。组成生物群落的种类成分是形成群落的结构基础，群落中的种类组成是群落的一个重要特征。

群落中的种类组成和环境条件是密切相关的。环境条件的丰富与否对群落种类数目有很大的影响，生物种类越丰富，生物个体间的关系越复杂，群落产生的生态效益也越大。植物种类的多寡对群落外貌有很大影响，例如单一树种构成的纯林，常表现为色相相同、高度一致；而多种树木生长在一起，则会表现出较丰富的色彩变化，而且在群落空间轮廓、线条上富于变化。所以，在园林绿地中，应尽量使植物种类多样化。

在植物群落中，各个植物在数量上是不相同的。对群落的结构和群落环境的形成有明显控制作用的植物种称为优势种。其个体数量最多，投影盖度大，生物量高，生活能力强，所占面积最大。群落的不同层次，可以有各自的优势种，比如森林群落中，乔木层、灌木层、草本层和地被层分别存在各自的优势种，其中优势层的优势种(此处为乔木层)常称为建群种。应该强调，优势种对整个群落具有控制性影响，如果把群落中的优势种去除，必然导致群落性质和环境的变化；但若把非优势种去除，只会发生较小的或不显著的变化。因此，保护建群植物和优势植物，对生态系统的稳定起着举足轻重的作用。

6.6.2 种类组成的数量特征

有了一份较为完整的群落的植物种类名录，只能说明群落中有哪些物种，想进一步说明群落特征，还必须分析不同物种的数量特征与变化。对物种组成数量特征分析，是近代群落分析技术的基础。

1) 种的个体数量指标

(1) 密度与多度　密度指单位面积或单位空间内的个体数目。一般对乔木、灌木以植株计数，丛生草本以株丛计数，根茎植物以地上枝条计数。样地内某一物种的密度(个体数)占全部物种密度(个体数)之和的百分比称为相对密度。多度指调查样地上某物种的个体数目，是不同物种个体数目多少的一个相对指标。物种的多度一般应采用直接清点法或记名计数法调查，而群落内草本植物(有时包括灌木种类)的调查，多采用目测估计法。国内常采用 Drude 的七级制多度等级来估计样地上个体的多少，即：

Soc(Sociales)	极多，植物地上部分郁闭，形成背景
Cop3(Copiosae)	数量很多
Cop2	数量多
Cop1	数量尚多
Sp(Sparsal)	数量不多而分散
Sol(Solitariae)	数量很少而稀疏
Un(Unicum)	个别或单株

(2) 盖度与显著度　盖度指植物地上部分垂直投影面积占样地面积的百分比，即投影盖度，常简称为"盖度"。林业上，乔木层的投影盖度称为"郁闭度"。乔木层的投影盖度调查方法有树冠投影法、统计法、样线法等，灌木和草本层的投影盖度常以目测法估计。盖度可分为种盖度、层盖度、总盖度(群落盖度)。通常，种盖度或层盖度之和大于总盖度。

考虑到调查的精度和方便，研究者提出了"基盖度"的概念，即植物基部的覆盖面积与样地面积的百分比。对于草原群落，常以离地面 2.54cm 高的断面积计算；而对森林群落，则以树木胸高 1.3m 处的断面积计算。把乔木的胸高断面积占样地面积的百分比称为种的显著度。

群落中或样地内某一物种的盖度或显著度占所有物种盖度或显著度之和的百分比，即为相对盖度或相对显著度。

（3）频度　频度即某个物种在调查范围内出现的频率，指包含该种个体的样方占全部样方数的百分比。群落中或样地内某一物种的频度占所有物种频度之和的百分比，即为相对频度。

丹麦学者 C. Raunkiaer(1934)在研究欧洲草地群落时，用 0.1m² 的小样圆任意投掷，记录小样圆内的所有植物，如 100 次，就得到 100 个小样圆的植物名录，然后计算每种植物出现的次数与样圆总数 100 之比，得到各个种的频度。

（4）高度或长度　常作为测量植物体的一个指标，测量时取其自然高度或绝对高度，藤本植物则测其长度。

（5）重量　用来衡量种群生物量或现存量多少的指标，可分干重与鲜重。在生态系统的能量流动与物质循环研究中，这一指标特别重要。

（6）体积(volume)　生物所占空间大小的度量。在森林植被研究中，这一指标特别重要。在森林经营中，通过体积的计算可获得木材生产量(称为材积)。单株乔木的材积等于胸高断面积(S)、树高(h)和形数(f)三者的乘积，即 $V = f \times S \times h$。形数(f)是树干体积与等高同底的圆柱体体积之比。因此在用胸高断面积乘树高而获得圆柱体积之后，必须按不同树种乘以该树种的形数(可以从森林调查表中查到)，就获得一株乔木的体积。草本植物或灌木体积的测定可用排水法进行。

2）种的综合数量特征

（1）优势度　优势度用以表示一个种在群落中的地位与作用，但其具体定义和计算方法各家意见不一。有人认为优势度即"相对盖度和相对多度的总和"或"重量、盖度和多度的乘积"等。

（2）重要值(IV)　重要值也是用来表示某个种在群落中的地位和作用的综合数量指标，因为它简单、明确，所以在近些年来得到普遍采用。重要值是美国的 J. T. Curtis 和 R. P. McIntosh(1951)首先使用的，他们在威斯康新州研究森林群落连续体时，用重要值来确定乔木的优势度或显著度，计算的公式如下：

$$重要值 IV = (相对多度 + 相对频度 + 相对显著度)/3$$

上式用于草原群落时，相对显著度可采用相对盖度代替：

$$重要值 IV = (相对多度 + 相对频度 + 相对盖度)/3$$

6.6.3　群落的外貌

1）群落的外貌

群落外貌是指植物群落的外部形态，它是群落中生物与生物之间、生物与环境之间相互作用的综合反映。群落的外貌是认识植物群落的基础，也是区分不同植被类型的主要标志，如森林、草原和荒漠等，又如针叶林、夏绿阔叶林、常绿阔叶林和热带雨林等，主要是根据外貌区别开来的。

植物群落的外貌主要决定于群落占优势的生活型和层片结构。例如对针叶树群落而言，其优势种为云杉时，则形成尖峭突立的外围线条；若优势种为低矮的偃柏时，则形成一片贴伏地面、宛若波涛起伏的外貌。

2）群落的季相

群落外貌常常随时间的推移而发生周期性的变化，随着气候季节性交替，群落呈现不同的外貌，这就是群落的季相。

群落的季相是植物群落适应环境条件的一种表现形式。群落的季相变化的主要标志是群落主要层的物候变化。一般在温带地区，四季分明，群落的季相也特别显著。春季树木萌芽，长出新叶，并开花；夏季树叶茂盛，整个群落绿色葱葱；秋季树叶变黄、变红，北京香山红叶是最典型的例子；进入冬季，树叶凋落，只有枝干耸立，又是另外一种季相。常绿针叶林的季相变化远不如落叶针叶林明显，主要表现为春季雄花序的开放和入秋后活地被物的枯黄。常绿阔叶林，特别是热带雨林的季相变化更小，各种植物几乎没有休眠期，开花换叶又不集中，终年以绿色为主。在美国的园林建设中，常在大面积的草地上，植以疏稀的林丛，构成疏林草地景观，既有开阔的视野，又有比较丰富的层次结构、色彩变化。

3）生活型

所谓生活型，就是植物长期适应不同的生态环境而形成的固有外部形状，如大小、形状、分枝和植物生命期长短等。关于植物生活型的分类，目前尚无完全统一标准，最简单的方法是将植物分为乔木、灌木、藤本、草本四类，还可以再分为针叶与阔叶、常绿与落叶等类型。植物生活型与分类学上的分类单位无关。例如，同为蔷薇科植物，有的是乔木，而有的是灌木或藤本；反之，亲缘关系很远的植物却可以表现为相同的生活型。具有相同生活型的各种植物，表示它们适应环境条件的途径和方式是相同或相似的。

生活型是植物对外界环境适应的外部表现形式，同一生活型的植物种不但体态相似，而且其适应特点也是相似的。一个自然或半自然的群落，一般是由多种生活型的植物组成，这些植物的外在形态就构成了群落的外貌。

丹麦生态学家脑基耶尔把休眠芽在不良季节的着生位置作为划分生活型的标准。根据这一标准，陆生植物被分为五类生活型(图 6-1)。

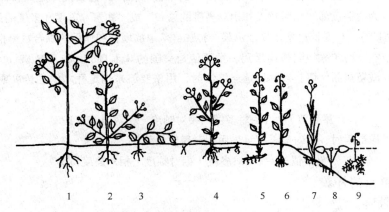

图 6-1　生活型图解(Raunkiaer，1934)
1—高位芽植物；2～3—地上芽植物；4—地面芽植物；5～9—隐芽植物

（1）高位芽植物

休眠芽位于距地面 25cm 以上，又分为四个亚类，即大高位芽植物(高度＞30m)，中高位芽植物(8～30m)，低位芽植物(2～8m)与矮高位芽植物(25cm～2m)。

（2）地上芽植物

更新芽位于土壤表面之上、25cm 之下，多半为灌木、半灌木或草本植物。

（3）地面芽植物

地面芽植物又称浅地下芽植物或半隐芽植物，更新芽位于近地面土层内，冬季地上部分全枯死，即为多年生草本植物。

（4）隐芽植物

隐芽植物又称地下芽植物，更新芽位于较深土层中或水中，多为鳞茎类、块茎类和根茎类多年生草本植物或水生植物。

(5) 一年生植物

植物只在良好的季节中生长,以种子形式越冬,多为一年生草本植物。

脑基耶尔生活型被认为是植物在其进化过程中对气候条件适应的结果,因此,它们可作为某地区生物气候的标志。在天然状况下,每一类植物群落都是由几种生活型的植物组成,但其中有一类生活型占优势。一般凡高位芽植物占优势的,反映了群落所在地在植物生长季节中温热多湿的特征;地面芽植物占优势的群落,反映了该地具有较长的严寒季节;地下芽植物占优势的,环境比较冷、湿;一年生植物最丰富的,气候干旱。

4) 层片

层片是植物群落内同一生活型植物的组合。层片作为群落的结构单元,是在群落产生和发展过程中逐步形成的。苏联著名植物群落学家 Cykaqeb(1957)指出:"层片具有一定的种类组成,这些种具有一定的生态生物学一致性,而且特别重要的是它具有一定的小环境,这种小环境构成植物群落环境的一部分"。层片强调的是群落结构组分,一般讲,层片具有下述特征。

(1) 属于同一层片的植物是同一个生活型类别,但同一生活型的植物其个体数量相当多,而且相互之间存在着一定的联系时才能组成层片。

(2) 每一个层片在群落中都具有一定的小环境,不同层片小环境相互作用的结果构成了群落环境。

(3) 每一个层片在群落中都占据着一定的空间和时间,而且层片的时空变化形成了植物群落不同的结构特征。

层片是群落的三维生态结构,它与层次有相同之处,但又有质的区别。层片的划分强调群落的生态学方面,而层次的划分着重于群落的形态。多数情况下,按生活型类群较大单位划分层片,则与层次有一致性,例如,乔木层即为大高位芽植物层片,灌木层为小高位芽植物层片;但如使用生活型较小单位划分,则层片与层次就不一致了,落叶乔木与常绿乔木都处于同一层次,但二者属于不同的层片,即在一个层内分为两个部分,二者适应外界环境的方式不同,对植物环境的影响和作用也不一样。群落的乔木层,在北方可能属一个层片,但热带森林中可能属于若干不同层。一般层片比层的范围要窄,因为一个层的类型可由若干生活型的植物所组成。例如常绿、夏绿阔叶混交林及针阔混交林中的乔木层都含有两种生活型。

6.6.4 群落的结构

1) 群落的垂直结构

由于群落内部小气候的垂直梯度变化,致使不同生态习性的植物分别处于不同的层次,形成了群落的垂直结构,称为成层现象。每一种植物群落都有一定的垂直结构层次。陆地群落的分层,与光的利用有关。森林群落的主林层吸收了大部分光辐射。在森林群落中,随着光照强度渐减,依次发展为主林层、次林层、灌木层、小灌木和草本层(图 6-2)。

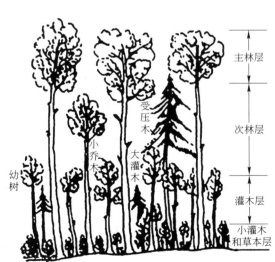

图 6-2 森林垂直结构分层示意图

由于每一层次所处高度不同，构成的植物种也不一样，其形态外貌特征因而亦不相同。一般讲，温带夏绿阔叶林的地上成层现象最为明显，寒温带针叶林的成层结构简单，而热带森林的成层结构最为复杂。有些植物群落只有一层，如荒漠地区植物群落，而热带雨林伸入空中近百米高，层次可达六七层。一般层次越多，植物群落结构越复杂，表现出来的外貌色相特征也越丰富。植物群落除了地上部分有成层现象外，其地下部分植物根系由于分布深度不同，也有成层现象。一般地上部分层次分化明显，地下根系层次也就较多，二者呈对应关系。决定地上部分分层的生态因子主要是光照、温度等，而决定地下分层的主要是土壤的物理化学性状，特别是水分和养分。在潮湿立地上生长的植物，根系浅，分层现象也不明显。显然，成层现象是植物群落与环境条件相互关系的一种特殊形式。环境条件越丰富，群落的层次就越多，层次结构也就越复杂；环境条件差，层次就少，层次结构也就越简单。

多层次结构的群落中，各层次在群落中的地位和作用不同，各层中植物种类的生态习性也是不同的。在一个森林群落中，最高的一层既是接触外界大气变化的作用面，又因其遮蔽阳光强烈照射，而保持林内温度和湿度不致有较大幅度的变化，在创造群落内特殊的小气候环境中起着主要作用。它是群落的主要层，这一层的树种主要是阳性喜光树种。上层以下各层次中的植物由上而下，耐阴性递增。在群落底层光照最弱的地方，则生长着阴性植物，它们不能适应强光照射和温度湿度的大幅度变化，在不同程度上依赖主要层所创造的环境而生存。由这些植物所构成的层次在创造群落环境中起着次要的作用，是群落的次要层。

植物群落中，有一些植物如生活在乔木中不同部位的地衣、藻类、藤本及攀缘植物等，它们并不独立形成层次，而是分布依附于各层次中直立的植物体上，称为层间植物（也叫层外植物）。随着水、热条件愈加丰富，层间植物发育也愈加繁茂。

2）群落的水平结构

群落的水平结构是指群落的配置状况或水平格局，其形成与构成群落的成员的分布状况有关。种在群落中的分布格局大致可分为三类：①均匀型；②随机型；③成群型（图6-3）。

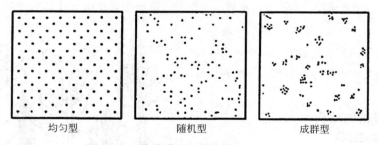

均匀型　　　　　　随机型　　　　　　成群型

图6-3　三种种群空间格局（Smith，1980）

随机分布中每一个体在种群领域中各个点上出现的机会是相等的，并且某一个体的存在不影响其他个体的分布。随机分布比较少见，因为在环境资源分布均匀，种群内个体间没有彼此吸引或排斥的情况下，才易产生随机分布。

均匀分布的主要原因，是由于种群内个体间的竞争。例如，森林中植物为竞争阳光（树冠）和土壤中营养物（根际），沙漠中植物为竞争水分。均匀分布在自然界不多见，在人工栽培植物群落中常见。

成群分布是最常见的分布类型，在自然群落中成群分布形成的原因是：①植物传播种子或进行无性繁殖时是以母株为扩散中心；②环境资源分布的不均匀性，富饶与贫乏镶嵌；③种间相互作用。

群落在二维空间中的不均匀配置，使群落在外形上表现为斑块相间。每一个斑块就是一个小群落，它们彼此组合，形成了群落镶嵌性。群落内部环境因子的不均匀性(例如，小地形和微地形的变化、土壤湿度和盐渍化程度的差异以及人与动物的影响)，是群落镶嵌性的主要成因。内蒙古草原上锦鸡儿灌丛化草原是镶嵌群落的典型例子。在这些群落中往往形成 1～5m 左右呈圆形或半圆形的锦鸡儿丘阜。这些锦鸡儿小群落具有重要的生态意义和生产意义。它们可以聚积细土、枯枝落叶和雪，因而使其内部具有较好的水分和养分条件，形成一个局部优越的小环境。小群落内的植物较周围环境中的返青早，生长发育好。自然界中群落的镶嵌性是绝对的，而均匀性是相对的。

对于小群落的研究，有助于人们更全面地掌握群落结构的总体特征，进而从群落水平分化的原因上分析群落内小生境变化的特点，以及整个群落的动态，从而在造园工作中按照自然群落的结构规律，建立完善的人工群落。无论花卉的配置或是风景林的配置，都要做到使各种植物在其所构成的生态环境中相互协调，充分发挥其最大的生态效益。有的配置方式，更要求发挥最大的经济效益。例如，南京梅花山的古林公园试植梅茶林，利用梅花作茶树的侧方庇荫，既美化了梅林，也改善了茶树生境；在南京城区，行道树下种植麦冬、海桐或八角金盘，均是应用群落结构规律的实例。

6.7 植物群落的演替

6.7.1 群落演替

一个群落被另一个群落所替代的过程即为群落的演替，主要表现为随着时间的推移，群落优势种发生变化，从而引起群落的种类组成、结构特点等发生变化。演替中不同群落顺序演替的总过程称为演替系列。群落的演替是一种普遍现象，只是多数演替进行得非常缓慢，不易引起注意，可以说，任何一个植物群落都处在演替系列的某一阶段上。随着演替的进行，群落结构从简单到复杂，物种从少到多，种间关系从不平衡到平衡，由不稳定向稳定发展，植物群落与生态环境之间的关系也趋向协调、稳定，最后使群落达到一个相对较长的稳定平衡状态，即所谓的群落发展的"顶极阶段"。在这一阶段，植物群落的组成、结构不会发生大的变化，稳定性高，抗干扰能力强，所发挥的生态功能也最强。不同地区的地带性植被是最稳定的，其原生植物群落即处在此阶段。

6.7.2 群落演替的类型

按演替的起始条件划分为原生演替和次生演替。

1) 原生演替

原生演替是开始于原生裸地或原生芜原(完全没有植被并且也没有任何植物繁殖体存在的裸露地段)的群落演替。由于原生裸地(如岩石、发生泥石流后的山坡)上没有植物繁殖体，甚至没有土壤，其演替进程非常慢。

2) 次生演替

次生演替是开始于次生裸地(如森林砍伐迹地、弃耕地)上的群落演替。次生裸地是原有植物被消灭，土壤中还保留有原来群落中植物的繁殖体。引起次生演替的外力有火灾、病虫害、严寒、干旱、长期水淹、冰雹打击等自然因素及人类的经济活动。人类的破坏是最主要和最严重的，如森林采伐、放牧、垦荒、开矿、大型工程、城市建设等。大多数次生演替是人力作用下开始的，因此对次生演替的研究具有很重要的实际意义。

6.7.3 群落演替的原因

植物群落演替的根本原因在于群落内部矛盾的发展。例如，植物与植物之间(主要表现为对营养空间的竞争)、植物与其他生物(如鸟兽、昆虫、原生动物及微生物等)之间、植物与群落生境之间(主要表现为适应与改造)。这些矛盾之间的相互斗争、相互依赖作用,是群落发展的根本原因。上述诸对矛盾中,一般来说,主要矛盾是群落的优势种(或建群种)与群落生境之间的矛盾(表现为适应与改造两方面)。其中,起决定性作用的,即矛盾的主要方面是优势种(或建群种),特别是优势种的生物学、生态学特性。事实上,任何一定地段上的群落发生、发展过程,都是从具有与该地段的生境相适应的植物种类完成其传播而开始的。所有的外部因素,如火灾、采伐、开垦、病虫害、风灾、冰川侵移、气候的变迁等,都是通过其内部的矛盾而起作用的,即引起群落的组成种类或群落生境发生变化,使原来的生境与群落组成种类间失去了相对的统一性,随之使原来的组成种类发生改变,从而产生群落的演替。

6.7.4 演替顶极

每一个演替系列都是由先锋阶段开始,经过一系列演替,达到一个与当地生境条件相适应的最终阶段。这一最终阶段称为演替顶极。处于演替顶极的植物群落,即称为顶极群落。顶极群落为中生状态,不论种类、成分、结构或是与气候之间的均衡状态都达到了相对的稳定。只要气候无剧烈的变化,没有人类活动、动物的显著影响或其他侵移方式的发生,它们便一直存在。由于大多数地区在地形、土壤上存在差异,因此植物也是复杂多变的。即使是在未被人类干扰的地区,也能形成很多稳定的群落类型。它们通常出现在不同坡向、不同海拔以及不同性质的土壤或岩石上。演替的趋同现象仅是局部的,不同的生境条件下发育的顶极群落仍有本质上的差异。

一个地区可以包含许多种顶极群落,它们构成了与生境镶嵌的形式。顶极群落只是相对的稳定,其内部还在不断地变动着,稳定和平衡是一种“动态平衡”,内部的微小变化,不会影响群落的主要特点。

6.8 城市植物群落

6.8.1 城市植物群落及特征

1) 城市植物群落

城市绿地是构成城市自然空间的一个重要组成因素,并在比较恒定地发挥着巨大的、有益的功能作用。因此,为了建设完善的城市生态园林绿地系统,就要根据生态学、树木学、植物学和造园学的理论,用乔木、灌木、藤本、花卉和地被植物在城市空间组成人工植物群落,把裸露的地面覆盖起来,最大限度地提高环境质量,以保障人民生产、生活的需要。

创造人工植物群落,要求在植物配置上,按照不同配置类型、组成功能不同、景观异趣的植物空间,使植物的景色和季相千变万化、主调鲜明、丰富多彩。因此,以改善城市生态环境、稳定城市生态系统为宗旨,在有限的空间和土地上,根据不同的具体条件,必须选取能最大程度地改善城市生态环境的植物为园林建设的材料。以这些植物对生态空间(温度、湿度、光照、土壤,水、肥等)的客观要求为依据,充分合理地利用种间关系(共生、互利、他感、相克),按照景观美的原则,全面规划建设。以乔木为主体,建设乔、灌、草多层次的各种类型的城市人工植物群落。

2) 城市植物群落的特征

城市植物群落由于人为活动的影响,不仅其生境特化,群落的组成、结构、动态等也有所改变,完全不同于自然植物群落的特征。

(1) 生境的特化

城市化的进程改变了城市环境，也改变了城市植被的生境。较为突出的是铺装了的地表，改变了其下的土壤结构和理化性质以及微生物组成。而污染了的大气则改变了光、温、水、风等气候条件。城市植物群落处于完全不同于自然群落的特化生境中。

(2) 区系成分的简化

其种类组成远较原生植物群落为少，尤其是灌木、草本和藤本植物。另一方面人类引进的伴生植物的比例明显增多，外来种占原植物区系成分的比例越来越大。

(3) 格局的园林化

城市植物群落在人类的规划、布局和管理下，大多是园林化格局。乔、灌、草、藤等各类植物的配置，以及森林、树丛、绿篱、草坪或草地、花坛等的布局，都是人类精心镶嵌并在人类的培植和管理下而形成的园林化格局。

(4) 结构分化且单一化

城市植物群落结构分化明显，并日趋于单一。城市园林要么缺乏灌木层和草本层，要么追求开敞空间，草坪面积过大，结构单一，成层现象不明显，层间植物更为罕见。

(5) 演替受人为干预

城市植物群落的发展动态，无论是形成、更新或是演替，都是在人为干预下进行的。

6.8.2　城市人工植物群落的类型

1）观赏型人工植物群落

观赏型人工植物群落是生态园林中植物利用和配置的一个重要类型，它选择有观赏价值、多功能性的观赏植物，遵循风景美学原则，以植物造景为主要手段，科学设计、合理布局，用植物的体形、色彩、香气、风韵、季相等构成一个有地方特色的景观。观赏型的群落植物配置应按不同类型，组成功能不同的观赏区、娱乐区植物空间，在对植物的景色和季相上要求主调鲜明和丰富多彩，能充分体现观赏效果。

2）环保型人工植物群落

环保型人工植物群落是以保护城市环境、减灾防灾、促进生态平衡为目的的植物群落、主要是根据污染物的种类及群落功能要求，利用能吸收大多数污染物质及滞留粉尘的植物，进行合理选择配置，形成有层次的群落，发挥净化空气的功能。使城市生态环境中形成多层次、复杂的人工植物群落，为城市净化空气，创造空气新鲜的环境。

3）保健型人工植物群落

保健型人工植物群落是利用具有促进人体健康的植物组成种群，合理配置植物，形成一定的植物生态结构，从而利用植物的有益分泌物质和挥发物质，达到增强人体健康、防病治病的目的。

许多树种均能挥发出具有强杀菌能力的化学物质。因此，利用杀菌能力强的植物配置在医院或疗养院中形成群落，结合植物的吸收 CO_2、降温增湿、滞尘以及耐阴性等作用，可构建适用于医院型绿地的园林植物群落。

4）科普知识型人工植物群落

运用植物典型的特征建立起各种不同的科普知识型人工植物群落，使人们在良好的绿化环境中获得知识，激发人们热爱自然、探索自然奥秘的兴趣和爱护环境、保护环境的自觉性。幼儿园、小学、中学、大学是教育场所，在校园辟建小型的植物演化、特有、孑遗、不同用途等种群形成的群落，可使长期生活在城市中的青少年认识自然、热爱自然。

5）生产型人工植物群落

在城市绿化中，还可以在近郊区或远郊县结合生态园林的建设，在不同的立地条件下，建设具有食用、药用及其他实用价值的植物组成的人工植物群落。发展具有经济价值的乔、灌、花、果、草、药和苗圃基地，并与环境协调，既满足市场的需要，又增加经济效益和社会效益。

6）文化环境型人工植物群落

在具有特定的文化环境如历史文化纪念意义的建筑物、历史遗迹、纪念性园林、风景名胜、宗教寺庙、古典园林和古树名木的场所等，要求通过各种植物的配置，创造相应的、具有独特风格的、与文化环境氛围相协调的文化环境型人工植物群落，起到保护文物而且提高观赏价值的作用。

不同的植物材料，运用其不同的特征、不同的组合、不同的布局则会产生不同的景观效果和环境气氛。如常绿的松科和塔型的柏科植物种植在一起，给人以庄严、肃穆的气氛；开阔的疏林草地，给人以开朗舒适、自由的感觉；高大的水杉、广玉兰则给人以蓬勃向上的感觉；银杏则往往把人们带回对历史的回忆之中。因此，了解和掌握植物的不同特性，是搞好文化环境型人工植物群落设计的一个重要方面。

7）综合型绿地的人工植物群落

指建设公共绿地、街心花园等同时具有多种功能的人工植物群落。这种类型的绿地建设是以植物的观赏特性结合其适应性和改善环境的功能选用植物种类。可选用的园林植物种类最为丰富，绝大部分的乡土园林植物和大量引种成功的园林植物都可适当地加以应用。

6.9　生　物　多　样　性

6.9.1　生物多样性的概念

生物多样性的定义是生命有机体及其赖以生存的生态综合体的多样化和变异性。按此定义，生物多样性是指生命形式的多样化（从类病毒、病毒、细菌、支原体、真菌到动物界与植物界），各种生命形式之间及其与环境之间的多种相互作用，以及各种生物群落、生态系统及其生境与生态过程的复杂性。生物多样性是地球生物圈与人类本身延续的基础，具有不可估量的价值。一般来讲，生物多样性可以从三个层次上去描述，即遗传多样性、物种多样性、生态系统与景观多样性。

6.9.2　遗传多样性

遗传多样性是指所有生物所包含的各种遗传物质和遗传信息，既包含了不同种群的基因变异，也包括了同一种群内的基因差异。遗传多样性对任何物种维持繁衍生命、适应环境、抵抗不良环境与灾害都是十分必要的。

6.9.3　生态系统与景观多样性

生态系统多样性是指生态系统中生境类型、生物群落和生态过程的丰富程度。生态系统由植物群落、动物群落、微生物群落及其环境（包括光、水、空气、土壤等等）所组成。系统内各个组分间存在着复杂的相互关系。

在全球范围内，大多数分类系统均介于复杂的群落分类系统和过于简化的生境分类系统之间。一般说来，这些系统使用气候因子和生境类型的结合来分类，例如热带雨林和温带草原。为了区别地球上一些具有非常相似的气候条件但生物区系有明显差异的地区，一些系统也包括了生物地理特征。

景观多样性是近年来提出的一个新词。景观是由斑块、廊道和背景基质所构成的空间上的叠合体。景观多样性是指与环境和植被动态相联系的景观斑块的空间分布特征。

6.9.4　物种多样性

物种多样性是指多种多样的生物类型和种类。强调物种的变异性，代表着物种进化的空间范围和对特定环境的适应性，是进化机制的主要产物，所以，物种被认为是最适合研究生物多样性的生命层次，也是相对研究最多的层次。从全球角度来看，已被描述的物种约有 170 万个，而实际存在的物种还要多。中国是生物多样性较高的国家，居世界第八位，北半球第一位。物种多样性给人们提供了食物、医药、工业原料等资源，世界上 90% 的食物源于 20 个物种，75% 的粮食来自水稻、小麦、玉米等 7 个物种。目前，大部分物种的用途不明，其中许多是人类粮食、医药等宝贵的后备资源。

在城市地区，保存下来的自然植被非常少见，且破碎程度高，绝大多数为人工栽培的植物群落，面积小，植物种单调，多为几个植物种配置在一起。如杨学军等（1999 年）对上海市园林植物群落物种丰富度进行调查（表 6-1），调查的群落平均面积 200m² 以上，显然在城郊地带与乡村的物种丰富度最高，这与面积较大、干扰相对较少有关。

上海市不同地区的植物群落物种丰富度　　　　　　　　　　　　　　表 6-1

地　　点	市　　区	城郊地带	郊县城镇	乡　　镇
调查群落数量	61	33	45	11
加权平均物种数量	6.92	11.82	5.95	11.64

注：引自《中国园林》，2000。

由于城市植被少，缺少物种栖息的环境与食物，加上人为干扰强烈，使得城市中的动物种类比自然界少得多。如中国科学院动物研究所对北京地区的兽类进行调查，发现在北京市区内最常见的就是家鼠，到近郊区种类有所增加，而到深山区兽类的种类要丰富得多（表 6-2）。城市市区中的鸟类也很少见，在北方城市一般多是麻雀，常见的留鸟很少，昆虫种类比兽类和鸟类多，但也有限，在北方常见的有蝴蝶、蜜蜂、蜘蛛、飞蛾等。黄正一等（1993 年）对上海鸟类区系进行调查，发现由于人类自然环境的恶化、空气污染和气候变化等原因，几十年前曾一直活跃在上海地区的褐坚鸟、彩鹬、白腹山雕等 20 多种鸟类，近 40 年来消失了。近年来，随着城市环境的改善，特别是城市植被的增多，爱鸟活动的开展，一些鸟类又开始出现了，如红交嘴雀、白腰朱顶雀、夜鹭和白鹭等。

北京市兽类种类分布情况　　　　　　　　　　　　　　表 6-2

地　点	位　　　置	动　物　名　称
北京动物园	市区	大家鼠、小家鼠、偶见刺猬
颐和园	西北近郊区	小家鼠、黑线姬鼠、大家鼠、黄鼠狼、刺猬、麝鼹
香山公园	西北郊区，海拔 557m	社鼠、大家鼠、黑线姬鼠、大仓鼠、黑线仓鼠、岩松鼠、果子狸、草兔、黄鼠狼、刺猬
深山区	远离郊区，海拔 800m 以上，人类活动少	青羊、狍子、狐狸、豹猫、貂子、獾、果子狸、黄鼠狼、大林姬鼠、棕背鼠、黑线姬鼠

注：引自许绍惠等，1994。

复习思考题

1. 简述植物间的相互关系。
2. 植物群落的概念和特征。
3. 什么是植物群落的演替？简述演替的原因和分类。
4. 阐述城市植物群落的特征。
5. 城市人工植物群落的类型有哪些？
6. 什么是生物多样性？生物多样性从哪几个层次上去描述？

园
林
植
物
环
境

第7章　园林植物与土壤

本章学习要点：

1. 土壤的形成与发展；

2. 土壤的物理性状；

3. 土壤的化学性质；

4. 土壤水、肥、气、热四大肥力因素之间的相互关系以及协调措施；

5. 肥料与植物的关系；

6. 容器土壤及其配比。

土壤是人们进行植物生产的物质基础。它不仅为植物生长提供空间，更重要的是它能为绿色植物提供并协调生命活动所必需的各种矿物质营养和生活条件，这就是植物生长的土壤因素，也是土壤的肥力因素，即包括土壤水分、土壤养分、土壤空气和土壤热量。

土壤是指覆盖于地球表面的、能生长植物的、疏松多孔的物质层，它的本质特征是具有肥力。土壤肥力是指土壤能够经常地、适时适量地供给并调节植物生长发育所需要的水分、养分、空气、温度、扎根条件和无毒害物质的能力。可见土壤肥力的含义不是专指土壤养分，而比土壤养分的含义要深广得多。随着时间的推移，耕作的重复，栽培技术措施的改进，使土壤肥力逐渐提高，将为植物生长提供更好的土壤条件。但必须特别指出的是在土壤肥力的综合因素中，土壤养分是有限的。在为植物生长创造出良好的环境条件的同时，养分归还是必须的，因此，在园林生产中根据土壤养分状况合理施肥也是必要的。众所周知，肥料是植物生长的粮食，是植物产量和植物品质形成的基础。肥料除了能供给植物生长所需养分外，还能进一步提高土壤肥力。

7.1 土 壤 的 形 成

7.1.1 土壤的形成与发展

土壤在自然界处于大气圈、水圈、生物圈和岩石圈之间的界面上。它是地壳表面疏松散碎的物质。它与其他物质本质区别就是具有肥力。土壤的形成要经过一个漫长的过程，而土壤形成的过程也就是土壤肥力的发生发展的过程。具有肥力的土壤的形成，从性质上概括为两个过程：即岩石的风化过程(土壤母质形成过程)和成土过程(母质在成土因素作用下最终形成土壤的过程)。两个过程同时进行，相辅相成。

1) 岩石的分类

各种岩石既有一定的矿物组成，也有一定的结构。岩石是构成地壳的物质，按其成因可分为岩浆岩、沉积岩和变质岩三大类。

(1) 岩浆岩

岩浆岩是地壳深处熔融的岩浆受地质作用的影响上升，冷却凝固而形成的岩石，是地壳中最原始的岩石。岩浆岩是硅酸盐、金属硫化物和氧化物的混合体，占整体地壳岩石的最大部分。岩浆岩按成岩条件包括深成岩、浅成岩和喷出岩。

常见的岩浆岩有：流纹岩、粗面岩、花岗岩(地壳组成最多的岩石)、正长岩、辉长岩等。

(2) 沉积岩

沉积岩是由地壳表面早期形成的岩石经风化、搬运、沉积等作用形成的岩石。一般具有明显的层理结构、矿物成份较复杂、有时会发现生物化石三个特征。沉积岩占外层地壳岩石体积的 5%，但却覆盖整个地壳面积的 75%。它是在地球表面分布最广泛的岩石，与土壤形成关系密切。

常见的沉积岩有：砾岩、页岩、石灰岩、砂岩等。

（3）变质岩

变质岩是指沉积岩和岩浆岩在新的地壳变动和岩浆活动所产生的高温、高压下，矿物质组成、岩石结构、化学成分发生了剧烈变化而形成的岩石。变质岩有：片麻岩、石英岩、板岩、结晶片岩、大理岩等。变质岩一般具有片状构造、岩石质地很密、不易风化等特点。

常见的变质岩是由一种或几种矿物组合而成的自然集合体。

2）岩石的风化

岩石的风化过程就是土壤母质的形成过程。土壤母质是地壳岩石风化的产物，是形成土壤的物质基础。土壤母质来源于岩石的风化。岩石风化是一个相当漫长的过程，在这个过程中存在着诸多的物理和化学因素的风化作用。岩石的风化作用是指地球表面的岩石受自然环境因素（温度、水分、空气、生物等）的影响，使其岩石结构、组成成分和性质发生根本改变的作用。

岩石的风化作用分为物理风化作用、化学风化作用、生物风化作用三大类。

（1）物理风化作用（岩石破碎作用）

物理风化作用是指岩石主要通过温度、冰、风等的机械作用形成碎屑，但化学成分并不发生任何改变的作用。引起物理风化作用的因素很多，如温度：不同岩石中存在的不同矿物质，吸收热量不同，导热量也不同，对昼夜温差和四季温差的变化反映不同，使岩石受热不均。热胀冷缩，导致岩石破碎。侵入岩石缝隙中的水结冰的过程，给岩石造成巨大的压力而破碎。流水和冰川、瀑布对岩石的冲刷和磨蚀，风对岩石的磨蚀作用等，都会导致岩石形成碎屑。物理风化产生的颗粒比较粗，多为沙粒和石砾。

一般来讲当岩石破碎到 0.01mm 直径时，物理风化就很难再进行下去了。因此 0.01mm 的颗粒直径被称为物理性沙粒和物理性黏粒的分界点。物理风化作用的结果，是使岩石由大块变成碎块，再逐步变成碎粒。其形状大小发生了改变，水分和空气的通透性增强了，为化学风化创造了条件。

（2）化学风化作用

化学风化作用是指岩石中的矿物成分在空气（主要是 CO_2、O_2）和水的作用下，发生溶解、水解、水化、氧化等一系列复杂的化学成分和化学性质的变化的作用。

水是天然溶剂，岩石中的矿物主要是以无机盐类的形式存在，且多溶于水中。水还可与矿物结合形成带有结晶水的矿物，增大矿物体积，从而使岩石降低硬度，变成易崩解的疏松状态。当水被解离后，氢离子与岩石矿物中金属离子的置换过程，也是岩石矿物分解的过程，同时也是矿质养分的释放过程。矿物的氧化作用是岩石风化的必要条件。化学风化作用的结果，是使岩石的风化产物变得更加微细，经过化学风化，使岩浆冷凝形成的原生矿物变成了新的次生矿物。次生矿物中主要是黏土矿物，既土壤中细小黏粒，这些黏土矿物都具有吸附性和可塑性，使土壤具有保肥和保水能力。

（3）生物风化作用

生物风化作用是指动物、植物和微生物及其生命活动对岩石矿物产生的破坏作用。从直接作用上看，高等植物根系对岩石挤压，植物根系分泌物能分解矿物成分，特别是低等植物和微生物种类复杂、数量巨大，它们的分解活动极其广泛。如：低等植物地衣，人们形象地称它为"拓荒者"，是因为它能产生地衣酸作用于岩石，使岩石产生化学分解，为其他植物的生长创造了条件。

通过以上三种风化作用使坚硬的岩石石块形成了松散的大小不同的碎屑，这些岩石碎屑被称为土壤母质。

岩石风化形成的土壤母质有的就地堆积，称为残积母质；但大多数在重力、水流、风力、冰川等作用下被搬运到其他地方，或经多次搬运沉积下来，形成不同的土壤母质类型(图7-1)。

图7-1 土壤母质的主要类型

(a)湖积母质；(b)洪积母质；(c)风积母质；(d)残积母质

土壤母质具有以下的特点：具有透气、透水性；其中部分颗粒也有一定吸持和保蓄水分的能力；虽有部分的矿质养分释放，但土壤母质的水分、养分、空气、温度不协调，与土壤的本质区别是不具有肥力。

3) 影响成土过程的因素及其成土过程

在地球出现生物之前，风化作用极其缓慢，在生物特别是高等绿色植物出现后，不仅风化作用加速，而且更重要的是高等绿色植物的出现标志着成土过程的开始。一般来讲，成土过程是在风化过程的基础上进行的，但实际上这两个过程是交织在一起，同时进行的，很难将其分开。土壤的成土过程就是土壤肥力提高的过程，也是土壤熟化的过程。

(1) 影响土壤形成的因素

成土过程既受自然因素的影响，也受人类生产活动的影响。土壤是成土母质在生物、气候、地形、时间、人类生产活动等综合因素的作用下逐步形成的。人们习惯把土壤成土母质、生物、气候、地形、时间、人类生产活动等与土壤形成有关的因素称作成土因素。

① 成土母质。母质是形成土壤的物质基础，是构成土壤的骨架，也是矿质营养主要的最初的来

源,所以说母质和土壤存在着"血缘"关系。土壤的颗粒组成、矿物成分、剖面结构等因素都取决于母质类型。可见土壤母质从根本上是决定着土壤肥力的高低。例如:石英不易风化,经常呈砂粒残留在土壤中,因此在花岗岩母质上发育的土壤往往黏度比较适中;而在页岩母质上发育的土壤质地比较黏重,从而影响着土壤的物理性质。土壤母质的成分和性质不同导致土壤的化学性质的不同,所以土壤母质是形成不同土壤类型的物质基础。

②生物。生物是土壤形成的主导因素。母质中出现生物,标志着成土过程的开始,可以说没有生物就没有土壤。微生物、藻类等低等植物不仅使岩石风化,释放出矿质营养,而且还可以固定空气中大量的氮素,使母质中含氮量增加,为高等植物的生长创造了必要条件。高等绿色植物通过光合作用,把 CO_2 同化为有机物,使土壤有机质增加。土壤有机质含量的高低是土壤肥力高低的重要标志。

③气候。气候是土壤形成的必要条件。气候的差异直接影响大气降水和太阳辐射,水分和热量不仅直接参与岩石风化和成土过程,还在很大程度上直接控制着植物的生长和繁育,影响有机质的积累和分解,从而影响土壤肥力的提高。一般在湿润地区,尤其是高温、湿润地区,生物生长旺盛,土壤有机质含量越高,岩石风化强度越大,K^+、Na^+、Ca^{2+}、Mg^{2+} 等盐基离子都被淋洗掉。而在低温、干旱条件下生物活动受到限制,影响着有机质的积累,也影响着土壤肥力的形成。

④地形。地形对土壤的形成起到一个间接的作用,高低起伏的地形间接地影响着水分和热量的再分配。由于地形的差异导致成土母质发生不同的侵蚀、搬运和沉积。坡度越小,在相同的降雨条件下接受的水分越均匀;坡向不同,接受太阳辐射热不同,从而间接影响着土壤的形成。

⑤时间。土壤的形成和发展是一个极其漫长的过程,有研究表明:大约每一百万年只能形成1cm 厚的土层。成土母质、生物、气候、地形等成土因素的相互作用是随着时间的推移不断深化的。

⑥人类生产活动。土壤是人类最基本的生产资料和劳动对象,是人类赖以生存和发展的基本条件。所以人类的历史就是认识土壤、利用土壤和改良土壤的历史。

虽然以上各种因素在成土过程中起着不同的作用,但它们在成土过程中的影响不是彼此独立的,而是相互联系、相互影响、相互制约的。各种成土因素是同等重要的,是不能相互代替的。

(2)成土过程

土壤是土壤母质在生物、气候、地形、时间、人类生产活动等综合因素的作用下逐步形成的。所以土壤的形成过程实际上就是发生在成土母质上的物质的转化、淋溶、沉积的过程。土壤形成的基本过程概括为以下几种:原始成土过程、有机质积累与消耗的过程、脱钙与积钙过程、盐化与脱盐化过程、黏化过程、富铝化过程、潜育化与潴育化过程、熟化过程等。

不同类型的土壤差异很大,不仅反映在土壤肥力上,还表现在利用和改良上。

7.1.2 土壤的组成

土壤是陆地表面疏松多孔的物质。它是由大小不等、成分不一、结构各异、性质不同的细微的土粒——固相物质重叠形成的,在土粒与土粒之间,形成了大小不同的孔隙,而土壤空气和土壤水分充斥其中,因此,土壤是由固、液、气三相物质构成。土壤固、液、气三者构成相互联系、相互转化和相互作用的有机整体。土壤中固、液、气三相物质的比例是土壤各种性质产生和变化的基础(图7-2)。本节主要介绍土壤的固相组成。

土壤的物质组成包括土壤矿物质、有机质和土壤生命体。固体物质是构成土壤物质的主体。土壤液相部分就是土壤水分,它保存并运动于土壤孔隙之间,是三相物质中最活跃的部分。土壤气相部分就是土壤空气，它充满在那些未被土壤水分占据的土壤孔隙中。

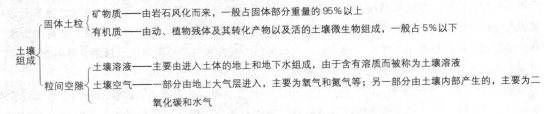

图 7-2　土壤的三相物质组成

1）土壤矿物质

土壤矿物质：是土壤的主要组成物质，构成了土壤的骨骼。土壤矿物质基本上来自成土母质，成土母质又起源于岩石。占固相物质质量的 95% 左右。土壤矿物质实际上就是存在于土壤中的各种原生矿物和次生矿物。

（1）土壤矿物的类型

根据土壤矿物质的成因分为原生矿物和次生矿物。

① 原生矿物：是由地壳深处的岩浆冷凝而成的矿物，如石英（SiO_2）、白云母（$KH_2Al_3Si_3O_{12}$）等。其特点是不易风化或不易化学分解。矿物颗粒越粗，含的原生矿物越多，土壤熟化程度越高，土壤原生矿物越少。

② 次生矿物：是指原生矿物经过物理风化和化学风化后，组成和性质发生了化学变化的矿物。一般土壤主要由次生矿物组成，如高岭石、蒙脱石、水化云母、含水氧化铝等。它们是细小颗粒和黏粒的主要组成部分，又称为黏土矿物。黏土矿物具有吸附性、可塑性、黏着性和黏结性，对土壤的理化性质影响很大，使土壤具有保水保肥能力。

土壤矿物颗粒以粗细不一、形状多样的形式存在，影响着土壤一系列物理性质和化学性质，同时与土壤的矿物成分和化学成分密切相关。

（2）土壤矿物的化学组成

土壤矿物质土粒的化学组成及其复杂，主要有氧、硅、铝、铁、钙、镁、钾、钠、磷、硫、锰、钼、硼等元素。其中氧、硅、铝、铁四种元素一般占矿物质质量的 75% 以上，它们大多数是以氧化物的形式存在的，如：SiO_2、Al_2O_3、Fe_2O_3 等。这些矿物质的化学组成能源源不断地为植物生长提供无机矿质元素，这为土壤肥力的提高和植物生长的营养环境打下了坚实的物质基础。

2）土壤有机质

广义地讲，土壤有机质是指包括土壤中各种动植物残体、微生物分解和合成的有机物。狭义地讲，土壤有机质是指有机残体经微生物作用后形成的一类特殊的、成分复杂的、性质稳定的多种高分子有机化合物。包括新鲜有机质、半腐解有机物质和全部的腐殖质，其中腐殖质占全部有机质的85%～90%，是土壤有机质的主体。

（1）土壤有机质的来源、组成及存在状态（类型）

① 土壤有机质的来源：有机质来源于动物、植物、微生物及其分泌物。耕作土壤也包括人工使用的有机肥。

② 有机质的物质组成：根据元素组成，有机质主要有两大类有机化合物，即含氮有机化合物和非含氮有机化合物。含氮有机物主要有蛋白质、核酸、氨基酸等；非含氮有机物主要是糖类、维生素等。

③ 有机质的类型：有机质是土壤中所有的有机物质的总称。包括以下三种类型。

a. 新鲜有机质：动植物残体刚进入土壤，还保持着原生物体的解剖结构特征。

　　b. 半腐解有机质：经微生物初步分解，基本失去了原生物体的解剖结构特征。

　　c. 腐殖质：有机质经微生物分解后重新合成的一类新的复杂的高分子有机化合物。土壤腐殖质与土壤矿物质土粒的结合非常牢固，形成我们肉眼可看到的一般的土壤颗粒。土壤腐殖质是土壤有机质的主要成分，新鲜有机质和半腐解有机质只是形成腐殖质的原料而已，如果要测定土壤有机质含量，只能用化学方法才能把它们分离开来。

　　(2) 土壤有机质的转化

　　植物残体进入土壤后，就受到机械的、物理的、化学的、生物的各种作用，使有机质发生一系列转化，包括两方面：矿化和腐殖化。

　　① 有机质的矿化过程：复杂的有机化合物，如糖类、蛋白质、腐殖质等，在多种微生物分泌酶的作用下进行分解转化，最终形成简单的矿质化合物(如 CO_2、H_2O、NH_3、H_2S 等)，同时放出能量的过程。矿化的结果是在为植物生长提供矿质营养的同时，也为土壤补充着热量，但有时会使土壤的物理性状受到不同程度的破坏。

　　② 有机质的腐殖化过程：在微生物的作用下，把矿化过程中形成的中间产物重新合成更为复杂的、特殊的、性质稳定的高分子化合物——腐殖质的过程。腐殖化的结果是使有效养分暂时保存积蓄在土壤中，使土壤的物理性状得到改善，以后再经过矿化过程逐步释放，供植物吸收利用。

　　从培育良好的土壤环境上看，既要促进腐殖化过程，使土壤的腐殖质达到高肥力水平，从而改善土壤的物理性状，又要维持一定的矿化过程，释放土壤的有机质潜在的营养和能量，以保证园林植物生产的产量和品质，从而维持有机质的分解与合成的循环过程。

　　土壤腐殖质是生物残体在微生物的作用下经过矿化过程，又重新合成的复杂的、性质稳定的一类特殊的高分子化合物。它不同于生物体内的大分子有机化合物，是有机质经初步降解，在所产生的有机化合物的基础上，经微生物重新合成的褐色、富有小孔隙的胶体物质。

　　腐殖质的有机成分：根据腐殖质在不同溶液中的溶解情况，分为胡敏素、胡敏酸、富里酸三类。

　　腐殖质的特点及性质：由于腐殖质松散的分子结构，水溶性差，颗粒微小，具有较大的表面能和带电性，因此腐殖质具有吸附性、代换性、氧化性和缓冲性。这对于土壤的保水和保肥、通气透水、团粒结构的形成、矿物质的强烈腐蚀风化都有很重要的作用，所以要创造可供植物生长的良好土壤环境条件，土壤腐殖质是必不可少的。而腐殖质来源于土壤有机质，因此向土壤施用有机肥是必要的。

　　(3) 土壤有机质的作用

　　近年来，在园林生产上十分重视土壤有机质的研究和利用。土壤有机质在园林植物栽培中起着不可替代的作用。

　　① 是植物生长所需矿质营养的来源之一。有机质是动植物残体及其转化的产物，集中了多种营养元素，在矿化分解过程中，这些元素被释放并供植物吸收利用，如 N、P、K、Ca、Mg、S、Fe 等主要元素及一些微量元素。其中氮元素主要来源于土壤有机质，尤其是固氮生物(豆科植物)形成的有机质中更为明显。

　　② 增加土壤的保肥性和缓冲能力。腐殖质是胶体物质，其表面有很多的氢离子，它能与土壤溶液中的盐基离子进行交换吸附，而使 K^+、Ca^{2+}、Na^+、Mg^{2+}、NH_4^+ 等离子保存于腐殖质胶体表面，避免流失。腐殖质的代换量比土壤矿质土粒的代换量要高出几十倍到几百倍不等。由于腐殖质

还含有酸性基团，也是一个弱酸系统，能够缓冲土壤中酸碱度的急剧变化，为植物生长提供了一个良好的缓冲环境。

③ 改善土壤的物理性质。腐殖质这种疏松多孔的胶体，凭借本身的黏着性，包被在矿质土粒的表面，使沙性土和黏性土都能形成良好的土壤结构，使土壤的黏着性、黏结性、可塑性、保水性、透水性、氧化性都得到改善；腐殖质呈黑褐色，还具有良好的吸热性能，加之具有合理的孔隙和较稳定的温度，为植物根系的下扎创造了良好的土壤环境。

④ 促进土壤微生物的活动。有机质为微生物的活动提供所需的能量和食物，同时又协调水、肥、气、热和酸碱状况，改善了微生物的生活条件，促进微生物的活动，使有机质的分解与合成的循环得以顺利进行。

⑤ 促进植物生长发育，提高植物抗性。腐殖质分解所提供的能量促进了根尖细胞的分裂，促进根尖生长，提高吸收能力。腐殖质中的酸性物质促进了植物根部酶的活性，使呼吸和代谢活动旺盛，还可改善植物体内的糖分代谢，使糖分积累加大，提高细胞的渗透压，增强植物的抗旱性和抗病性。

综上所述，土壤有机质，特别是腐殖质对土壤性质的影响，远不止于提供养分上，它从多方面深刻影响着土壤的各种性质，特别是对于与肥力和土壤耕性有关的生产性状的影响，几乎是全面的。因此，增加土壤有机质的含量，是创造植物良好的生长环境的重要手段。

(4) 增加土壤有机质的途径

随着现代园林生产发展的需要，对园林植物的产量和质量的要求进一步提高，创造一个良好的土壤环境条件是必需的。创造植物良好的生长环境的重要手段是增加土壤有机质，改善土壤的物理性质。具体有以下几方面：

① 大力提倡施用有机肥，目前常用的有：粪尿肥、堆肥、厩肥等。

② 种植绿肥翻压，如：草木樨、香豌豆等。

③ 树叶、秸秆还田处理。

④ 就地取材，提高土壤有机质的含量，如：城市垃圾污水的利用；郊区河泥、塘泥的利用。

3) 土壤生物

土壤的固相物质除具有矿物质土粒、有机质以外，还有一个重要的组成部分——土壤生物，主要包括微生物、土壤动物。他们直接或间接地参与土壤中几乎所有的物理的、化学的、生物的反应，对土壤肥力起着非常重要的作用，也是土壤有机质转化的动力。有的微生物已成为植物生命体的一部分，如某些细菌与豆科植物共生形成根瘤，固定空气中的游离氮素；在柏树根部的某些真菌与根系共生形成菌根，扩大柏树根的吸收面积。

(1) 土壤微生物

土壤微生物是指土壤中肉眼无法辨认的、微小的生命有机体。包括细菌、真菌、放线菌、藻类和原生动物五大类。

① 土壤细菌。细菌是一类单细胞微生物，每克肥沃的表层土壤含有几百万至几千万个，是土壤最多的微生物。按照营养类型、呼吸类型、个体外形等不同特点分为各种不同的类型。主要有异养细菌(靠分解土壤中的有机物获取能量和营养的细菌)、固氮细菌(能进行生物固氮的细菌)、自养细菌(能通过生物氧化机制促进养分转化的细菌)。

固氮细菌可分为自生固氮菌和共生固氮菌(根瘤菌)。共生固氮菌与高等植物有共生关系，它从植物组织中直接获取碳水化合物形成根瘤，并将固定的氮素供给植物利用(表7-1)。

科	属
豆科	紫穗槐属、锦鸡儿属、金莲花属、刺槐属、鹰爪豆属
非豆科	桤木属、大麻黄属、美洲茶属、香蕨木属、水牛果属、沙棘属、仙人掌属、南洋杉属、马桑属、胡颓子属、苏铁、银杏

② 土壤真菌。土壤真菌都是异养型微生物，主要集中在土壤表层活动，它们分解植物残体的能力较强，而且比细菌耐酸、耐低温。土壤真菌分为三大生理类群，即腐生真菌、寄生真菌、共生真菌。共生真菌与植物建立了共生关系，常在植物根部形成菌根，对植物水分、养分的吸收有重要的意义。菌根的作用是互利共生，表现在菌根从寄主获得营养，而菌根又扩大了根的吸收面积，二者是互利互惠的关系。

菌根分为内生菌根、外生菌根和内外兼生型菌根三种(图 7-3)。

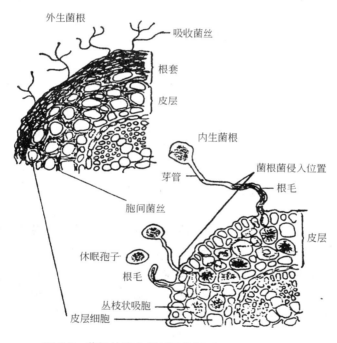

图 7-3　菌根的形态解剖结构(J. P. Kimmins，1992)

③ 土壤放线菌。土壤放线菌是土壤好气性微生物，以分解有机质为主，有些放线菌也有固氮能力。放线菌的代谢产物中有许多抗生素和激素类物质，这对植物抗病性和生长有促进作用。

④ 土壤藻类。土壤藻类是一类含有叶绿素的低等植物，个体小，主要分布在光照和水充足的土壤表面。它对增加土壤有机质、促进微生物的活动以及土壤养分的转化又有一定的意义。

(2) 土壤动物

土壤动物是指在土壤中度过全部或部分生活史的动物。土壤动物对有机质的机械粉碎、多糖的分解以及对土壤结构的改良和土壤的混合疏松都有其重要的意义。

7.1.3　土壤剖面

土壤剖面是指从地表垂直向下的土壤纵剖面，也就是完整的垂直土层序列。

土壤剖面是由性质和形态各异的土层重叠在一起构成的。这些土层大致呈水平状态,是土壤成土过程中物质发生淋溶、淀积、迁移和转化形成的。一般将这些土层称为土壤发生层,每一种土壤剖面类型都是由不同特征性的土壤发生层组合在一起的。在漫长的土壤形成过程中,由于经常发生物质的转化、富集、迁移、淋湿、沉积等,也就是物质发生重新分配,这就必然使原来不分层次的成土母质,在形态上逐步表现出这种物质重新分配的结果。在不同的条件下,土壤形成过程差异很大,每个土壤发生层的特征也不同。这种差异内在的综合表现是土壤肥力的差异;而外在的表现是土壤剖面的形态不同。

1) 自然土壤剖面主要发生层

1967 年国际土壤学会提出把土壤剖面划分为:有机层(O)、腐殖质层(A)、淋溶层(E)、淀积层(B)、母质层(C)和母岩层(R)六个主要发生层(图7-4)。

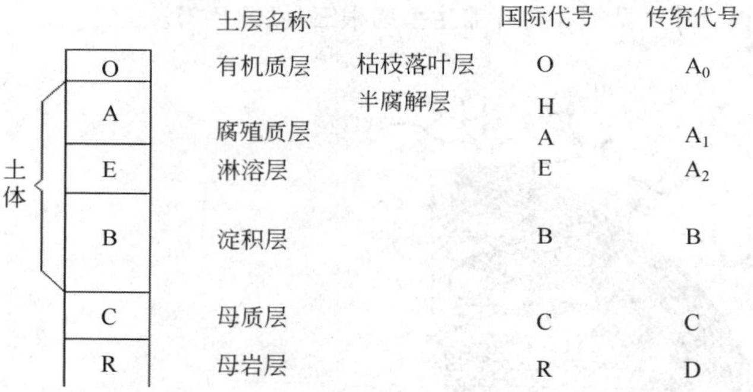

	土层名称		国际代号	传统代号
O	有机质层	枯枝落叶层	O	A₀
A		半腐解层	H	
	腐殖质层		A	A₁
E	淋溶层		E	A₂
B	淀积层		B	B
C	母质层		C	C
R	母岩层		R	D

图 7-4　土体构型的一般综合图示

O 层(有机层):指以分解的或未分解的有机质为主的土层。它可位于矿质土壤的表面也可埋藏于一定深度。

A 层(腐殖质层):形成于表层或位于 O 层之下的矿质发生层。土层中混有有机物质或具有因耕作、放牧或类似的扰动作用而形成的土壤性质。它不具有 B、E 层的特征。

E 层(淋溶层):是硅酸盐黏粒、铁、铝等单独或一起淋失的一层,也是石英或其他抗风化矿物的沙粒或粉粒相对富集的矿质发生层。E 层一般接近表层,位于 O 层或 A 层之下 B 层之上。有时字母 E 不表示它在剖面中的位置,而表示剖面中符合上述条件的任一发生层。

B 层(淀积层):在淋溶层之下。主要特点如下:

① 硅酸盐黏粒、铁、铝、腐殖质、碳酸盐、石膏或硅的淀积。

② 碳酸盐的淋失。

③ 残余二、三氧化物的富集。

④ 有大量二、三氧化物胶膜,使土壤亮度较上、下土层为低,彩度较高,色调发红。

⑤ 具粒状、块状或棱柱状结构。

C 层(母质层):多数是矿质层。

R 层(母岩层):即坚硬基岩,如花岗岩、玄武岩、石英岩或硬结的石灰岩、砂岩等都属坚硬基岩。

在实际土壤调查的统计情况中,不是所有的土层都会在剖面出现,发育程度高的土壤,腐殖质层(A)、过渡层(B)和母质层(C)三层都具备,而且层次分异明显。但发育程度低的土壤经常会发生 A 层缺失的现象,在有填充土壤的情况下,多个土壤剖面重叠,使土壤发生层的分布更为错综复杂。

2）耕作土壤剖面

自然土壤经过长期耕作，土壤剖面性质会发生变异，常根据人们的习惯分为：

A．耕作层：熟化表土层，经常受耕作施肥的影响，土质疏松，含有机质多，土块细碎，结构良好，颜色较暗。

P．犁底层：经常受耕犁的下压和耕作层的细土粒下移沉淀所至。颜色较浅，有机质含量明显减少，土层紧实，有保水保肥的作用(但过紧会影响根的伸展)。分布耕作层之下的土壤常呈层片状结构，腐殖质含量比上层少。

B．心土层：俗称为生土层，未经耕作熟化，只有少量植物根系。在犁底层之下，受耕作影响小，淀积作用明显，颜色较浅。

C．底土层：死土层，相当于C层。根系很少，土壤未发育，仍保留母质特征。

在园林苗圃土壤中最有代表性，而在城市许多公园中，多数有填充土壤，在这些土壤上就不一定具有完整的土壤剖面层次了。在实际的土壤调查中还要加以区别。

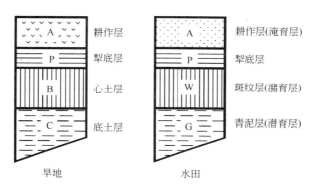

图 7-5　耕作土壤剖面示意图

7.2　土壤的物理性状

物理性质是土壤最基本的性质，它包括土壤的质地、结构、比重、容重、孔隙度、颜色、温度等方面。土壤质地的粗细、结构的好坏、孔隙的比例、通透性的强弱、水分的多少、温度的高低直接影响着植物的生长状况。了解这些土壤的物理性状是为植物创造良好环境条件的基础。

7.2.1　土壤质地与土壤结构

1）土壤质地

土壤质地表示土壤颗粒的粗细程度，也是土壤矿物颗粒的粗细。土壤中许多物理、化学反应的程度都受到质地的制约，这是因为土壤颗粒的粗细决定着这些反应得以进行的颗粒表面积。按照土壤矿物颗粒的大小，可以划分出不同的土壤粒级。

（1）土粒大小分级——粒级

我们所说的土壤颗粒，通常专指矿物颗粒。土壤颗粒大小以土粒直径为标准。

人们根据土壤颗粒直径的大小把土壤分为不同粒级：按矿质土粒在大小、结构、组成和性质分为不同的组，相近的一组矿质土粒，称为一个粒级。在实际应用中，我国于1957年由中科院在卡庆斯基分级的基础上，根据粒径的大小、成分和性质，制定了一套四级分级方案，一直沿用至今(表7-2)。

粒级	粒径/mm	主要矿物组成	物理性质
石砾	>1	残积母质和洪积母质	通透性强、不能蓄水保肥
砂粒	1~0.05	主要为石英、正长石和白云母等原生矿物为主	通透性强、蓄水保肥弱、养分缺乏、土壤变温幅度大
粉粒	0.001~0.05	主要以斜长石、辉石、角闪石和黑云母等原生矿物，少量次生矿物	通透性较弱、蓄水保肥能力强，养分较丰富，土壤变温幅度较小
黏粒	<0.001	大部分为硅酸盐黏土和铁铝氢氧化物黏土两类	通透性差、蓄水保肥强，养分丰富，土壤变温幅度小

    土壤矿物土粒的级别不同，化学组成也不同，物理性质上也具有明显差异。当颗粒直径为 0.01mm 时，土壤的物理性状发生质的变化，黏结性、黏着性、可塑性随颗粒直径的变小而加强。所以把直径小于 0.01mm 的土壤颗粒称为物理性黏粒，而直径大于 0.01mm 的土壤颗粒称为物理性沙粒。沙粒的矿物组成主要是石英，它的直径和体积较大，颗粒间的孔隙也大，有利于排水和通气。由于物理性沙粒总表面积小于粉沙和黏粒，所以沙粒在土壤化学和物理的活动性方面所起的作用较小，保持养分的能力很低。

    由于黏粒的直径和体积异常细小，所以每克黏粒的总表面积极大，可以达到粉粒的数千倍，比起粗沙的表面积大近百万倍，而表面是化学反应最活跃的地方，因此，大部分水分和某些有效养分都被吸持在黏粒的表面，使黏粒在土壤中起着水分和养分储存库的作用。同时随着土粒直径由大到小，土壤的黏结性、黏着性和可塑性增加，对耕作带来不利影响，也要加以改良。

    (2) 土壤质地的分类方法

    土壤质地是指各种不同粒级土粒的配合比例，也称土壤的机械组成，是土壤的组合特征。在土壤学中按照颗粒组成进行分类，将颗粒组成相近、性质相似的划分为一类，并给予一定名称，成为土壤质地。

    划分土壤质地的目的在于认识土壤的特性，并合理利用土壤和改良土壤。由于有颗粒成分的不同分级方法 (沙粒、粉粒、黏粒)，相应就有了不同的质地分类方法。

    ① 卡庆斯基质地分类法 (表 7-3)。前苏联土壤学家卡庆斯基具体分类方法是把壤中物理性黏粒含量的百分数，作为土壤质地类型的分级标准的。

卡庆斯基的土壤质地分类标准 (简明方案)   表 7-3

土壤质地名称		物理性黏粒(<0.01mm)含量(%)		
		灰化土类	草原土及红黄壤类	柱状碱土及强碱化土类
沙土	松沙土	0~5	0~5	0~5
	紧沙土	5~10	5~10	5~10
壤土	沙壤土	10~20	10~20	10~15
	轻壤土	20~30	20~30	15~20
	中壤土	30~40	30~45	20~30
	重壤土	40~50	45~60	30~40
黏土	轻黏土	50~65	60~75	40~50
	中黏土	65~80	75~85	50~65
	重黏土	>80	>85	>65

② 我国土壤质地分类：是结合我国农民生产习惯，吸取国际制和原苏联卡庆斯基制的优点制定出的分类法（表7-4）。

我国土壤质地分类　　　　　　　　　表 7-4

质地	质地名称	颗粒组成（%）		
		沙粒 1～0.05mm	粗粉粒 0.05～0.01mm	黏粒<0.01mm
沙土	粗沙土	>70	—	
	细沙土	60～70		
	面沙土	50～60		
壤土二合土	沙粉土	>20	>40	<30
	粉土	<20		
	粉壤土	>20	<40	
	黏壤土	<20		
	沙壤土	>50	—	>30
黏土胶泥土	粉黏土			30～50
	壤黏土			35～40
	黏土	—	—	>40

（3）不同质地土壤的肥力特征和利用

① 沙土。沙质土壤由于土壤颗粒间孔隙较大，毛管力作用弱，通气、透水性强，所以易干旱，不易涝；因通气性好，一般不会累积还原物质；因水少气多，温度容易上升，称为热性土，有利于早春和苗床的植物播种；松散易耕种。缺点是在炎热季节可导致幼苗"灼伤"失水，肥料浓度过高易"烧苗"；养分含量少，易造成作物后期脱肥早衰。在利用上，沙土常被用作配制培养土和改良黏土的成分，也可用于扦插土或栽培幼苗及种植耐干旱类型的植物，俗称"发小不发老"。

② 黏土。黏质土壤由于土壤粒间孔隙小，毛管细而曲折，通气性、透水性差，易产生地表径流，保水抗旱力强，易涝。因通气性差，容易累积还原性物质；水多气少，热容量大，温度不易上升，称之为冷性土，对早春和苗床作物播种不利；早春播种不利于出苗，在起苗时容易断根；养分含量较丰富且保肥力强，肥效缓慢，苗期易造成缺氮肥，但肥效稳而持久，俗称"发老不发小"；由于土壤黏重，耕性差。如果精细管理，适用于种植多种树木。

③ 壤土。这类土壤性质兼具黏质土和沙质土的优点，大小孔隙比例分配合理，保水、保肥、耕性好，水、肥、气、热协调，扎根条件好，适合种植多种植物，对水分有回润能力，是园林生产上较为理想的土壤质地类型。

（4）园林植物生长理想的质地剖面

土壤剖面上下层次的质地组合状况较为理想的是上沙下黏，即上层质地偏沙，可迅速接纳较大的降水，防止地面径流形成，减少水土流失；下层质地偏黏，起托水保肥作用，减少养分下渗流失，同时有助于地下水上升回润表层土壤。

（5）土壤质地改良

① 客土改良。客土改良是质地改良中通常采用的方法。黏质土掺沙改良，沙质土掺黏改良。由于黏或沙是搬运来的，故称"客土"。

② 大量施用有机肥。大量施用有机肥是改良土壤结构的最好方法。有机肥施入土壤后，可形成

103

腐殖质，腐殖质可增加沙土的黏结性，降低黏土的黏结性，通过有机质胶结作用，促进土壤团粒结构的形成，增强保水、保肥能力，对沙土、黏土都适用。

③ 种树种草，培肥土壤。种植耐瘠薄的草本植物，尤其是豆科植物，可提高土壤有机质和氮素含量，能很好地改善土壤的物理性质。

④ 施用特殊土壤基质。黏土可施用膨化岩石类的基质，如：珍珠岩、岩棉、陶粒、硅藻土等。沙土可施用土壤结构改良剂。如施用一些钙盐，使土壤中各级土粒由分散状态形成团聚体，可从根本上改善沙质土的物理特性，协调土壤中水、肥、气、热状况，使肥力大大提高。

⑤ 加强土壤治理。城市土壤比较复杂，栽花、种草时，大的渣砾应尽量捡拾干净。必要时要过筛，去除渣砾。渣砾过多如超过 50％时，植物无法生长，应掺土或采用换土的方法治理土壤。

2）土壤结构

土壤结构就是指土壤颗粒(沙、粉粒和黏粒)相互胶结在一起而形成的团聚体的结构，是由不同的土壤结构体组成的。团聚体颗粒内部胶结得较强，而团聚体颗粒之间则沿胶结的弱面相互分开(图 7-6)。土壤结构是土壤形成过程中产生的新性质，不同的土壤或同一土壤的不同土层中，土壤结构往往各不相同。

常见的土壤结构体有团粒结构、块状结构、核状结构、柱状结构、棱状结构、片状结构等。由于多数土壤团聚体的体积比较单个土粒的体积大，所以它们之间的孔隙往往也比沙、粉粒和黏粒之间的孔隙大得

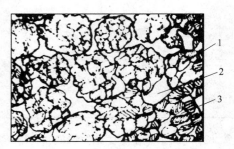

图 7-6　土壤团聚体结构示意图
1—团聚体；2—团聚体之间的大孔隙；
3—团聚体之间的小孔隙

多，从而可以促进空气和水分的运动，并为植物根系的伸展提供空间，为土壤动物的活动提供通道。每一种土壤结构体都表现出不同的数量、大小、形状、性质及其相应的孔隙状况。这种综合特性，称为土壤的结构性。其中最好的结构体是团粒结构体，它在园林植物生长发育中起着十分重要的作用。

(1) 土壤的团粒结构

土壤团粒结构是腐殖质把矿质土粒黏结成直径一般为 0.25～10mm 的小团块。直径小于 0.25mm 者称微团粒。土居动物，如蚯蚓和蚁类等的活动可促进团粒结构的形成，特别是蚯蚓，其排泄物本身即为良好的团粒。由于团粒结构是在有机质参与胶结和复合作用下经多级团聚而形成，故具有良好的机械稳定性、水稳定性和生物稳定性。因为具有团粒结构的土壤能协调土壤中水分、空气和营养物之间的关系，改善土壤的理化性质，所以球状团粒结构对土壤肥力的形成具有重要的影响。具有团粒结构的土壤才能调节好土壤中水分、空气和微生物活动之间的关系，从而最有利于植物的生长发育。

(2) 土壤团粒结构的培育

① 大量施用有机肥。连续施用有机肥，可促进水稳定性团聚体的形成，团聚程度越高，孔隙分布越合理，越有利于保持土壤肥力。

② 实行合理灌溉，适时耕作。大水漫灌容易破坏土壤结构，使土壤板结；适时松土以防板结，尤其是大面积花卉种植和苗圃栽植中要适时耕耘，充分发挥干湿交替和冻融交替作用，调节土壤结构。

③ 施用石膏或石灰。酸性土壤施用石灰，碱性土壤施用石膏，不仅能中和土壤的酸碱性，还有利于土壤团聚体的形成。

④ 施用结构改良剂。土壤结构改良剂是指能够将土壤颗粒黏结在一起形成团聚体的物质，包括从植物残体中提取的天然物质和人工合成的高分子物质。从植物残体中提取的天然物质易分解，不能大量使用，而人工合成的高分子物质则稳定得多，且节省用量。

7.2.2 土壤通气性与土壤孔隙性状

1) 土壤通气性

园林植物的生长发育与植物的呼吸作用是密不可分的，尤其是植物根部的呼吸更为重要，这就要求土壤具有一定的通透性。土壤通气性指土壤允许气体通过的能力。只有通气良好的土壤，才能使空气和土壤进行气体交换。换句话说，植物根部放出的 CO_2 才能排出土壤，大气中的 O_2 才能进入土壤。如果土壤通气不良会抑制好气性微生物的活动，减缓有机物质的分解过程，使植物可利用的营养物质减少。若土壤过分通气又会使有机物质的分解速度太快，这样虽能提供植物更多的养分，但却使土壤中腐殖质的数量减少，不利于养分的长期供应。土壤通气性的好坏主要取决于土壤孔隙状况。

2) 土壤的孔隙性状

土壤是一个及其复杂的多孔体系，是由固体土粒和粒间孔隙组成的。土壤孔隙是容纳土壤水分和土壤空气的空间，是物质和能量交换的场所，也是植物根系伸展和土壤动物及微生物栖息、生活、繁衍的地方。土壤孔隙性状，通常包括孔隙度(孔隙总量)和孔隙类型(孔隙的大小及比例)两方面内容。

(1) 土壤孔隙度(孔度)

土壤孔隙度是指所有孔隙体积的总和占整个土壤体积的比例。土壤孔隙的大小、形状比较复杂，土壤的质地与结构对土壤孔隙度有很大影响。当土壤表观密度和实际密度增加时，孔隙的体积减小；反之，孔隙的体积则增大。可见，要测定土壤的孔隙度，必须考察土壤的表观密度和实际密度，因此土壤孔隙度一般采用土壤实际密度和土壤表观密度进行计算。

土壤孔隙度(%) = (1 − 土壤表观密度/土壤实际密度) × 100%　　　　　　　(7-1)

土壤孔隙度大小说明了土壤的疏松程度及水分和空气容量的大小。

① 土壤表观密度：是指单位容积原状土壤(包括土壤孔隙)的质量，单位：g/cm^3。土壤质量是指在 105~110℃ 条件下烘干箱的烘干土质量。土壤表观密度的大小不仅受土壤颗粒排列、土壤质地、土壤有机质的含量、土壤结构、土壤松紧状况的影响；还受耕作、施肥、灌溉等因素的影响。因此土壤表观密度不是一个定值，尤其是表层土壤的表观密度变动较大。通常含腐殖质较多且结构良好的黏壤土、壤土的表观密度为 1.0~1.6g/cm^3；含腐殖质较少且结构不良的沙壤土和沙土表观密度为 1.2~1.8g/cm^3；紧实的底土层表观密度可在 2.0g/cm^3 以上。

② 土壤实际密度：是指单位容积固体土壤颗粒(不包括土壤孔隙)的质量，单位：g/cm^3。它不随颗粒间土壤孔隙的数量而变化。一般的土壤有机质含量很低，所以土壤实际密度大小主要取决于土壤的矿物组成。在应用中常把土壤的矿物质实际密度 2.65g/cm^3 作为土壤实际密度的值。它是一个近似的常数。

土壤的孔隙度受土壤质地和土壤结构的影响。一般来说，沙土的孔隙大部分是通气孔隙，总孔隙度较小，表观密度较大。但由于大孔隙易于通风透水，所以沙质土的保水性差。与此相反，黏土大部分是小孔隙，总孔隙度较大，表观密度较小，且由于小孔隙中空气流动不畅，水分运动主要为缓慢的毛管运动，所以黏土的保水性好。由此可见，土壤孔隙的大小和孔隙的数量是同样重要的。就表土来说，沙质土壤的孔隙度一般为35%～50%，壤土和黏性土壤则为40%～60%，有机质含量高，且团粒结构好的土壤的孔隙度甚至可以高于60%～70%。但紧实的淀积层的孔隙度可低至25%～30%。

(2) 土壤孔隙的类型及其有效性

土壤孔隙的分级是根据孔隙的当量孔径(与土壤水吸力相当的孔隙直径)进行的。换句话说是根据孔隙直径的大小和把水的吸附性能人为地分为三类。

① 非活性孔隙(无效孔隙)：是土壤中最微细的孔隙，孔径小于0.002mm。这种孔隙中，几乎总是被土粒表面的吸附水所充满。土粒对这些水有极强的引力，使它们不易运动，也不易损失，不能为植物所利用，因此称为无效水。这种孔隙没有毛管作用，也不能通气，因此也称为无效孔隙。

② 毛管孔隙：指土壤中毛管水所占据的孔隙，孔径为0.002～0.02mm。植物细根、原生动物和真菌等也难进入毛管孔隙中，但植物根毛和一些细菌可在其中活动，其中保存的水分可被植物吸收利用。

③ 非毛管孔隙：这种孔隙比较粗大，孔径>0.02mm。这种孔隙中的水分，主要受重力支配而排出，不具有毛管作用，成为空气流动的通道，所以叫做非毛管孔隙或通气孔隙。

(3) 园林生产中理想的剖面孔隙度

园林植物适宜的土壤剖面孔隙度的垂直分布为"上虚下实"，即上部土层(10～15cm)的总孔隙度为55%左右，通气孔隙度为15%～20%；下部土层(15～30cm)的总孔隙度和通气孔隙度分别为50%和10%左右。"上虚"有利于通气透水和种子萌发，"下实"则有利于保水保肥和扎稳根系。要创造一个良好的植物生长生活条件，在生产中要注意调节土壤孔性，如：改良土壤质地，壤土孔隙度居中(约为45%～52%)，大小孔径比例分配适中，既有通气孔隙，又有毛管孔隙；增施土壤有机质，富含有机质的土壤，孔隙度较高，如泥炭土的孔隙度可高达80%。

3) 土壤空气

土壤空气是植物根系呼吸作用和微生物生命活动所需要的氧气的来源，也是土壤矿物质进一步风化及有机质转化释放养分的重要条件。

(1) 土壤空气的特点及其与园林植物生长的关系

土壤空气的组成与大气相比有所不同，具有以下特点：

① 土壤空气中CO_2浓度高。大气中CO_2浓度约为0.03%，而在土壤空气中一般含量为0.1%左右。如通气不良的条件下，二氧化碳的浓度常可达到10%～15%，比大气含量高出几十至几百倍。如此高浓度的二氧化碳不利于植物根系的发育和种子萌发。二氧化碳浓度的进一步增加会对植物产生毒害作用，破坏根系的呼吸功能，甚至导致植物窒息死亡。

② 土壤空气中含氧量低。主要是由于植物根系和微生物呼吸消耗大量氧气。

③ 土壤空气中水汽含量高。除表土层和干旱季节外，土壤空气经常处于水汽饱和状态。

④ 土壤空气中有时还含有还原性气体。土壤通气不良会抑制好气性微生物，减缓有机物质的分解活动，使植物可利用的营养物质减少；土壤通气不良，还常有CH_4、H_2S等还原性气体的产生，它们多是有机物进行嫌气分解的产物。还原性气体的存在会使植物受到毒害。

土壤空气中各种成分的含量不像大气那样稳定，常随季节、昼夜和土壤深度的变化而改变。在积水和透气不良的条件下，土壤空气的含氧量可降低到10%以下，从而抑制植物根系的呼吸和影响植物正常的生理功能。

（2）土壤空气状况的调节

① 适时中耕松土。中耕松土增加耕作层的透气性，板结地块或雨后要及时中耕松土，以防根系无氧呼吸，产生有毒物质。

② 增施有机肥。可促使土壤形成团粒结构，以利通气。

③ 排水。对地势低洼、排水不良的土壤，要制定排水措施，尤其是雨后一定要注意排除多余的积水，改善土壤通气状况。

以上措施要结合调节水分而进行。

人们在培育盆花时，由于不了解土壤水、气、热、养分协调的原理，长期不进行换盆换土，通气透水性差，导致土壤理化性状恶化，营养元素缺乏，有毒物质产生，因而导致花卉生长不良，叶片发黄，开花少，甚至不开花。因此要养好盆花，须注意适时换盆换土。

7.2.3 土壤水分

土壤中的水分和空气主要存在于土壤孔隙中。土壤水分和土壤空气二者之间有很大的流动性，它们的运动和比例的变化对土壤肥力也起很大的作用。当土壤水分不足时，空气主要存在于土壤孔隙中，植物就会萎蔫；当土壤水分过量时，土壤空气则受到排挤，土壤温度下降，造成长期缺氧，土壤肥力会显著下降。土壤空气对植物的生长和土壤微生物活动有直接影响，在通气好的情况下，种子才能萌发，根系才能发育，土壤微生物活动才能旺盛。所以，土壤性质的好坏，也与水、气、热三者的适当配合和相互调节密切相关。土壤水分与土壤孔隙中氧气的有效供应，影响着植物根系的分布和生长。

1）土壤水分的作用

土壤水分是园林植物生长发育必不可少的物质条件。土壤中的水分可直接被植物的根系吸收。土壤水分适量地增加有利于各种营养物质的溶解和移动，也有利于磷酸盐的水解和有机态磷的矿化作用，这些都能改善植物的营养状况。此外，土壤水分还能调节土壤的温度，但水分太多或太少都对植物和土壤动物不利。土壤干旱不仅影响植物的生长，也威胁着土壤动物的生存。

2）土壤水分的类型及有效性

土壤中的水并非是纯净水，而是含有盐分和土壤微粒的水溶液，它不仅存在于土壤的孔隙中，而且在有机物和矿物质中也有存在。我们讲的土壤水分是指从 105～110℃ 烘干箱中可以驱逐出来的水分。根据土壤水分对园林植物的有效性，将土壤水分为四种类型(图 7-7)。

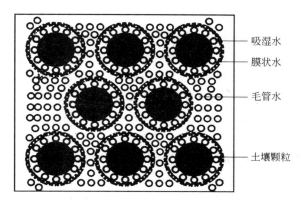

吸湿水
膜状水

毛管水

土壤颗粒

图 7-7 土壤水分形成模式示意图

（1）吸湿水。吸湿水是在土壤颗粒表面牢牢吸附的一层或数层水分子。吸湿水对植物来说是无效水。

（2）膜状水。膜状水是指当土壤颗粒表面上的吸湿水达到饱和后，在吸湿水的外层又吸附的一层水膜。处在土壤颗粒吸湿水外层的膜状水，一部分可被植物吸收，因此膜状水为部分有效。

（3）毛管水。毛管水是存在于土壤毛管孔隙中的水分。毛管水可被植物吸收，因此毛管水是有效水。根据毛管水是否与地下水相连接，分为毛管悬浊水和毛管上升水。毛管悬浊水的含量达到最大量时的土壤含水量称为田间持水量，它是反映田间保水能力的一个指标，也是计算灌溉量的指标。

（4）重力水。重力水是指在重力的作用下，沿土壤的通气孔隙向土壤下层移动的水分。很少能被植物吸收，如果重力水过多会造成土壤有效养分流失，对植物根系生长不利。

3）土壤水分含量（湿度）的表示方法

（1）重量含水量：指土壤水分重量与烘干土重量的百分比。

$$重量含水量（\%）=\frac{湿土重-烘干土重}{烘干土重}\times100\% \tag{7-2}$$

（2）容积含水量：指土壤中水的容积与土壤容积的百分比。它可由重量含水量换算得到。土壤容积含水量能反映土壤孔隙的充水程度。

$$容积含水量（\%）=\frac{水的容积}{土壤空积}\times100\%=重量含水量\times土壤表观密度 \tag{7-3}$$

（3）相对含水量：是把绝对含水量与某一标准（田间持水量或饱和含水量）进行比较，表示土壤中水分的饱和程度，是以土壤重量含水量占田间持水量的百分数表示。

$$土壤相对含水量（\%）=\frac{土壤重量含水量}{土壤田间持水量}\times100\% \tag{7-4}$$

（4）土壤贮水量：指土壤中的水分含量相当于多少水层厚度（mm）或每公顷土壤在一定深度内贮水体积（m^3/hm^2）。土壤贮水量有两种表达方式：

① 土壤贮水量（mm）=0.1×重量含水量（干土重量百分率）×土壤表观密度（g/cm^3）×土层厚度（cm）
$$\tag{7-5}$$

② 土壤贮水量（m^3/hm^2）=水层厚度（mm）×10 $\tag{7-6}$

在生产上，把土壤中含水多少，称作土壤墒情，并积累了丰富的查墒、验墒和保墒经验。

4）园林植物环境水分状况的调节

水分状况的调节实际上是充分合理利用水资源的内容之一，在了解当地水分状况的前提下，采用各种措施调节土壤水分状况，以满足园林植物生长的需要。目前各地主要采取如下几种措施。

（1）灌溉。灌溉是增加土壤水分的根本措施，特别是北方干旱地区尤为重要。在植物生长的不同时期进行灌溉，以满足植物各个生育期的需要。晚秋冬初季节浇冻水是在土壤冻结前进行，目的在于使土壤充分蓄水，即"冬水春用"等。

（2）排水。水分过多的地区或雨后要及时排水，对于一些不耐水湿、性喜通气的园林植物更为重要。

（3）中耕保墒。苗圃地可以秋季翻耕、春节耙地、中耕除草等措施，切断毛管孔隙，疏松表土，减少水分蒸发损失。

（4）创造团粒结构。多施有机肥，精耕细作，创造土壤团粒结构，以保持土壤有效水分的含量，减少水分的损失。

（5）增加地面覆盖。苗床和苗圃地多采用覆盖塑料薄膜或草类，绿地保留匍匐植被，均可减少水分损失。

7.2.4 土壤温度

土壤温度就是土壤热量状况，既是土壤肥力的因素之一，也是土壤的重要物理性质，它直接影响着土壤水分、空气的运动和变化，还影响着岩石风化过程和微生物及植物的生命活动。土壤的热量主要来源于地面吸收的太阳辐射能，从长期平均状况来看，土壤对热量吸收与散发是大致处于平衡状态。但从短期来看，白天和夏季的热量吸入显著超过热量的散发，使土壤温度上升；夜晚和冬季则相反，热量的散发显著超过热量的吸入，使土温下降。

1）土壤的热性质

主要是指土壤的热容量、导热性和导温性。

（1）土壤热容量

土壤温度的升高与降低不仅决定于热量的得失，而且决定于热容量的大小。土壤热容量分为重量热容量和容积热容量两种。重量热容量是使 1kg 土壤增温 1K（1℃）所吸收的热量（J/kg·K）。容积热容量是使 1m³ 土壤增温 1K（1℃）所吸收的热量（J/m³·K）。

土壤热容量的大小主要决定于土壤水分、空气的含量和比例。土壤湿度越大，空气越少，土壤热容量就越大，增温越慢，降温也越慢；反之，土壤越干燥，空气越多，则土壤热容量也越小，增温越快，降温也越快。一般说来，沙性土的热容量比黏重土壤小，因此沙性土白天升温较快，通常把它叫做"暖性土"，而黏重土壤升温较慢，称为"冷性土"。

（2）土壤的导热性

土壤传导热量的能力称为土壤导热性。土壤导热性的大小用导热率来表示。土壤导热率指单位截面（1cm²）、单位距离（1cm）相差 1K 时，则单位时间内传导通过的热量（假定地表接受太阳辐射能量是平均分布）单位是 J/（cm·s·K）。土壤三相组成中以固体的导热率最大，其次是土壤水分，土壤空气的导热率最小。因此，土壤颗粒越大，孔隙度越小，导热率越大；反之，土壤颗粒越小，孔隙度越大，则导热率越小。例如沙土的导热率比黏土要大，其升温和降温都比黏土迅速。

（3）土壤的导温性

由于土壤接受热量的变化而使土壤温度变化的特性为土壤导温性。在一定的热量供应条件下，土壤温度的变化取决于土壤的热容量、导热性。在常温常压的条件下，单位土层厚度，温差为 1℃时，单位时间内流入单位面积土壤断面（1cm²）的热量使单位体积（1cm³）土壤温度所发生的变化就是土壤导温率。土壤导温性取决于土壤水分和空气的比例。干燥土壤导温性能强，土壤温度容易变化，而含水量高的土壤，其温度变化幅度小，所以沙土昼夜温差大，有利于一些植物糖分的积累。

2）土壤热量状况对园林植物的生长及其肥力的关系

土壤热量状况对植物生长发育的影响是很显著的。植物生长发育过程，如发芽、生根、开花、结果等都只有在一定的临界土壤温度之上才能进行。

（1）影响植物种子的发芽

各种植物的种子萌发都要求一定的土壤温度，如油松种子发芽，土壤温度不能低于 8~10℃；杨树插条后，土壤温度要在 10℃ 以上才能生根发芽；云杉种子在 20℃ 时发芽最有利。土壤温度过高或过低，不但会影响种子发芽率，而且对植物以后的生长发育以及产品质量都有影响。所以在考虑各种植物播种和无性繁殖的时期时，土壤温度是绝对不可忽视的因素。

(2) 影响植物根系生长和发育

植物根系生长和发育与土壤温度的高低密切相关，在土壤温度适宜时，根系吸收水分和养分的能力强。就蔷薇科树种来说，土壤温度在平均2℃即可略有生长，7℃左右根系生长活跃，至21℃时根系生长最快。适宜茶树根系生长的土温为10～25℃，高于或低于这一范围；都会使茶树根系受到不同程度影响。

(3) 促进植物营养生长和生殖生长

适宜的土壤温度能促进植物营养生长和生殖生长，土壤温度低会使营养生长时间缩短，从而延迟植物生殖生长的过程，影响植物开花、结果。

(4) 土壤温度对微生物的影响

土壤的微生物也需要一定的温度才能存活，多数微生物以20～30℃为最适宜。

(5) 对土壤肥力的影响

土温对植物生长发育有很大的影响，除了直接影响植物生命活动之外，还对土壤肥力有巨大的影响，因为土壤中一切过程都受到土壤温度的制约。例如：许多无机盐在水中的溶解度随土壤温度增加而增大；气体在土壤中水的溶解度也总是随土壤温度变化而变动；气体的扩散也随土壤温度上升而加强；代换性离子的活动性也随土壤温度上升而增强；土壤微生物活动随土壤温度变动而变化等等。所以土壤中养分的固定与有效化，有毒性还原物质的形成与累积，水分的保蓄、移动与损耗，土壤生物活性等都与温度的高低有关，从而影响着土壤肥力的高低。

在园林生产过程中常常把土壤热状况的不同作为播种不同植物、施用不同肥料和采用不同耕作措施的重要依据之一。

3) 土壤温度的调节

既然土壤温度对于植物的生长发育和微生物的活动有很大影响。因此，我们必须在了解土温变化规律的基础上设法进行调节，一般要求在春天要提高土温，提早植物的播种期和促进幼苗生长；夏季要求土温适当；秋、冬季节，则要求保持土壤温度。土壤温度的调节的方法包括以下几个方面。

(1) 灌溉排水：夏季灌水可以增加土壤热容量，同时也加速地面蒸发，因而能降低土壤温度。在上冻前，初冬灌水是一种保温措施。水的热容量大，可使土壤保持较高的温度以减轻冻害。低洼地要及时排除积水，减少地面蒸发，降低热容量和导热性，可达到提高土壤温度的目的。

(2) 作垄：在春季可促进土壤温度迅速提高。一般土垄上部的温度要比平地温度高1℃左右。

(3) 施有机肥：施有机肥可使土色变深，增强土壤吸热能力，同时有机质分解时放出热量可以提高土壤温度。冬季苗圃施用马粪、羊粪等发热量高的肥料，可提高苗床土壤温度，为早春苗木出土创造条件。

(4) 喷洒土面增温剂：土面增温剂因所用原料不同，有合成酸渣制剂、天然酸渣制剂、棉籽油脚制剂等品种。有调节土壤水分、提高土温等作用，在苗圃育苗中使用，能达到出苗早、苗壮、苗高、苗齐的作用。

(5) 中耕松土：疏松表土，使空气量增加，减低热能的向下传导，防止下层土温升高。

(6) 地面覆盖、搭棚遮荫：这样可以使土壤不受日光直接照射，减少土壤吸热量，使土壤温度不致于升降过快。

综上所述，有团粒结构的土壤，温度状况良好。所以，除采取上述措施调节土壤温度外，还应设法创造团粒结构形成的条件，改善土壤温度，以适应植物生长的需要。

7.3　土壤的化学性质

在土壤的固相组成中，土壤的黏土矿物颗粒和土壤腐殖质都是属于性质比较活泼的胶体物质，由于这些胶体一般带有负电荷，所以具有很强的吸附阳离子的能力。所以，土壤胶体的数量和组成直接决定着土壤肥力水平及其发挥。

7.3.1　土壤胶体及其吸附与交换性能

1) 土壤胶体

(1) 土壤胶体的概念

胶体是物质存在的状态。把直径为 $0.1\sim0.001\mu m$ 的物质颗粒，分散于水中，这种分散系统与水溶液有着本质的差别，称为胶体分散系统。包括两部分：其中水分子在分散系统中是呈连续的分布，称为分散介质；物质颗粒在分散系统中呈不连续的分布，称为分散相。土壤本身是一个复杂的多元分散系统，固体土壤常被称为分散相，而土壤溶液和土壤空气是分散介质。

土壤胶体一般是指分散在土壤溶液或土壤空气中的直径约小于 $1\mu m$ 的细微固体颗粒部分。土壤中这些最细微的颗粒，通常是指黏土矿物颗粒和土壤腐殖质以及它们相互结合的复合体。

在土壤胶体的界面上经常发生着各种物理变化和化学反应，所以土壤具有对离子的吸附、交换作用以及酸碱反应等性能，主要表现在保肥性、供肥性和缓冲作用上。

(2) 土壤胶体的类型

土壤胶体按成分来源或形态分为有机胶体(如腐殖质)、无机胶体(黏土矿物)和有机—无机复合胶体三类。

① 有机胶体：主要是土壤腐殖质。有机胶体带负电荷多，亲水性强。在土壤中只有很少部分是游离存在的，大多数与其他胶体复合存在。数量相对较少。

② 无机胶体：主要是黏土矿物和含水铁、铝氧化物。在数量上比有机胶体高出几十倍。

③ 有机—无机复合胶体：由于土壤中腐殖质很少呈自由状态，常与各种次生矿物紧密结合在一起形成复合体，所以，有机—无机复合胶体是土壤胶体存在的重要形式。

(3) 土壤胶体的基本性质

① 有巨大的表面能。由于土壤胶体颗粒的体积很小(小于 $1\mu m$)，根据物理学的原理，一定体积的物质表面积越大，其表面能也越大。因此，胶体含量越高的土壤，其表面能也越大，从而养分的物理吸收性能就越强。巨大的表面能是土壤胶体能够吸持大量水分、养分的重要原因。

② 带电性。土壤胶体经常是带负电荷，这是胶体本身的结构所决定的。由于土壤胶体常带负电荷，它就必然以静电引力的方式把数量相同的带正电的阳离子吸附在胶体的表面，使这些阳离子牢固地保持在土壤中，同时也可以通过离子交换的形式供给园林植物吸收利用。

③ 胶体的凝聚与分散。胶体的凝聚与分散受胶体之间力的作用。如果胶体之间是静电排斥力，胶体颗粒分散；如果胶体之间是分子吸引力，胶体颗粒凝聚。胶体的凝聚与分散取决于胶体颗粒周围所吸附的阳离子的浓度和化合价数。一价阳离子使胶体分散，二价阳离子使胶体凝聚。胶体的凝聚与分散直接影响着土壤的结构、通透性和土壤耕作的难易程度。

2) 土壤胶体对离子的吸附与交换性能

(1) 土壤胶体吸收(吸附)性——阳离子吸附

当土壤胶体的表面或阳离子附近的某些离子浓度高于胶体扩散层的浓度时，则认为土壤胶体对该离子发生了吸附作用。由于土壤胶体不仅表面积大，胶体的表面能也很大，而且还带有电荷，因而有强大的吸附能力。它主要是吸收并保持土壤溶液或土壤空气中的离子、分子以及一些悬浮物质的性质。传统上按照吸附的机理将吸收性分为五种主要类型：①机械吸收；②物理吸收；③化学吸收；④生物吸收；⑤离子交换吸收(最主要的吸收类型)。

土壤阳离子的吸附是一个物理化学吸收过程。土壤胶体一般带负电荷，与阳离子具有静电作用，能吸附土壤溶液中带正电荷的阳离子于胶体的周围。土壤胶体带负电荷越多，吸附阳离子的数量就越多，这种作用表明土壤胶体具有保肥性。

不同价键的阳离子胶体表面亲和力的大小顺序不同，在土壤中含有相同的一价、二价、三价阳离子时，土壤胶体的表面首先吸附三价阳离子。一般为：$M^{3+} > M^{2+} > M^+$。

(2) 土壤阳离子交换性

① 土壤阳离子交换作用：是一种阳离子的解吸过程。被吸附在胶体外层表面的阳离子在一定条件下可以和土壤溶液中的阳离子互相交换，从胶体表面进入溶液，叫做解吸。这些能相互交换的阳离子称为交换性阳离子。引起阳离子位置相互交换的作用叫阳离子交换作用。这种作用表明土壤胶体又具有供肥性。阳离子交换作用是土壤能保存养分并且向植物提供养分的主要原因。

② 交换性阳离子的种类：交换性阳离子也称为盐基离子。这些离子主要有 Ca^{2+}、Mg^{2+}、K^+、NH_4^+、Na^+、H^+、Fe^{2+}、Fe^{3+}、Al^{3+} 等。其中 H^+、Al^{3+} 离子称为致酸离子。

③ 阳离子交换作用的基本特征：离子交换的可逆性、等价交换性、受质量作用定律的支配。

④ 盐基饱和度：指土壤中交换性盐基离子占所有阳离子总量的百分数。

盐基饱和度越高，表明土壤的交换能力越强。它能衡量土壤保肥和供肥能力大小，同时也能反映土壤耐肥力的强弱。盐基饱和度大，一次施肥量可大一些，而不烧苗。

(3) 土壤中的阴离子交换作用

土壤溶液中的阴离子可以被带正电胶体吸附，但是土壤对阴离子的吸附和保持机理比阳离子更为复杂，往往和化学固定专性吸附等交织在一起。有些阴离子易于被土壤吸附，如磷酸根($H_2PO_4^-$、HPO_4^{2-}、PO_4^{3-})；而有些阴离子的吸附作用就很弱或进行负吸附，如 Cl^-、NO_3^- 等。出现负吸附(固体表面浓度低于溶液中浓度)极易随水流失。注意施肥时要适时适量。

7.3.2 土壤的酸碱反应

1) 土壤酸碱度

土壤的酸碱反应又称土壤的酸碱度，是指土壤的酸碱程度。它对土壤的一系列其他特性有深刻的影响。土壤微生物活动、有机质的合成与分解、营养元素的转移与释放、微量元素的有效性、土壤保持养分的能力及植物的生长等，都与土壤酸碱度有密切的关系。

(1) 土壤酸碱度产生的原因

① 气候因素。它决定成土过程的淋溶强度。气温高、降雨量大的气候条件，母质及土壤中的盐基成分易于遭受淋失，使土壤逐渐酸化。反之，干旱气候，降雨量远远低于蒸发量，盐基成分积累于土壤及地下水中，使土壤向碱化方向演化。我国从地理位置上讲，酸碱度的分布规律为"南酸北碱"。

② 土壤母质因素。母质的组成、性质对土壤酸碱度具有深刻的影响。如酸性岩石上发育的土壤容易向酸性发展；相反，碱性岩石上发育的土壤容易向碱性发展。

③ 生物因素。生物产生的 CO_2 溶于水对于土壤酸化有重要作用。另外植被不同，残体成分不同，都影响土壤酸碱性。

④ 施肥和灌溉的影响。如：长期施用生理酸性肥料 $(NH_4)_2SO_4$、KCl，会使土壤形成酸化环境；若长期单独施用 $Ca(NO_3)_2$、KNO_3 等生理碱性肥料，会使土壤形成碱性环境。因此，不能长期单独施用生理酸性肥料或生理碱性肥料。

（2）土壤酸碱性的分级（表 7-5）

土壤酸碱性的分级

表 7-5

酸碱度级别	pH 值范围	酸碱度级别	pH 值范围
强酸性	<4.5	弱碱性	7.6～8.0
酸　性	4.6～5.5	碱性	8.1～9.0
弱酸性	5.6～6.5	强碱性	>9.0
中　性	6.6～7.5	—	—

土壤酸碱性的分级是根据土壤浸提液的 pH 值的大小进行分级的。土壤的 pH 值越大，碱性越强；如果土壤的 pH 值越小，则酸性越强。土壤 pH 值的大小不仅取决于土壤溶液中游离的 H^+ 与 OH^- 两种离子浓度的比例，更重要的是取决于土壤胶体上吸附的致酸离子（H^+ 和 Al^{3+}）或致碱离子（Na^+）的数量，也取决于土壤中酸性盐类或碱性盐的存在数量。

2）土壤酸度

土壤酸度一般是指土壤溶液的酸性程度。它是土壤中 H^+ 浓度的表现。H^+ 浓度越大，酸性越强。

在酸度研究中，人们习惯上根据土壤中致酸离子的种类和在土壤中存在部位而分为两种形式：活性酸度和潜性酸度。

① 活性酸度：指土壤溶液中游离的 H^+ 浓度所直接显示的酸度。活性酸度不是一个定值，通常随着土壤中二氧化碳和水的含量的变化而变化，对土壤肥力和植物生长起着直接的作用。

② 潜性酸度：指吸附胶体上的 H^+ 和 Al^{3+} 所引起的酸度。它是土壤酸度的容量指标。一般情况下它不显示出来，只有当被吸附的 H^+ 和 Al^{3+} 被交换到溶液中后才表现出酸性，所以称为潜性酸度。潜性酸度远远大于活性酸度。在测定时根据使用代换盐的种类不同，又可把潜性酸度分为交换性酸度和水解性酸度。

用中性盐溶液浸提土壤，将胶体上吸附的致酸离子代换到土壤溶液中所表现的酸度叫做交换性酸度。

$$[土壤胶体]_{Al^{3+}}^{H^+} + 4KCl \Longleftrightarrow [土壤胶体]4K^+ + AlCl_3 + HCl$$

$$AlCl_3 + 3H_2O \Longleftrightarrow Al(OH)_3 + 3HCl$$

交换性酸度的大小，说明土壤中交换性 H^+ 和 Al^{3+} 的多少，也说明了土壤的成熟程度。交换性铝离子过多，对植物生长有毒害作用。

用弱酸强碱盐的溶液浸提土壤，将胶体上吸附的致酸离子被代换到土壤溶液中所表现的酸度叫做水解性酸度。一般水解性酸度要比交换性酸度大，水解性酸度和交换性酸度都大于活性酸度。

醋酸钠的水解在土壤溶液中有如下变化：醋酸分子基本不解离而氢氧化钠完全分解，土壤胶体中的阳离子与氢氧根离子反应，土壤胶体吸附钠离子。

$$CH_3COONa + H_2O \rightleftharpoons CH_3COOH + NaOH$$

$$[土壤胶体]_{Al^{3+}}^{H^+} + 4NaOH \rightleftharpoons [土壤胶体]4Na^+ + H_2O + Al(OH)_3$$

土壤活性酸是土壤酸度的起点，没有活性酸就没有数量更为巨大的潜性酸，而潜性酸几乎可以决定土壤总酸度。两种酸的转化关系如下：

$$2H^+(活性酸) + [土壤胶体]Ca^{2+} \rightleftharpoons [土壤胶体]2H^+(潜性酸) + Ca^{2+}$$

3）土壤碱度

土壤碱度是指土壤的碱性程度。土壤之所以呈碱性反应主要是因为其溶液中含的一定数量的弱酸强碱盐及土壤胶体表面吸附有碱金属及碱土金属的阳离子。

Na_2CO_3、$NaHCO_3$ 和 $CaCO_3$ 是强碱弱酸盐，极易水解呈碱性反应，使土壤呈强碱性。

$$Na_2CO_3 + 2H_2O \rightarrow 2NaOH + H_2CO_3$$

$$NaHCO_3 + H_2O \rightarrow NaOH + H_2CO_3$$

另外吸附在土壤胶体上的 Na^+，一旦被代换下来，也会使土壤呈碱性。土壤的碱性强弱与土壤中的代换性 Na^+ 密切相关。当土壤中的代换性 Na^+ 占总体代换性离子的 15%（土壤碱化度）以上时，一般土壤 pH 值大于 8.5，呈碱性或强碱性反应。这种土壤常处于不良的物理状态，对园林植物危害极大，腐蚀根系，影响生长。

4）土壤酸碱度对土壤肥力的影响

（1）影响养分的转化和有效性

pH 增大或减小时，土壤中的有些养分变为难溶或不溶，植物的养分供应受到一定的限制。在强碱性的土壤中容易发生 Fe、B、Cu、Mn 和 Zn 等元素的缺乏；在酸性土壤中，常发生 P、K、Ca 和 Mg 等元素的缺乏；在 pH 值过低时，过量的 Al、Fe、Zn 和 Cu 等元素都可能对植物发生毒害。在中性条件下，有机质矿化作用加快，土壤有效氮供应能力较强；在土壤 pH＜5 的土壤中，活性 Fe、Al 及 Ca 与磷酸根结合形成 $FePO_4$、$AlPO_4$ 沉淀的物质，随即造成磷的固定，使磷素失去有效性；中性的条件下土壤磷的有效性最高。

（2）影响土壤物化性质

酸性土壤中 H^+、Al^{3+} 过多。盐基离子的淋失，不利于结构形成；碱土 Na^+ 多达 15%，颗粒高度分散，不利通水透气；Na^+、K^+ 的大量存在也会使土壤结构破坏，土壤调节水、气等的能力也相应下降，必须加以改良。

5）植物对土壤酸碱环境的适应类型

根据植物对土壤酸碱度的反应和要求的不同，把植物划分为不同的生态类型：

（1）酸性土植物。pH 值小于 6.5，酸性土植物在适宜土壤 pH 值范围内生长较好。在酸性土壤中，常见的有：马尾松、柑桔、茶和竹等。

（2）中性土植物。pH 值为 6.5～7.5，大多数园林植物和其他许多植物适宜在中性土壤里生长，为中性土植物。

（3）碱性土植物。在 pH 值大于 7.5 的土壤中生长和分布的植物即为碱性土植物（表 7-6）。

常见树木、花卉主要栽培植物生长的适宜 pH 范围 表 7-6

类别	种类	pH 值范围	类别	种类	pH 值范围	类别	种类	pH 值范围
乔木类	银杏	5.0~5.5	花灌木类	山茶花	5.0~6.0	多年生观叶观花植物	兰科植物	4.0~5.5
	云杉	5.0~6.0		茉莉	5.0~6.0		印度橡皮树	5.5~7.0
	冷杉	5.0~6.0		含笑	5.0~6.0		喜林竽	5.5~6.5
	五针松	5.0~6.0		杜鹃花	4.0~5.5		龟背竹	5.5~6.5
	核桃	6.0~8.0		栀子花	4.0~5.5		菊花	6.0~7.0
	榆树	6.0~8.0		米兰	5.0~6.0		天竺葵	6.0~7.0
	杏	6.0~8.0		桂花	6.0~7.0		秋海棠	5.0~6.0
	白皮松	7.0~8.0		枸杞子	6.0~8.0		仙人掌类	7.0~8.0
	圆柏	7.0~8.0		樱花	5.5~6.5	球根球茎类	唐菖蒲	6.0~8.0
	侧柏	7.0~8.0		海仙花	6.5~7.0		蕃红花	6.0~8.0
	雪松	7.0~8.0		西府海棠	5.0~6.6		大岩桐	5.0~6.5
	柳树	8.0~9.0		紫藤	6.0~8.0		朱顶红	5.0~6.5
	油桐	6.0~8.0		一品红	6.0~7.0		花毛莨	6.0~8.0
	泡桐	6.0~8.0		月季	6.0~7.0		郁金香	6.0~8.0
	刺槐	6.0~8.0		牡丹	6.5~7.0		洋水仙	6.5~7.0
	槐树	6.0~7.0		榆叶梅	6.0~8.0		水仙	6.0~7.5
	毛白杨	6.0~8.0		连翘	6.0~7.0		风信子	6.0~7.5
	广玉兰	5.5~6.0		文母树	5.0~5.5		仙客来	5.5~6.5
	桃、李	6.0~8.0		棕榈植物	5.0~6.5		君子兰	6.0~7.0

6) 土壤酸碱度的改良

（1）土壤酸度改良

酸化土壤的调节是使土壤由酸性变为中性或偏碱性，主要的方法是施用石灰和生理碱性肥料。石灰包括生石灰、熟石灰、石灰石粉，也可增施有机肥等。

（2）碱化土壤的调节

使土壤由碱性变成中性或微酸性。改良的主要方法是施酸性物质，如有机肥、生理酸性肥、硫磺等；施石膏。同时增施有机肥，提高土壤缓冲性。

7.3.3 土壤的缓冲性能

1) 土壤的缓冲性

在自然条件下，土壤 pH 值不因土壤酸碱环境条件的改变而发生剧烈的变化，可以保持在一定的范围内，土壤这种特殊的抵抗能力，称为土壤缓冲性。例如：向土壤中加入一定量的稀酸或稀碱，土壤的 pH 值不会发生什么变化。在植物上表现为适量施肥一般不会烧根。

2) 土壤的缓冲性产生的原因

土壤的胶体具有代换性能；土壤中两性物质的存在；土壤中弱酸、弱碱盐的存在等因素都会增加土壤缓冲性。土壤胶体上吸收的盐基离子越多，则土壤对酸的缓冲能力越强；当吸附的阳离子主要为氢离子时，对碱的缓冲能力强。土壤中的氨基酸、蛋白质等两性物质都具有缓冲能力，氨基酸中氨基可中和土壤中的酸，氨基酸中的羧基可中和碱。有机质多少与土壤缓冲性大小成正相关。

一般来说，土壤缓冲性强弱的顺序是：腐殖质含量多的土壤＞黏土＞沙土，故增加土壤有机质和黏性颗粒，就可增加土壤的缓冲性。

3）土壤缓冲性的意义

使土壤酸碱度保持在一定的范围内，避免因施肥、根的呼吸、微生物活动、有机质分解和湿度的变化而使 pH 值发生强烈变化，为高等植物和微生物提供一个有利的环境条件。

7.4 肥 料

7.4.1 植物体的元素组成和植物生长发育所必需的营养元素

1）植物体的元素组成

植物体是由水分和干物质组成的。水分和干物质的含量因植物的种类、器官和年龄而有所不同，其中水分含量为 75%～95%，干物质含量为 5%～25%。在干物质中有机质占绝大部分，约为干物质重量的 95%，余下的为矿物质，只占干物质重量的 5%。组成有机物的化学元素主要是 C、H、O 和 N，而矿物质则由许多化学元素组成，所含的化学元素有几十种，如 P、K、Ca、Mg、S、Fe、B、Mn、Cu、Zn、Mo、Co、Cl、Na、Si、Al、Hg、F、Br、I 等。

植物体中所含的元素都是植物从周围环境中吸收的。其中，碳和氧主要来源于 CO_2，是植物叶片通过光合作用被吸收的。氢来源于水，是植物根系吸收的水分。而其他营养元素均是植物从土壤环境中吸收的。植物生长发育所必需的营养元素，经研究主要有 C、H、O、N、P、K、Ca、Mg、S、Fe、B、Mn、Cu、Zn、Mo、Co、Cl 共计 16 种元素。根据植物需要量的大小分为三大类：

① 大量元素：碳、氢、氧、氮、磷、钾。

② 中量元素：钙、镁、硫。

③ 微量元素：铁、铜、硼、锌、锰、钼、氯。

2）植物必需营养元素的主要生理作用

（1）氮

氮是蛋白质核酸、叶绿素等有机物质的组成成分，某些维生素中包含氮。氮是构成植物有机体最基本的物质。植物缺氮表现出植株矮小失绿、生长不良；氮素供应过多，叶柔软，易受病虫、恶劣气候条件危害，生长后期徒长甚至倒伏。

（2）磷

磷是核酸、核蛋白、磷脂等的重要成分，是植物代谢过程的调节剂，并参与糖类、含氮化合物、脂肪等代谢，促进花芽分化，增强作物抗旱和抗寒性，改善园林植物产品和质量。作物缺磷，生长矮小，植株呈现紫红或暗绿色，穗小粒少且不饱满。

（3）钾

钾是许多酶的活化剂，促进氮的吸收和蛋白质的合成，增强作物抗旱和抗寒能力，以离子形态被吸收并以离子形态存在。

7.4.2 土壤中植物所需养分的形态与转化

1）土壤中氮的形态及其转化

氮素为"肥料三要素"组成之一。

（1）土壤中氮的形态

土壤中氮素形态包括有机态氮和无机态氮(图 7-8)。

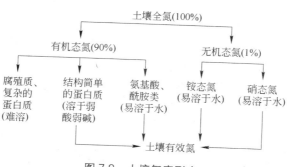

图 7-8 土壤氮素形态

① 土壤有机态氮。在土壤含氮总量中，约有 99% 以上为有机态氮，主要是蛋白质、核酸、氨基酸和腐殖物质四大类。它们须经微生物分解矿化变成无机氮后才能被植物吸收利用。有机氮的矿化作用随季节的变化而变化，并因土壤质地类型不同而有所不同。一年中大约有 3%～5% 的有机态氮能通过矿质化作用转化成为无机态氮，供植物吸收。

② 土壤无机态氮。无机态氮含量一般约为 1%。主要是铵态氮（$NH_4^+ - N$）和硝态氮（$NO_3^- - N$），有时有少量亚硝态氮。$NH_4^+ - N$ 和 $NO_3^- - N$ 是植物可直接吸收利用的有效氮，$NO^2 - N$ 则对植物有毒害作用。

（2）土壤中氮的转化（图 7-9）

通过氮的形态比例可以看出，土壤中的有效氮（也称为水解氮）包括无机态氮和部分有机质中易分解的有机态氮。它是铵态氮、硝态氮、氨基酸、酰胺和水解的蛋白质氮的总和。含量只占全氮量的很少部分，不能满足植物对氮素的需求。

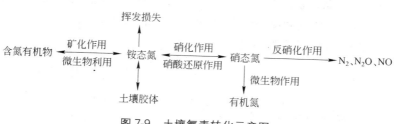

图 7-9 土壤氮素转化示意图

① 氮素有效化：包括氨化和硝化两个过程。

氨化：有机态氮的矿化—氨化过程。复杂的含氮有机化合物在微生物的作用下，降解为简单的氨基酸化合物，再分解成氨（NH₃）的过程。

硝化：氨（NH₃）在亚硝酸细菌和硝酸细菌的作用下，氧化成为硝酸的过程。

② 氮素无效化：包括反硝化作用、氨挥发、铵固定等。

反硝化作用，又称生物脱氮作用，在缺氧条件下，NO_3^- 在反硝化细菌作用下还原为 N_2O 或 N_2 的过程。反硝化引起氮素损失，必须加以注意。

2）土壤中磷的形态及其转化（图 7-10）

（1）土壤中磷的形态

土壤中磷的形态可分两大类：无机态磷和有机态磷。

① 无机态磷：占土壤全磷量的 50%～90%。根据其溶解性和有效性分为三种类型：

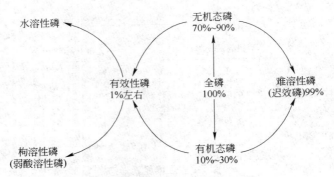

图 7-10　土壤磷素的形态与转化示意图

a. 水溶态磷——是土壤溶液中的磷。$H_2PO_4^-$、HPO_4^{2-}、PO_4^{3-} 三种离子在溶液中相对浓度是随溶液 pH 值而变化的。水溶性磷离子是植物根系可直接吸收利用的磷，但分布于根际区域的土壤多呈酸性，主要吸收 $H_2PO_4^-$ 离子。

b. 吸附态磷——土壤固相表面吸附的磷酸根离子。

c. 矿物态磷——主要存在于土壤矿物中，占土壤中无机态磷含量的 99% 以上。石灰性土壤以磷酸钙盐为主，酸性土壤以磷酸铁盐和磷酸铝盐为主，另外还有被胶膜包被的闭蓄态磷酸盐类。

② 有机态磷：占全部含磷量的 10%～50%，有机磷经矿质化为有效磷以后才能被植物吸收利用。主要有核酸类、磷脂类、植物素(植物酸与钙、镁等离子结合而成)等。

(2) 土壤中磷的转化

磷在土壤中的转化，包括磷的固定和释放两个相反的过程。磷的固定是指水溶性磷在化学、物理化学和生物化学作用下被固定，即磷的有效性降低；磷的释放是指土壤中难溶性磷的释放，即磷的有效性提高。在这两个转化过程中，包括无机磷和有机磷的形态转化。

3) 土壤中钾的形态及其转化(图 7-11)

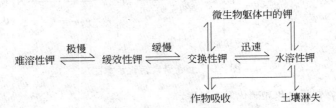

图 7-11　土壤钾的形态与转化示意图

(1) 土壤钾的形态

土壤全钾含量一般在 20g/kg 左右，石灰性土可高达 30g/kg 以上，而红壤、砖红壤则可低于 2g/kg。我国土壤全钾的含量自南向北、自东向西呈逐渐增加的趋势。

① 水溶性钾：为植物当季可直接吸收利用的速效钾，数量很少，只占土壤含钾量的 0.05%～0.15%。

② 缓效钾：包括交换性钾和黏土矿物固定的钾。二者可逐渐转化为植物吸收利用的速效钾。土壤胶体静电吸附的 K^+，与溶液中 K^+ 保持动态平衡，是速效钾来源的主体。

③ 矿物钾：主要指原生矿物钾——结构钾，极难风化，为无效钾。

(2) 土壤钾的转化

土壤钾的转化包括土壤钾的固定和释放两个过程。土壤钾的固定是指土壤中的交换性钾被胶体固定成为非交换性钾，减少速效钾的流失；土壤中钾的释放是指土壤中的矿物态钾转化为缓效钾，以后再逐渐变为水溶性钾，被植物吸收利用。

4）土壤养分的有效性

土壤有效养分是指土壤中那些能被植物根系直接吸收的无机态养分，以及在植物生长期内由有机态养分经过矿化所释放出的无机态养分。具有两个基本要素：

① 养分在形态上，是以离子态为主的矿质养分。如：NH_4^+、NO_3^-、K^+、Na^+、Ca^{2+}、Mg^{2+} 等。

② 养分在的空间的分布位置上，是处于植物根际或生长期内能迁移到根际的养分。

石灰性土壤对磷素有强烈的固定作用，植物表现有缺磷现象。另外磷、钾的移动性与土壤含水量有密切关系，因此，干旱地区也是植物缺磷和钾的原因之一。我国南方酸性土壤经常发生铁、铝富集，也具有普遍的严重缺磷现象。随着生产水平提高和有机肥投入减少，我国北方大面积石灰性土壤上，植物缺钾问题日趋普遍和严重。施用钾肥逐渐成为多种园林植物改善品质和提高产值的必要技术措施。从土壤养分有效性和土壤养分亏缺的状况上看，土壤施肥是必须的。

7.4.3 主要肥料介绍

肥料是提供植物必需营养元素或兼有改变土壤理化性质、提高土壤肥力功能的物质。作为植物"粮食"的肥料是园林生产的重要物质基础。掌握土壤的肥力状况和植物营养的基本规律，进行合理施肥，在园林植物生产与养护中起着十分重要的作用。

肥料按来源与组分的主要性质可分为：无机肥料、有机肥料、微生物肥料和绿肥。

1）无机肥料

按所含营养元素成分可分为：氮肥、磷肥、钾肥、镁肥、硼肥、锌肥和钼肥等。

（1）氮肥

① 铵态氮肥

铵态氮肥是以 NH_4^+ 或 NH_3 的形式存在的氮肥。

a. 铵态氮肥的一般特性

a）易溶于水，肥效快，作物能直接吸收利用。

b）肥料中 NH_4^+ 易被土壤胶体吸附，部分进入黏土矿物的晶格中被固定，不易造成氮素流失。

c）在碱性环境中，氨易挥发损失而失去肥效，尤其是挥发性氮肥本身就易挥发损失，注意采取防控措施。

$$NH_4HCO_3 \rightarrow NH_3 \uparrow + CO_2 \uparrow + H_2O$$

d）在通气良好的土壤中，铵态氮可经过硝化作用转化为硝态氮，易造成氮素的损失。

属于这类的常用肥料有：碳酸氢铵（NH_4HCO_3）、硫酸铵、氯化铵等。

b. 施用

a）深施覆土：施用深度以 7～10cm 为宜，不论在酸性、中性或石灰性土壤上施用，都要覆土，以减少氨的挥发损失。

b）碳铵肥料可作基肥和追肥，但不能作种肥。做基肥时，无论水田或旱地均应在施用后立即覆土。

c）碳铵应选择在低温季节（低于 20℃）或一天中气温较低的早晚施用，以减少挥发，提高肥效。

② 硝态氮肥

硝态氮肥是含有的氮素以 NO_3^+ 形态存在的肥料。

a. 硝态氮肥的一般特性

a）易溶于水，肥效快，作物能直接吸收利用。

b）肥料中 NO_3^+ 不易被土壤胶体吸附，易沿通气孔隙随水流失。

c）在嫌气的环境中会出现反硝化作用，引起氮素损失，而失去肥效。

d）受热易爆。

属于这类的常用肥料有：硝酸钠、硝酸钾、硝酸钙、硝酸铵等。

b. 施用

a）水田应不施硝态氮肥。反硝化作用是水田土壤氮素损失的主要途径，应设法加以控制。

b）施肥应少量多次。NO_3^+ 不易被土壤胶体吸附，易沿通气孔隙随水流失，应少施勤施。

c）不能作基肥和种肥。作基肥会出现反硝化作用失氮；是生理碱性肥，容易影响出苗。

d）不能与有机肥混合施用，防止反硝化作用引起氮素损失。

③ 酰胺态氮肥

酰胺态氮肥是氮素以酰胺基（$-CONH_2$）的形态存在的氮肥，如尿素。

尿素中的氮以酰胺基（$-CONH_2$）的形态存在，属于有机化合物，植物不能直接吸收利用，必须经过尿酶的分解才能发挥肥效，要根据具体气温状况提前施用。

④ 长效氮肥

铵态氮肥、硝态氮肥、酰胺态氮肥都属于速效肥料，施入土壤后一部分被作物吸收，一部分分解或流失，降低了肥料的利用率，也污染环境。自 20 世纪 40 年代以来，世界各国进行了长效氮肥的研究。目前，成功研制的长效氮肥有：合成有机氮肥（如脲甲醛、脲乙醛等）、包膜肥料（如硫衣尿素、缓效无机氮肥、长效碳铵）等。

我国目前已生产出肥料有效期长达 2 个月至 3 年以上的长效氮肥。肥料产品形状各异，肥料有效期也各异。有的产品能持续供应氮素 3～5 年，称为超缓效肥，提供的氮素几乎 100% 有效，并且没有残留，可用于林业生产及城市园林绿化等。中国科学院南京土壤研究所已研制出的包膜肥料，是用硫磺、石蜡、沥青、塑料等材料给水溶性的颗粒肥料穿上外衣，使氮素缓慢释放。其中主要的是硫衣尿素，它能同时提供氮素和硫素。

长效氮肥的特性：在水中溶解度小，肥料中的氮素在土壤中缓慢释放，从而减小氮的挥发、淋失、固定以及反硝化脱氮而引起的氮素损失；肥效稳定，持续时间长，能源源不断地在植物整个生命期供给养分；适用于沙质土壤和多雨地区以及多年生植物；一次大量施用不致引起烧苗；属于储备肥料，节省劳力，提高劳动生产率。

（2）磷肥

包括水溶性磷肥（过磷酸钙[$Ca(H_2PO_4)_2 \cdot H_2O$]、重过磷酸钙[$Ca(H_2PO_4)_2 \cdot H_2O$]）、弱酸溶性磷肥（钙镁磷肥[$Ca_3(PO_4)_2$]、沉淀磷酸钙[Ca_2HPO_4]）、难溶性磷肥（磷矿粉、骨粉）、新型磷肥（复合磷肥、聚磷酸铵）等。

以过磷酸钙为例说明磷的有效利用：无论施在酸性土壤或石灰性土壤上，过磷酸钙中的水溶性磷均易被固定，在土壤中移动性小。据报道，石灰性土壤中，磷的移动一般不超过 1～3cm，绝大部分集中在 0.5cm 范围内；中性和红壤性水稻土中，磷的扩散系数更小。

① 磷肥施用的注意事项

a. 集中或分层施用。磷肥在土壤中易被固定，为减少与土壤的接触面，应施于植物近根区（磷

的移动性小)。

    b. 过磷酸钙可作基肥、种肥和追肥。

    c. 酸性土壤施碱性磷肥(钙镁磷肥)和难溶性磷肥;而碱性土施酸性磷肥(过磷酸钙等)。目的是增加磷的有效性。

    d. 与有机肥配合施用。过磷酸钙与有机肥料混合施用是提高肥效的重要措施,可借助于有机肥中的成分对土壤中氧化物的包被,减少对水溶性磷的化学固定;同时有机肥料在分解过程中产生的有机酸(如草酸、柠檬酸等)能与土壤中的钙、铁、铝等形成稳定的配合物,减少这些离子对磷的化学沉淀,提高磷的有效性。

    ② 提高土壤磷有效性的途径

    a. 酸性土壤施用石灰。施用石灰的目的在于调节其 pH 值至 6.5~6.8,减少土壤对磷的固定。

    b. 增加土壤有机质。腐殖质包被在铁、铝氧化物等胶体表面,减少铁、铝氧化物对磷的吸附。有机质分解产生的 CO_2,使磷酸钙盐碳酸化而增加溶解度,减少磷的固定。

    c. 淹水处理。土壤在淹水的状态下可明显提高磷的有效性。酸性土壤淹水,使土壤环境处于还原状态,pH 值上升促使活性铁、铝氧化物沉淀,减少对磷的固定;使碱性土 pH 值降低,增加磷酸钙盐的溶解度。同时铁被还原,使部分磷酸铁盐活化为有效磷。

    (3) 钾肥

    钾是肥料三要素之一,植物体内含钾量一般占干物质重量的 0.2%~4.1%,仅次于氮。主要增强园林植物抗旱、抗寒、抗盐、抗倒伏、抗病的能力,俗称抗逆营养元素。

    含钾矿物,特别是可溶性钾矿盐是生产钾肥的主要原料,世界上较大的钾矿资源主要分布在加拿大、德国和俄罗斯等地。迄今,我国已探明的钾矿质资源很少,估计为 1 亿 t。为解决我国化学钾肥的不足,除科学用好钾肥外,必须加强有机钾素来源的利用,大力提倡秸秆还田和增施有机肥料。

    ① 前常用的钾肥的种类

    目前常用的钾肥主要有:氯化钾、硫酸钾、窑灰钾、新型钾肥(硫酸钾复合肥、钾镁肥)等。

    ② 钾肥的施用

    a. 氯化钾:为化学中性、生理酸性肥料。大量、单一和长期施用氯化钾会引起土壤酸化,其影响程度与土壤类型有关。酸性土壤应适当配合施用石灰、钙镁磷肥等碱性肥料。氯化钾中含有氯,若施用过量,带入土壤的氯随之增加,对茶树、茉莉等忌氯作物的品质有不良影响,故一般不宜施用。若必须施用时,应控制用量或提早施用,使氯离子随雨水或灌溉水流失。

    氯化钾可作基肥和追肥,宜深施于根系的附近。在分布酸性土壤的地区,应注意配合碱性肥料和有机肥料施用,与磷矿粉混合施用有利于发挥磷矿粉的肥效。

    b. 硫酸钾:也属化学中性、生理酸性肥料,在酸性土壤上,宜与碱性肥料和有机肥料配合施用。但其酸化土壤的能力比氯化钾弱,这与它在土壤中的转化有关。硫酸钾可作基肥、追肥、种肥和根外追肥。

    ③ 新型钾肥:

    a. 硫酸钾复合肥:含有硫、铁、锌、铜、硼等经济植物所需的各种中量和微量元素。由于硫酸根能取代氯离子,弥补了含氯肥料先天的缺陷,特别对忌氯植物改善品质、提高经济产值起了极大的作用。

    b. 钾镁肥:一次转化率稳定在 95% 以上,易溶解、易吸收、使用方便。生产实践中证明,在相

等含钾量的情况下，其性能优于硫酸钾。

④ 钾肥施用的原则

我国是一个钾矿贫乏的国家，不论南方还是北方地区，大部分土壤普遍缺钾，在花卉及树木生产中应该合理、有效、充分地分配和施用钾肥，应遵循以下几个原则：

a. 根据土壤中的供钾能力施用。通过测定土壤速效钾的含量，了解土壤供钾的能力。当土壤中速效钾为 100～130mg/kg 以下时，施钾肥才能得到显著效果。钾肥应首先施用在速效钾含量低的土壤上。

b. 据园林植物的种类施用。不同花卉、树种种类对钾的需求有所不同，要根据具体情况而定。

c. 应与其他肥料配合施用。钾肥能提高氮、磷的利用率，同时氮、磷也能提高钾的利用率。

d. 施肥时应少量多次，分层施用。为了减少流失，在大树上多结合有机肥一起施用，效果更加。

(4) 复合肥

凡是肥料含有氮、磷、钾三要素中两种或两种以上的营养成分的化学肥料称为复合肥。常见的有：磷酸铵、硝酸钾、磷酸二氢钾、腐植酸型复合肥、生物发酵复合肥等。施用时不仅要考虑到肥料本身的特点，还要考虑到同氮、磷、钾单质肥料相似的注意事项，以提高肥效。目前生产上，复合肥料已经广泛地大量使用。

(5) 微量元素肥料

微量元素肥料是指植物需要量很少，但是不可缺少的肥料，如铁、铜、硼、锌、锰、钼。其中园林植物生长过程中，需要较多的微量元素是铁肥和硼肥。土壤中微量元素含量受土壤条件的影响，通常不满足植物需要，所以及时补充。但需要注意的是肥料的使用浓度范围极其狭窄，施用时要慎重。在花卉、林木上可通过施用硫酸亚铁来弥补铁的不足，一般浓度为 0.3%～1%；关于硼素的补充，可用硼砂或硼酸，浓度为 0.1%～0.2%，喷于叶的表面，一般喷两至三次，以提高肥效。花木催花用 400 倍硼酸稀释液，可提高花卉的花蕾数量和质量。

2) 有机肥

有机肥由有机质组成的，现在主要有几种类型：粪尿类、堆沤肥、腐质酸肥料、秸秆等。与化肥相比具有如下特点：养分全面肥效长，活化土壤养分，平衡养分供给；能够改良和培肥土壤，增强土壤缓冲性和改良土壤的物理性质；提高土壤微生物的活性，维持生物多样性；促进园林植物生长，改进品质。有机肥施用时特别要注意进行消毒处理，避免病虫害对园林植物的危害。

3) 微生物肥料

目前是生物固氮菌肥，它是一种有益微生物。按菌种及特性分为：自生固氮菌肥料、根际联合固氮菌肥料、复合固氮菌肥料。

这些生物固氮菌肥是含有益的固氮菌，能在土壤和多种植物的根际中固定空气中的氮气，既能供应植物生长所需的氮素营养的部分需求，又能分泌激素刺激植物生长的活体制品。中国农业部微生物肥料质量监督检验测试中心会同中国农业科学院土壤肥料研究所，对生物固氮菌肥制定了质量化的检验标准。

7.4.4　肥料与植物的关系

1) 园林植物营养临界期和营养最大效率期

园林植物在生长发育过程中，土壤营养元素对植物影响有两个关键时期。一个是植物营养临界期，指某种养分缺乏或过多对植物生长发育影响最敏感的时期。此期，植物对某种养分在绝对数量上的要求不一定多，但因某种养分过多或过少，植物反应敏感，即使以后该养分供应正常，也很难弥补所造成的损失。一般来讲，植物营养临界期发生在植物生长的几个物候期。如：幼苗期、花芽分化期、开花期等几个关键时期。另一个时期是植物营养最大效率期，是指某种营养元素能发挥其最大增加效能的时期。在此时期，植物对这些营养的需求量和吸收量都最多，植物生长也最旺盛。吸收养分的能力最强，如能及时满足植物生长的需要，植物将生长旺盛、枝繁叶茂。

在植物生长过程中，这两个时期是施肥的关键时期，要根据具体情况及时适量地补充植物生长所需要的养分，以保证植物生长的关键时期有充足的养分。但其他时间也应施足肥料，使植物生长的整个生育期，有一个连续的、充足的养分供给。

2) 养分与植物的缺素症状

植物在生长发育过程中，养分不足会导致植物生长不良，并使植物表现出一定的缺素症状。详情见表 7-7。

植物的缺素症状表 表 7-7

营养元素	植物的吸收形态	植物的缺素症状
N	NH_4^+，NO_3^+	植物生长缓慢，植株矮小，分枝少，花穗少，早衰，老叶发黄
P	$H_2PO_4^+$，HPO_4^{2+}	植株矮小，首先老叶片和茎呈现紫红色，缺乏光泽
K	K^+	首先表现为植物下部老叶片的叶尖、叶缘发黄，出现黄色或褐色斑点、条纹，并向叶脉间延伸，易发生根腐病
Ca	Ca^{2+}	表现为茎尖、根尖分生组织腐烂、坏死，叶子变形或失绿，新叶边缘出现发黄以至坏死
Mg	Mg^{2+}	首先表现为植物下部老叶片的叶脉间失绿，呈淡绿色，严重时叶子变黄以至白色
S	SO_4^{2+}	叶片呈淡绿色，严重时叶片变黄、叶脉和茎变红
Fe	Fe^{2+}，Fe^{3+}	新叶细脉淡绿色或白色，根尖直径增大，产生大量根毛
Mn	Mn^{2+}，Mn^{3+}，Mn^{4+}	首先表现为植株新叶的叶肉失绿，叶脉绿色并出现杂色斑点
Zn	Zn^{2+}	首先表现为植株下部老叶的叶脉间失绿，出现白化症，畸形小叶病
Cu	Cu^{2+}	新叶失绿症，老叶坏死，叶柄和叶背出现紫色
Mo	MoO_4^{2+}	植株矮小，老叶片黄色或橙色的斑点，严重时叶缘枯萎
B	H_3BO_3	植株矮小，叶片变脆、变厚，奇形，节间短，出现木质化现象

3) 肥料在园林生产中的意义

肥料在园林绿化中的重要意义，在于它能保证园林植物枝叶繁茂，花多花大，色彩鲜艳。随着工业化城市建设的发展，工业废弃物的排放，生活垃圾、烟尘、污水的扩散，空气被污染，水源、土层被破坏，严重影响植物的生长。提高肥料质量，合理施用肥料，是改善城市环境、植物生长环境及提高园林绿化成果的重要措施。

(1) 肥料能及时供给植物生长所需要的养分

肥料是根据植物生长所需要的养分制成的，而且大多数是植物可吸收的速效养分。植物生长过程中缺乏营养元素时，施用肥料能及时补充植物所需要的营养成分。

(2) 肥料能改善土壤环境

肥料能改善土壤结构、耕性以及土壤 pH 值等，为植物生长创造有利的条件。

(3) 施肥能改善园林植物的品质，提高园林植物的经济效益施肥能使植物枝叶茂盛，开花大而鲜艳美观。

(4) 肥料能提高植物的抗逆性

适宜的施用肥料能提高植物抵抗水浸、干旱、霜冻、病虫害等逆境因素对植物伤害的能力，提高植物的抗逆性。特别是城市园林植物，城市建设改变了植物自然生长条件，植物要有较强的抗逆生长能力。

7.4.5 有效施肥

施肥是园林植物正常栽培管理与养护的一项重要工作。要使园林植物生长良好，达到枝繁叶茂、色泽鲜艳，就必须注意有效施肥。

1) 根据植物种类和肥料性质、肥料类型施肥(表 7-8)

肥料主要成分、性质、养分含量和当年利用率参考值　　　　表 7-8

肥料	养分含量(%)			性质与使用	利用率(%)
	N	P_2O_5	K_2O		
圈肥(猪马牛)	0.5	0.25	0.6	迟效、微碱性、作基肥	20~30
土圈肥	0.2	0.2	0.7	迟效、微碱性、作基肥	10~20
堆肥	0.4~0.5	0.2	0.6	迟效、微碱性、作基肥	20~30
人粪肥	0.6~0.8	0.3	0.25	速效、微碱性、作基肥	30~40
羊圈肥	0.83	0.23	0.67	迟效、微碱性、作基肥	20~30
坑肥	0.1~0.4	0.1~0.2	0.3~0.8	速效、微碱性、追肥	20~30
苜蓿(鲜物)	0.72	0.16	0.45	微酸性、迟效、翻入土中作基肥	20~30
紫穗槐(鲜物)	1.3	0.2	0.75	微酸性、迟效、翻入土中作基肥	20~30
柽柳(鲜物)	0.53		0.1	微酸性、迟效、翻入土中作基肥	20~30
田菁(鲜物)	0.5	0.15	0.18	微酸性、迟效、基肥	20~30
尿素	46			中性、速效、基肥、追肥、根外喷肥	50
过磷酸钙		14~16		酸性、速效、基肥、追肥、种肥、根外喷肥	20~30
钙镁磷肥		9.0~10		迟效、基肥	15~20
氯化钾			50~60	酸性、速效、基肥、追肥、不宜用于烟草	40~50
硫酸铵	20			酸性、速效、基肥、追肥、种肥	60
硝酸铵	34			中性、速效、追肥、种肥	60
碳酸铵	17			碱性、速效、基肥、追肥	30
硝酸钠	15			碱性、速效、追肥、不宜水田施用	40
草木灰		0.93~1.04	2.24~6.41	碱性、速效、基肥、追肥	30~40
磷酸二铵	18	46		弱碱性、速效、基肥、追肥、种肥	30

观叶植物的种植是以赏叶为主要目的的生产过程，特别需要施氮肥，也要与磷、钾肥配合施用。如果氮肥缺乏，叶绿素形成慢，光合作用效能差，叶面就会失去光泽。但是施用氮肥过多，也会引起植株徒长、生长势衰弱，而且也不利于一些斑叶性状的稳定，所以施用氮肥必须适量。

观花植物主要施用磷、钾肥，同时要按配方施肥，保证各种所需养分的合理供应。总之要根据不同的植物种类和不同施肥类型施肥综合考虑，做到经济适用，发挥肥料的最大效能。

2) 施肥的原则与方法

施肥要掌握适时、适当、适量的原则，根据各个植物种类和不同品种的需肥特点，把握施肥时期、施肥次数、施肥量以及施肥方法。

施肥方法除了许多固体肥料需深施覆土外，有些肥料也可用浇施或叶面喷洒。

从施肥时期上看，在冬季或休眠期一般不施肥或少施。一般每2～3个月施一次，即在冬季来临前施用，且以磷钾肥为主，以增强植株冬季抗寒能力。新种植或换盆的一定要等到成活后才能施肥。

7.5　城市绿地土壤及其改良

7.5.1　城市绿地土壤的范围、类型、成因及特点

城市绿化效果的好坏，绿化效益的高低，除了与园林设计、施工等主观因素有关外，很大程度还决定于植物生长的环境因子。城市环境不同于农村，人口集约、输入能量大。城市的绿地土壤与农田土壤、自然土壤的生成条件有很大不同，因而形成了独特的土壤类型。

1）城市绿地土壤的范围

城市绿地土壤就是指生长园林植物的绿化地块的土壤。如公园、街道绿地、单位环境绿地、居民住宅绿地及苗圃等的土壤，都属于城市绿地土壤。这些绿地由于所处区域环境条件不同，土壤类型也有区别。

2）城市绿地土壤的类型

（1）填充土

城市绿地大多属这种土壤，它们主要分布在房屋、道路建设后余下的空地上，或是新建、改建的公园绿地上。原来的田园土壤被翻动，土体中填充进城市建筑的渣料和垃圾。

（2）农田土

如苗圃及城市的部分绿地。这些地区的土壤还保持着农田土的特点。但苗圃地由于带土起苗，再加上枝条、树干、树根全部出圃，有机物质不能归还给土壤，因此土壤肥力逐年下降。

（3）自然土壤

如郊区的自然保护区和风景旅游区，土壤在自然植被等条件的影响下，土壤剖面发育层次明显。

3）影响城市绿地土壤形成的主要因素

从生态学观点看，土壤与环境是一个整体。城市环境会影响城市绿地土壤的组成、性质和肥力状况，城市绿地土壤成土因素同样受人为、气候、地形、生物等的影响。

（1）高密度人口

尤其是大城市，改革开发几十年以来，人口急剧增长，随着城市人口的膨胀，加之房地产火爆，相应而来的是密集的建筑群和道路网，频繁的建筑活动，大规模的道路铺装，使城市绿地土壤形成土源复杂、土层扰动较多并夹杂有大量建筑垃圾的土体。

（2）特殊的城市气候条件

由于城市的热岛效应，一般来说，无论冬天或夏天城市温度都比四周郊区温度高。这种热岛效应尤以冬季夜间最为明显，以北京为例，根据气象资料分析，城市夏季日平均比郊区高2～3℃以上。城区建筑物林立，加之大面积绿化，导致风速比郊区小。由于城区地面铺装物的辐射，植被面积的减少，水气蒸发少，气温升高，因此城区相对湿度比郊区低。城市雨量比郊区多，如北京城区雨量比郊区多15%。

但是由于城区内环境特点与建筑方向不同，形成的小气候差异很大，高楼之间北方街道中午阳光曝晒，而东方却背阴。不同气候条件影响着土壤水、热状况。

(3) 多群落的植被组成

园林植物中有乔木、灌木、花卉、草皮等。不同植物的根系深度不同。植物根系能影响土壤微生物的组成和数量，从而促进或抑制某些生物化学过程。另外，植物残体的有机质组成不同，它的分解方式和产物也不同。一般说，凡含木质及树脂等难分解的成分较高的植物残体，如针叶树的枯枝落叶等，矿化作用比较难，但有利于腐殖化；反之，凡是含糖及蛋白质较高的有机残体，如豆科花卉、草皮等就易于分解，不易于形成腐殖质。

(4) 处于沿海(河)的城市

由于过度抽取地下水等原因而导致地面下沉，地下水位也随之降低，如北京郊区地下水位已降低了几米。地下水位的降低使土壤剖面中下层处于较干旱的状态，影响植物根系向下伸展。

(5) 土壤受污染的危害

排放的废气随重力作用飘落进入土壤，被污染了的水随灌溉进入土壤，如含过量酚、汞、砷、氰、铬的工业废水，如未经净化处理就排放土中，会造成土壤污染。

4) 城市绿地土壤的特点

(1) 自然土壤层次紊乱

由于工业与民用建筑活动频繁，城市绿化地原土层被扰动，表土经常被移走或被底土盖住，土层中常掺入僵土或生土，打乱了原有土壤的自然层次。

(2) 土体中外来侵入体多而且分布深

城市绿地的侵入体是指土体内有过多建筑垃圾，它们的成分复杂。前苏联园艺界研究结果，表明粒径大于 3mm 的碴存在于土壤中，对木本植物生长不仅无害，反而有利。如油松、合欢、元宝枫等树木在掺入大量瓦砖、石块的土壤中生长良好。但若土层中含有过多砖瓦、石块，或者这些砖瓦、石块成层成片地分布在土层里，不仅会影响植树时的挖坑作业，也会妨碍植物扎根，影响土壤的保水、保肥性，使土温变化剧烈，不利于植物正常生长，必须清除掉。

(3) 市政管道等设施多

街道绿地土壤内铺设各种市政设施，如热力、煤气、给水排水等管道或其他地下设施。这些隔断了土壤毛细管通道的整体联系，占据了树木的根系营养面积，影响树木根系的伸展，对树木生长有一定妨碍作用。

(4) 土壤物理性状差

因行人践踏、不合理灌溉等原因，城市绿地土壤表层密度高，土壤被压踏紧实，土壤固、气、液三相比较，固相和液相相对偏高，气相偏低，土壤透气和渗入能力差，树木根系分布浅，受土壤温度变化影响大。从测定公园绿地温度得知，由于游人践踏等原因，绿地原有植被破坏殆尽，赤裸的地温变化剧烈，夏天地表温度极高，影响了树木花卉根系的生长。

(5) 土壤中缺乏有机物质

土壤中的有机物质来源于动植物残体。而城市绿地土壤中的植物残落物，大部分被清除，很少回到土壤中。也就是说，绿地土壤中的有机物质只有被微生物转化和被植物吸收，而没有通过外界施肥等加以补充，致使城市绿地土壤中的有机物质日益枯竭。据北京园林科研所对树下土壤的化验分析结果得知，土壤中的有机质低于 1%。上海园林科研所调查结果，凡保留落叶较好的封闭绿地，

园
林
植
物
环
境

有机质含量能达到 2% 左右；而用"出土"或挖人防工事堆积的土山，有机质仅为 0.7%。土壤中有机质过低，不但土壤养分缺乏，也会使土壤物理性质恶劣。

（6）土壤 pH 值偏高

以北京和上海为例，这两个地区自然土壤为石灰性土壤，pH 值为中性到微碱性，如果城市绿地土壤中夹杂较多石灰墙土，会增加土壤中的石灰性物质。土壤 pH 值偏高也与土壤含盐量增加有关。据研究，油松含盐量应小于 0.18%，松树应小于 2%，pH 值为 6.5~8.0，超过这个数值对树木生长不利。

长期用矿化度很高的地下水灌溉也会使土壤变碱。如北京栽种酸性花卉，使用由南方运来的酸性山泥，由于酸性山泥缓冲作用小，几年后山泥的 pH 值会升高，应加以注意。

7.5.2　城市绿地土壤的改良

1）客土改良和发展人造土壤

在栽培园林植物时，引用山林土壤或农田土壤作为客土掺合，对土壤质地过黏、透气及排水不良的土壤可掺入沙土，可直接改善城市土壤条件，也可用人工生产的有机或无机基质配制成人造土壤进行园林种植。发展并使用人造土壤可以克服城市土壤的缺点，特别适合与容器树木和花卉的种植。目前应重点开发人造土壤的原料，以满足生产人造土壤市场上日益增长的需要。

2）精细整地或换土

城市绿地的侵入体如建筑垃圾过多、成分复杂，在某种程度上影响植物生长。整地时如果土壤中渣砾含量过多，尤其是大的砖头、石块一定要拣出，并掺入一定比例的土壤。若土层中含沥青、玻璃等物质太多，应全部更换为适应植物生长的土壤。

3）植物的残落物归还土壤，熟化土层

土壤与环境中的物质和能量交换是土壤肥力发展的根本原因。将植物的残落物重新归还土壤，通过微生物分解作用，可形成土壤养分，改善土壤物理性状。它不仅使土壤养分增多，还使土壤变得松软，提高了土壤的保水肥及通气性。但是，为了防止林木病虫害再次孳生蔓延，最好先将枯枝落叶等残落物制成高温堆肥，用堆肥产生的高温杀死病菌、虫卵。待堆肥无害化后再施入土中。

4）大力提倡施用有机肥

大量施用有机肥是城市土壤改良的较好方法。多施厩肥、堆肥、腐殖土等有机质含量多的成分，可改良土壤物理性质。

5）土壤基质和改良剂

目前，土壤基质的施用是非常有效的城市土壤改良的方法之一。也可施用土壤结构改良剂，它是指能够将土壤颗粒黏结在一起形成团聚体的物质，包括从植物残体中提取的天然物质和人工合成的高分子物质。可从根本上改善城市土壤的物理特性，协调土壤中水、肥、气、热状况，使土壤肥力大大提高。

6）采取土壤管理措施，间接改善土壤透气性

（1）采用设置围栏等防护措施

城市绿地为避免人踩车轧，可在绿地外围设置铁栏杆、绿篱。实践证明效果较好，如北京的天坛、北海、颐和园等处于闹市中心，行人很多，由于绿地周围设置了栏杆和绿篱加以保护，保持土壤密度为 1.3g/cm³ 左右比较理想。

（2）增加植被面积，采用新型材料进行地面铺装

大街两侧人行道旁的植树带，可用种草或种其他地被植物来代替水泥铺装，利于土壤透气和降水下渗，增加绿地土壤含水量。也可进行透气铺装，如：现在新研发的透气砖，利于透气。在我国许多城市，常用树皮在树木周围铺垫一厚层，不仅能承受人踩的压力，还可保温，对风速小的城市较为适宜。

(3) 采取特殊的通气措施

公园绿地重点保护的古树名木，可采取挖复壮沟并埋置透气物的方法，调节通气性。现在北京的植物园、动物园、天坛等几大公园都采取挖复壮沟的方式，增加土壤透气性。

复习思考题

1. 什么是土壤肥力？

2. 什么是土壤有机质？简述其在土壤肥力中的作用。

3. 什么是土壤的团粒结构，与土壤肥力有什么关系？如何促进团粒结构的形成？

4. 何谓土壤质地？一般分为哪几种类型？各种类型的主要肥力特征是什么？

5. 土壤空气的特点有哪些？如何调节？

6. 土壤水分如何调节？

7. 有机肥施用应注意哪些问题？

8. 配制容器土壤时一般要考虑哪些物理因素？

园林植物环境

第8章 生态系统的基本知识

本章学习要点：

1. 生态系统的结构与特征及生态系统的功能；
2. 生态平衡和生态平衡的调节；
3. 城市生态系统及其特点。

8.1 生态系统的结构与特征

8.1.1 生态系统的概念

生态系统指在一定的空间内生物成分和非生物成分通过物质循环和能量流动相互作用、相互依存而构成的一个生态学功能单位。它把生物及其非生物环境看成是互相影响、彼此依存的统一整体。生态系统不论是自然的还是人工的，都具下列共同特性：①生态系统是生态学上的一个主要结构和功能单位。②生态系统内部具有自我调节能力。其结构越复杂，物种数越多，自我调节能力越强。③能量流动、物质循环是生态系统的两大功能。④生态系统营养级的数目因生产者固定能值所限及能量流动过程中能量的损失，一般不超过 5～6 个。⑤生态系统是一个动态系统，要经历一个从简单到复杂、从不成熟到成熟的发育过程。

8.1.2 生态系统的组成与结构

1）生态系统的组成

生态系统有四个基本组成成分，即非生物环境、生产者、消费者和分解者。

(1) 非生物环境：包括气候因子，如光、温度、湿度、风、雨、雪等；无机物质，如 C、H、O、N、CO_2 及各种无机盐等；有机物质，如蛋白质、碳水化合物、脂类和腐殖质等。

(2) 生产者：主要指绿色植物，也包括蓝绿藻和一些光合细菌，是能利用简单的无机物质制造食物的自养生物。在生态系统中起主导作用。

(3) 消费者：主要指以其他生物为食的各种动物，包括植食动物、肉食动物、杂食动物和寄生动物等。

(4) 分解者：主要是细菌和真菌，也包括某些原生动物和蚯蚓、白蚁、秃鹫等大型腐食性动物。它们分解动植物的残体、粪便和各种复杂的有机化合物，吸收某些分解产物，最终能将有机物分解为简单的无机物，而这些无机物参与物质循环后可被自养生物重新利用。

2）生态系统的结构

生态系统的结构可以从两个方面理解。其一是形态结构，如生物种类、种群数量、种群的空间格局、种群的时间变化以及群落的垂直和水平结构等。形态结构与植物群落的结构特征相一致，外加土壤、大气中非生物成分以及消费者、分解者的形态结构。其二为营养结构，是以营养为纽带，把生物和非生物紧密结合起来的功能单位。构成以生产者、消费者和分解者为中心的三大功能类群，它们与环境之间发生密切的物质循环和能量流动。

8.1.3 生态系统的类型划分

自然界的生态系统大小不一、多种多样。小如一滴湖水、培养着细菌的平皿、小沟、小池、花丛、草地，大至湖泊、海洋、森林、草原以至包罗地球上一切生态系统的生物圈。按非生物成分和特征分类，则有水域生态系统和陆地生态系统。主要的生态系统类型有：湿地生态系统、海洋生态系统等、荒漠生态系统、草原生态系统、森林生态系统等。此外，按人类活动及其影响程度又可分为自然生态系统(如极地、原始森林)、半人工生态系统(如农田、薪炭林、养殖湖)以及人工生态系统(如城市、工厂、矿区)。

8.2　生态系统的功能

生态系统的功能主要表现为生物生产、能量流动、物质循环和信息传递,它们是通过生态系统的核心部分——生物群落来实现的。

8.2.1　生态系统的生物生产

生态系统中某一营养级在单位时间内所产生的有机物总量称为总生产量。总生产量减去由呼吸作用而消耗的有机物的重量称为净生产量。绿色植物(生产者)的生产量为初级生产量,其他营养级(消费者、分解者)的生产量则是二级或三级生产量。目前研究得比较充分的是初级生产量。各种生态系统的初级生产量举例如下:公海和沙漠生态系统的生产量最低,每昼夜约为 $0.1\sim0.3g/m^2$;高山、海洋和深湖泊生态系统的生产量约为每昼夜 $0.5\sim3g/m^2$;森林、浅湖泊和灌溉农田生态系统的平均生产量每昼夜约为 $3\sim10g/m^2$;河口海湾、冲积平原的植物区系和集约程度高的农田(如甘蔗田)生态系统的生产量最高,每昼夜约为 $10\sim20g/m^2$。生态系统的生产量取决于太阳能的强度,水和营养物质的存在量,气候条件以及生态系统利用现有物质的能力等因素。施肥、灌溉、耕作等虽能增加生产量,但如果采取的措施超过了生态系统的负荷能力,也会带来污染或破坏物质循环而引起不良后果。

8.2.2　生态系统的能量流动

生态系统的结构具有实现生态系统的能量流动和物质循环的功能。每个生态系统都有自己的结构以及相应的能量流动和物质循环的方式和途径。地球上无数的生态系统的能量流动和物质循环汇合而成生物圈总的能量流动和物质循环。整个自然界就是在这能量流动和物质循环的过程中不断地变化和发展。

生物有机体进行代谢、生长和繁殖都需要能量;一切生物所需要的能源归根到底都来自太阳能。太阳能通过植物的光合作用进入生态系统,将简单的无机物(二氧化碳和水)转变成复杂的有机物(如葡萄糖),即转化为贮存于有机物分子中的化学能。这种化学能以食物的形式沿着生态系统的食物链的各个环节,也就是在各个营养级中依次流动。在流动过程中有一部分能量要被生物的呼吸作用消耗掉,这种消耗是以热能形式散失的;还有一部分能量则作为不能被利用的废物浪费掉。所以处于较高的各个营养级中的生物所能利用的能量是逐级减少的。可见,生态系统中的能量流动是单方向的,是不能一成不变地被反复循环利用的。一般来说,食物的化学能在各个营养级流动时,其有效率仅为 10% 左右。生态系统能量流动的单向性可用生态金字塔的图示表示(图 8-1)。

生态金字塔有能量金字塔、数量金字塔、生物量金字塔三种类型。能量金字塔表示各个营养级之间能量的配置关系。食物链和食物网的金字塔,是由生态系统中能量流动的客观规律决定的。生态系统中的能量流动沿着营养级逐级上升,能量越来越少,这就造成前一个营养级的能量只够满足后一个营养极少数生物的需要。一般来说,每一级生物的能量仅有 10% 左右转移到下一级生物。由于能量递减,生物的个体数目也急剧减少。如果在一个池塘里,要有 500kg 浮游植物才能维持 50kg 浮游动物的生活,这 50kg 浮游动物才够 5kg 鱼的食料,而这 5kg 鱼只能使 18 岁的青年人增加 0.5kg 体重(图 8-2)。

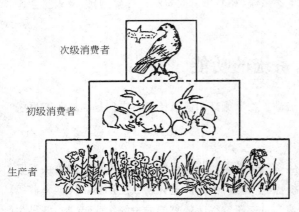
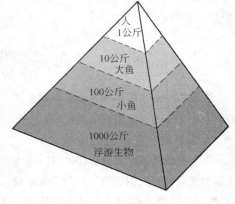

图 8-1　生态金字塔　　　　　　　　　　　　图 8-2　能量金字塔

又如，老虎以羊和鹿为食物，羊、鹿以草为食物，能量则沿着"草→羊和鹿→老虎"这一食物链很快减少，可供老虎的食物能量不多，老虎的数量也就不多，在有限的生存环境条件中不可能供养许多位于能量金字塔顶端的老虎。

无论是从生物量看，还是从能量来看，或者从生物的个体数目来看，它们都呈金字塔形递减。这是生态系统营养结构的特点。

8.2.3　生态系统的物质循环

生物有机体约由 40 多种化学元素组成，其中最主要的是碳、氮、氢、氧、磷、硫。它们均来自生态环境，构成生态系统中的生物个体和生物群落，并经由生产者、消费者、分解者和生态环境，使这些营养元素从生态环境到生物有机体内，再返回到生态环境中去，依此在生物圈内运转不息。尽管它们的总量是恒定的，但却时刻处于运动和变化之中，构成不同元素的循环途径。由于这种循环带有全球性，通常被称为"生物地球化学循环"。

碳、氢、氧、氮、磷、硫是构成生命有机体的主要物质，约占原生质成分的 97%，也是自然界中的主要元素。因此，这些物质的循环是生态系统基本的物质循环。目前研究较多的是水、碳、氮、氧、磷以及其他营养元素等最基本的物质循环。

1）水循环

水由氢、氧元素组成，化学式 H_2O，是生命过程中氢的主要来源，一切生命有机体大部分是由水作为组成成分的。水又是生态系统中能量流动与物质循环的介质，对调节气候和净化环境起着重要作用。地球表面约 3/4 被水覆盖，在冰川、海洋、冰山、湖泊、河流、大气和生物体中约含 14 亿 km^3 的水。

海洋、湖泊、河流和地表水不断蒸发，形成水蒸气进入大气。被植物吸收到体内的大部分水，通过叶表面的蒸腾作用进入大气。大气中的水蒸气遇冷，形成雨、雪、冰雹，重新返回地面。这部分水中的一部分流入湖泊、河流，另一部分则渗入地下，形成地下水，有些再被植物吸收。除此而外，动物也从其生存环境取得一定量的水，其中一部分成为身体组成成分，大部分通过身体表面蒸发或排泄到体外，再蒸发释放到其生存环境中，由此形成水循环。

水循环一般包括四个阶段：蒸发、水汽输送、降水、径流。在有些情况下水循环可能没有径流这一过程，如海洋中水分在上升过程中，遇冷凝结又降落到海洋之中（图 8-3）。

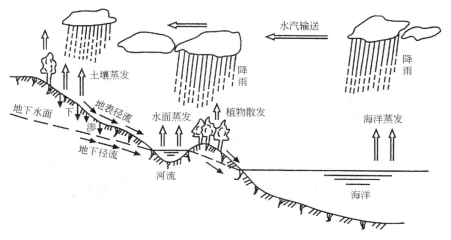

图 8-3 水分循环示意图

水循环可以分为大循环和小循环。

(1) 大循环：由海洋上蒸发的水汽，被气流带到陆地上空，在一定的大气条件下降落到地面，降落到地面的水分有一部分以径流的形式汇入江河，重新回到海洋，这种海洋与大陆之间的水分交换过程叫大循环。

(2) 小循环：陆地上的水在没有回到海洋之前，又蒸发到空气中，或从海洋上蒸发的水汽在空气中凝结以降水的形式回到海洋中，这种局部的水循环称为小循环。

水的大循环与小循环实际上是不能截然分开的，是互相联系的，小循环往往包含在大循环内部。水循环总的趋势是海洋向陆地输送水汽，而陆地又让一部分径流流回大海。在水的循环过程中，地球上的大气圈、水圈和岩石圈之间，通过蒸发、降水、下渗也在进行中水的交换。

2) 碳循环

碳是构成有机分子的基本元素，是一切生物的物质组成的基础，也是构成地壳岩石及煤和石油的主要成分。据测算，碳约占生活物质总量的 25%。大气中的二氧化碳约为 7000 亿 t，且还有继续增加的趋势。在地球表层碳的贮藏量约为 216 亿 t。

碳循环主要是通过二氧化碳来进行的。在生物圈中，二氧化碳的循环主要是通过绿色植物(生产者)在光合作用中固定大气中的二氧化碳，被绿色植物固定的碳以有机物的形式供消费者利用。生产者和消费者通过呼吸而释放回大气中。动物(消费者)或植物(生产者)死亡后，机体组织被微生物(分解者)所分解，其中的碳被氧化为二氧化碳而放回到大气中。

煤和石油是动植物残体长期埋藏在地层中，形成化石燃料，经燃烧其中的碳氧化成二氧化碳释放到大气中。碳循环见图 8-4。

从碳的循环可以看出，空气中的二氧化碳主要来自以下几方面：①生物呼吸时呼出大量的二氧化碳；②生物死后残体被微生物分解，产生二氧化碳；③化石燃料燃烧放出二氧化碳。从数量上讲，大部分的碳是通过微生物分解有机质放出碳，而返回大气中的。而通过煤、石油、木材等物质燃烧和生物的呼吸而返回到大气中的二氧化碳只占一小部分。

3) 氮循环

氮是形成蛋白质的主要元素，所有生物体均含有蛋白质。所以说，氮的循环涉及生态系统及生

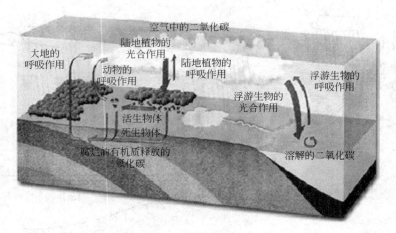

空气中的二氧化碳

陆地植物的光合作用

陆地植物的呼吸作用

大地的呼吸作用

动物的呼吸作用

浮游生物的呼吸作用

浮游生物的光合作用

活生物体死生物体

腐烂的有机质释放的二氧化碳

溶解的二氧化碳

图 8-4　碳循环

物圈的所有领域。

　　大气中氮气占 78%，但由于它是一种化学性质不活泼的气体，不能为大多数生物所利用。大气中的氮进入生物有机体主要有以下几种途径。一是生物固氮，某些特殊的生物，如豆科植物、细菌和藻类，它们能够直接利用大气中的氮。豆科植物根部的根瘤菌，能把空气中的氮转变成硝酸盐。生物固定的氮比其他过程固定的多 20 倍以上。其次是工业固氮，通过工业手段，将大气中的氮合成氨或铵盐，即合成氮肥，供植物利用。此外，火山喷发时喷出的岩浆，可以固定一部分氮气。雷雨天气时的闪电，可使大气中的氮氧化，生成硝酸盐，经雨水淋洗带入土壤，成为植物的养料被植物吸收，在植物体内再与复杂的含碳分子结合生成各种氨基酸，由氨基酸构成蛋白质。动物直接或间接以植物为食，从植物体中摄取蛋白质，作为自身蛋白质的来源。动植物死后，残体中的蛋白质被微生物分解成氮、二氧化碳和水。土壤中的氮经硝化过程形成硝酸盐，又被植物吸收。

　　此外，在环境中还有多种反硝化细菌。在无氧条件下，这些反硝化细菌利用硝酸根(NO_3^-)或亚硝酸根离子(NO_2^-)来氧化有机物。硝酸盐通过反硝化细菌的作用，使氮返回大气之中，从而完成了氮的循环。

　　近年来，随着人工固氮(制造化肥)的大量增加，大量化肥施用于土壤中，加速了生产者的活动，从而使氮循环的量加大。

4) 磷循环

　　磷也是蛋白质的组成元素之一，没有磷同样不能形成蛋白质。

　　磷的主要来源是磷酸盐岩矿，例如磷酸钙 $Ca_3(PO_4)_2$、磷灰石 $Ca_5(PO_4)_3F$、鸟粪层和动物化石。在植物体中主要含于种子的蛋白质中，在动物体中则含于脑、血液及神经组织的蛋白质中，骨骼中也含有磷。

　　自然界中含磷的矿石或矿床通过天然侵蚀或人工开采，把磷释放出来进入水域或食物链，主要流程是岩石圈→水圈→生物圈。经短期循环后，最终大部分进入海洋。海洋中的磷一般不能再回到陆地上来，这些磷形成深海沉积层。直到经过地质时期的活动才又提升上来。由于磷酸盐不具有挥发性，所以不能进入大气中。

　　土壤中的磷，一部分被植物吸收，参与蛋白质和核酸的组成而转化为有机态。动植物的残体腐烂后，一部分磷进入细菌体内，另一部分又被分解成磷酸盐恢复为无机态，再被植物利用或被流水冲入湖泊或海洋(图 8-5)。

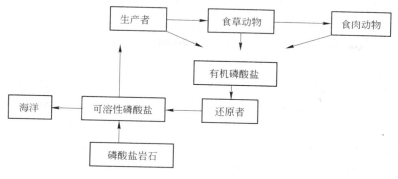

图 8-5　磷循环

在海水和淡水生态系统中存在着无机态磷、溶解的有机磷等。前者很容易被浮游植物吸收进入食物链，这样磷的循环大部分是单方向流动过程，成为一种不可更新的资源。其中只有很小一部分，例如被人或动物摄取返回到陆地上，但这是很有限的。

此外，人们在研究生态系统中的能量流动和物质循环时，发现在生态系统的各组成部分之间及各组成部分内部，存在着各种形式的信息。生态系统中的信息形式主要有营养信息、化学信息、物理信息和行为信息。食物链(网)即是一个营养信息系统，例如田鼠成为猫头鹰的营养信息，田鼠多，猫头鹰也多；又如蚂蚁可以通过分泌某种物质，使自己的同伴跟随；再如燕子求偶时，雄燕会围绕雌燕在空中做出特殊的飞行姿势等。

人们对信息传递的研究刚刚起步，由于信息传递对种群和生态系统调节具有重要意义，人们需逐步探索，以期待解开这些自然界的"对话"之谜。

8.2.4　生态系统中的信息传递

生态系统中的各个组成成分相互联系成为一个统一体，它们之间的联系除了能量流动和物质交换之外，还有一种非常重要的联系，那就是信息传递。生物之间交流的信息是生态系统中的重要内容，通过它可以把同一物种之间以及不同物种之间的"意愿"传达给对方，从而在客观上达到自己的目的。其主要方式有以下几种。

(1) 物理信息

物理信息包括声、光、颜色等。这些物理信息往往起到了吸引异性、种间识别、威吓和警告等作用。比如，毒蜂身上斑斓的花纹、猛兽的吼叫都起到了警告、威胁的意思；萤火虫通过闪光来识别同伴；红三叶草花的色彩和形状就是传递给当地土蜂和其他昆虫的信息。

(2) 化学信息

生物依靠自身代谢产生的化学物质，如酶、生长素、性诱激素等来传递信息。非洲草原上的豺用小便划出自己的领地范围，正是小便中独有的气味警告同类："小心，别进来，这是我的地盘。"许多动物平常都是分散居住，在繁殖期依靠雌性动物身上发出的特别气息——性诱激素聚集到一起繁殖后代。值得一提的是有些"肉食性"植物也是这样，如生长在我国南方的猪笼草就是利用叶子中脉顶端的"罐子"分泌蜜汁，来引诱昆虫进行捕食的。

(3) 营养信息

食物和养分的供应状况也是一种信息。老鹰以田鼠为食，田鼠多的地方能够吸引饥饿的老鹰前来捕食。再如，加拿大哈德逊是一家历史悠久的大皮毛公司，由于地理位置关系，他们收购的多是亚寒带针叶林中动物的皮毛。该公司历年收购皮毛的种类和数量说明了猞猁与雪兔是食物链中上下级的关系；当雪兔数量减少时，这种营养缺乏状况就会直接影响到猞猁的生存；猞猁数量的减少，也就是雪兔的天敌减少，又促进了雪兔数量的回升……循环往复就形成了周期性数量的变化。

(4) 行为信息

行为信息是动物为了表达识别、威吓、挑战和传递情况，采用特有的动作行为表达的信息。比如草原中有一种鸟，当雄鸟发现危险时就会急速起飞，并扇动两翼，给在孵卵的雌鸟发出逃避的信息；蜜蜂可用独特的"舞蹈动作"将食物的位置、路线等信息传递给同伴等。

生态系统的信息传递在沟通生物群落与其生活环境之间、生物群落内各种群生物之间的关系上有重要意义。生态系统的信息包括营养信息、化学信息、物理信息和行为信息。这些信息最终都是经由基因和酶的作用并以激素和神经系统为中介体现出来的。它们对生态系统的调节具有重要作用。

8.3 生 态 平 衡

8.3.1 生态平衡的概念

生态平衡指一个生态系统在特定的时间内的状态。在这种状态下。其结构和功能相对稳定，物质与能量输入输出接近平衡，在外来干扰下，通过自然调节(或人为调控)能恢复原初的稳定状态。生态平衡概念包括两方面的含义：①生态平衡是生态系统长期进化所形成的一种动态平衡，它是建立在各种成分结构的运动特性及其相互关系的基础上的；②生态平衡反映了生态系统内生物与生物、生物与环境之间的相互关系所表现出来的稳态特征，一个地区的生态平衡是该生态系统结构和功能统一的体现。

8.3.2 生态平衡和失调的基本特征

1) 生态平衡的最明显表现就是系统中的物种数量和种群规模相对平稳

当然，生态平衡是一种动态平衡，即它的各项指标，如生产量、生物的种类和数量，都不是固定在某一水平，而是在某个范围内来回变化。这同时也表明生态系统具有自我调节和维持平衡状态的能力。当生态系统的某个要素出现功能异常时，其产生的影响就会被系统作出的调节所抵消。生态系统的能量流和物质循环以多种渠道进行着，如果某一渠道受阻，其他渠道就会发挥补偿作用。对污染物的入侵，生态系统表现出一定的自净能力，也是系统调节的结果。生态系统的结构越复杂，能量流和物质循环的途径越多，其调节能力或者抵抗外力影响的能力就越强；反之，结构越简单，生态系统维持平衡的能力就越弱。

生态系统会在短时间内发生结构上的变化。比如一些物种的种群规模发生剧烈变化，另一些物种则可能消失，也可能产生新的物种。但变化总的结果往往是不利的，它削弱了生态系统的调节能力。这种超限度的影响对生态系统造成的破坏是长远性的，生态系统重新回到和原来相当的状态往往需要很长的时间，甚至造成不可逆转的改变，这就是生态平衡的破坏。作为生物圈一分子的人类，对生态环境的影响力目前已经超过自然力量，而且主要是负面影响，成为破坏生态平衡的主要因素。人类对生物圈的破坏性影响主要表现在三个方面：一是大规模地把自然生态系统转变为人工生态系统，严重干扰和损害了生物圈的正常运转，农业开发和城市化是这种影响的典型代表；二是大量取用生物圈中的各种资源，包括生物的和非生物的，严重破坏了生态平衡，森林砍伐、水资源过度利用是其典型例子；三是向生物圈中超量输入人类活动所产生的产品和废物，严重污染和毒害了生物圈的物理环境和生物组分及人类自己，化肥、杀虫剂、除草剂、工业三废和城市三废是其代表。

2）生态平衡的失调和破坏

当外来干扰超越了生态系统的自我调节能力，而不能恢复到原初状态的现象称为生态失调，或生态平衡的破坏。发生的原因如下：

（1）生物种类成分的改变。在生态系统中引进一个新种或某个主要成分的突然消失都可能给整个生态系统造成巨大影响。如据估计，生物圈内每消失一种植物，将引起 20～30 种依赖于这种植物生存的动物随之消失。

（2）森林和环境的破坏。森林和植被是初级生产的承担者，森林、植被的破坏，不仅减少了固定太阳辐射的总能量，也必将引起异养生物的大量死亡。

（3）环境破坏如不合理的资源利用、水土流失、气候干燥、水源枯涸等，都会使生态系统失调，生态平衡遭到破坏。

3）解决生态平衡失调的对策

生态平衡失调最终给人类带来不利的后果，失调越严重，人类的损失也越大。因此，时刻关注生态系统的表现、尽早发现失调的信号、及时扭转不利的情况至关重要。同时，以生态学原理为指导保护生态系统，预防生态失调，则可事半功倍。

（1）自觉地调和人与自然的矛盾，以协调代替对立，实行利用和保护兼顾的策略。其原则是：①收获量要小于净生产量；②保护生态系统自身的调节机制；③用养结合；④实施生物能源的多级利用。

（2）积极提高生态系统的抗干扰能力，建设高产、稳产的人工生态系统。

（3）注意政府的干预和政策的调节。

生态系统具有自动调节恢复、稳定生态的能力。系统的组成成分愈多样，能量流动和物质循环的途径愈复杂，这种调节能力就愈强；反之，成分愈单调，结构愈简单，则调节能力就愈小。然而这种调节能力也有一定的幅度，超过这个幅度就不再能起调节作用，从而使生态系统遭到破坏。

8.4　城市生态系统

城市生态系统是城市居民与其周围环境组成的一种特殊的人工生态系统，是人们创造的自然—经济—社会复合系统。严格地讲，城市只是人口集中居住的地方，是当地自然环境的一部分，它本身并不是一个完整的、自我稳定的生态系统。但按照现代生态学的观点，城市也具有自然生态系统的某些特征，尽管生命系统组分的比例和作用发生了很大变化，但系统内仍有植物和动物，生态系统的功能基本上得以正常进行，也还与周围的自然生态系统发生着各种联系。另一方面，应该看到城市生态系统确实已发生了本质变化，具有不同于自然生态系统的突出特点。

（1）人是城市生态系统的核心

城市生态系统与自然生态系统中以绿色植物为中心的情况截然不同，使自然生态系统营养关系形成的生态金字塔呈现出倒置的情况（图8-6）。这种倒金字塔形式，是不稳定的系统。这表明城市生态系统的维持完全依赖于城

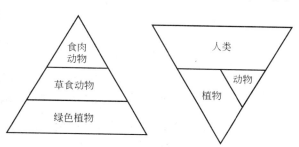

图8-6　自然生态系统与城市生态系统比较

市以外的其他系统。城市生态系统主要由两部分组成：自然生态亚系统和社会经济生态亚系统。自然生态亚系统包括生物部分(植物、动物、微生物)和非生物部分(能源、生活和生产所需的各种物质)；社会经济亚系统中，生物部分主要是人，非生物部分包括工业技术和技术构筑物等。

(2) 系统能量、物流量巨大，密度高且周转快

城市生态系统的能流和物质流强度是自然生态系统无可比拟的。有人曾对发达国家100万人口的城市进行过统计，其结果见表8-1。由此可见，城市是一个巨大的开放系统，它的输入和输出，对周围其他生态系统产生着很大的影响。

百万人口的城市生态系统的代谢　　　　　　　　　　　　　　表 8-1

物质	输入(t/d)	输出(t/d)	物质	输入(t/d)	输出(t/d)
水	625000	废水 500000	煤	3000	SO_2 150
食品	2000	固体废物 2000	油	2800	NO_x 150
燃料		颗粒尘埃 150	气	3700	CO 450

(引自 Abel Wolman, 1965)

(3) 食物链简化，系统自我调节能力小

在城市生态系统中，以人为主体的食物链常常只有二级或三级，即植物—人或植物—食草动物—人。而且作为生产者的植物，绝大多数都是来自周围其他系统，系统内初级生产者绿色植物的地位和作用已完全不同于自然生态系统。与自然生态系统相比，城市生态系统由于物种多样性的减少，能量流动和物质循环的方式、途径都发生了改变，使系统具有很大的依赖性。系统本身自我调节能力很小，而其稳定性主要取决于社会经济亚系统的调控能力和水平。

8.4.1　城市生态系统的组成结构(图8-7)。

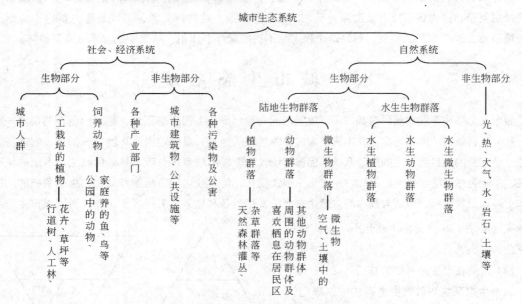

图 8-7　城市生态系统的组成结构

8.4.2　城市生态系统的基本功能

1) 城市生态系统的生产功能

城市生态系统的生产功能是指城市生态系统能够利用城市内外系统提供的物质和能量等资源生

产出产品的能力，它包括生物生产与非生物生产两部分。

(1) 生物生产　生物能通过光合作用吸收无机物，固定太阳能生产有机物，通过新陈代谢与周围环境进行物质和能量交换，并完成其生长，发育和繁殖过程。城市生态系统的生物生产功能是指城市生态系统所具有的，包括人类在内的各类生物交换、生长、发育和繁殖过程。

(2) 非生物生产　城市生态系统的非生物生产是人类生态系统特有的生产功能，是指其具有创造物质与精神财富，以满足人们物质消费与精神需求的性质。城市生态系统的非生物生产也有物质生产和非物质生产两大类。

2) 物质流动

城市生态系统的物质流可分为自然推动的物质流和人工推动的物质流。前者可统称资源流；后者即交通运输。城市生态系统的物质流包括人口流、劳力流、智力流、价值流、货物流、资源流。

3) 能量流动

城市生态系统的能量流动是指能源在满足城市多种功能过程中，在城市生态系统内外的传递流通和耗散过程，主要在非生物间进行。

8.4.3　城市生态系统存在的问题

1) 自然生态环境遭到破坏

城市化的发展不可避免地在一定程度上影响了自然生态环境。一方面，城市化确实使人类为自身创造了方便、舒适的生活条件，满足了自己的生存、享受和发展上的需要；另一方面城市化使自然生态环境绝对面积减少并使之在很大区域内发生了质的变化和消失，这种变化对城市居民起着更为本质的作用。自然生态的破坏引发了一系列城市环境问题，如热岛效应、生活方式的改变等。

另外，人类在享受现代文明的同时，却抑制了绿色植物、动物和其他生物的生存发展，改变着它们之间长期形成的相互关系。人类将自己圈在了自身创造的人工化的城市里，而与自然生态环境隔离开来。

2) 城市土地占用和土壤变化

(1) 城市占用土地不断扩大

城市占用土地从比例上看并不算大，全世界城市占地不到 1%，其中欧洲达到 3%，美国和加拿大占 0.8%，亚洲、拉丁美洲以及前苏联、东欧国家均在 0.4% 左右，非洲和大洋洲只占 0.2%。但是随着各国城市区域的扩大，所占面积越来越大，增加速度也日益加快。特别是发展中国家，近些年来，城市面积增大很快。人口的急剧增加，住房、交通、工业园区和其他基本建设都要占用宝贵的土地资源，目前全国每年有约 50 万 hm^2 耕地被三项建设(国家建设、乡镇建设和农民建房)占用。北京市 1949 年耕地面积 53.1 万 hm^2，到 1987 年减少到 41.9 万 hm^2，减少近 1/5。

(2) 城市的土壤变化

① 地下水位下降与地面沉降

城市建筑物密度增大和大规模排水系统以及其他地下建筑的增加，阻止了雨水向土壤中渗透，使地下水位下降。另外，人们过量抽取地下水，也加剧了城市地下水位的下降。随着地下水位的大幅度下降，不仅使抽水地区的地面作垂直方向的沉降，而且沉降范围也向四周地区扩展，出现了地下水"漏斗"。这一切，会导致房屋破坏、地下管线扭折破裂而发生漏水、漏电、漏气等事故，对城市生活有着很大的影响。

② 城市废物污染

工业城市中的垃圾不仅无法全部用以增加土地的肥力，而且成为城市及社会的一大问题。我国历年垃圾的堆存量已高达64.6亿t，占地5.6万hm²，有200多座城市陷入垃圾包围之中。我国城市垃圾的无害化处理率仅为2.3%，97%以上的城市生活垃圾只能运往城郊长年露天堆放。在我国的垃圾中，有机物占36%，无机物占56%，其他占8%，其中无机物的主要成份是煤灰和残土。在垃圾中危害最大是要数"白色垃圾"，这类垃圾很难自然分解，会进一步造成地下水和空气的污染。

3) 城市气候变化和大气污染

城市大气环境质量直接关系到城市居民的身体健康和生产能力的发挥。由于城市人口密集、工业和交通发达，从而消耗了大量的石化燃料，并产生了烟尘和各种有害气体，以至于城市内污染源过于集中，污染量大而复杂，加上特殊的城市气候，往往造成城市大气环境的污染状况更为复杂和严重。

(1) 城市气候变化

城市中除了大气环流、地理经纬度、大的地形地貌等自然条件基本不变外，城市气候在气温、湿度、云雾状况、降水量、风速等方面都发生了变化。城市的气候现象对于城市大气污染物质的扩散规律及污染物质间的复合作用都有一定影响。

① 城市热岛效应

产生城市热岛效应的主要原因：耗能散热量大；下垫面吸热导热好、保水性差；风速小、热量不易扩散。

② 城市风

城市风是指在大范围环流微弱时，由于城市热岛而引起的城市与郊区之间的大气环流：空气在城区上升，在郊区下沉，而四周较冷的空气又流向市区，在城市和郊区之间形成一个小型的局地环流。由于城市风的存在，城区的污染物随热空气上升，往往在城市上空笼罩着一层烟尘等形成的穹形尘盖，使上升的气流受阻，污染物不易扩散，所以上升的气流转向水平运动，到了郊区下沉，下沉气流又流向城市的中心。如果城市的四周有工厂，这时工厂排出的污染物一并集中到城市的中心，致使城市的空气更加混浊。所以城市风在某种情况下能加重市区的大气污染。

(2) 城市大气污染

城市特殊的气候条件和人类活动造成城市大气极易出现污染的情况。城市污染在污染源、污染物等方面有其特有性质。

① 城市大气污染源

城市大气污染源按污染物的排放方式可分为点源、线源和面源三种：

a. 点源：指工业和民用集中供热锅炉烟囱及各种工业的集中排气装置。

b. 线源：主要指机动车密集的交通干线及两侧，由于车辆行驶排出的废气形成的污染现象。

c. 面源：指城市内居民生活用的散烧炉灶和分散的工业排气装置。

② 城市大气污染物

城市大气污染物主要由工业生产、交通运输和生活能源利用所产生，主要有烟尘、SO_2、NO_x、HC、CO等。由于城市大气污染源繁杂而密集，所排出的污染物质相互影响、相互作用的可能性很大，容易产生多种有害污染物的协同作用和二次污染物的反应。

我国城市空气质量总体上仍处于较重的污染水平，燃煤是形成城市大气污染的主要原因，主要污染物为灰尘和二氧化硫。城市大气污染冬、春季较重，夏、秋季较轻。北方城市烟尘污染较重，南方城市二氧化硫污染较重。总体上看，北方城市重于南方城市。部分大、中城市出现煤烟与机动车尾气混合型污染，一些城市颗粒物污染问题突出。

2002年全国城市空气质量恶化的趋势得到遏制，但污染程度仍很严重。据CCTV报道，在全国471个城市中，有209个城市的空气质量达到国家二级标准，占统计城市的44.4%。空气中二氧化硫平均浓度和总悬浮颗粒物浓度与2001年相比均有所下降。其中，天津、秦皇岛、石家庄、兰州、乌鲁木齐、太原、西宁等城市空气质量明显改善。但是目前仍有超过一半的城市空气质量处于污染状态。在这些城市中，人口超过百万的特大城市空气污染更加突出。颗粒物仍然是影响我国城市空气质量的首要污染物，有53.5%的城市颗粒物浓度没有达到国家二级标准。

4）城市用水短缺和水污染

（1）用水短缺

水是城市存在的基本条件，但世界上很多城市都遇到水资源紧缺问题，城市供水问题当前在世界范围内已成为一个特别尖锐突出的制约性问题。

（2）城市水污染

城市的水污染主要是工业排放的废水，约占城市废水总量的3/4，其中以金属原材料、化工、造纸等行业的废水污染最为严重。主要污染物是氨氮，其次是耗氧有机物和挥发酚。生活污水、工业废渣、矿业开采也对水体造成了一定程度的污染。城市中的工业废水和生活污水，未经处理或处理不够，都通过下水道系统流入江河湖海，有的甚至直接流入，形成了各种水污染，这不只是对城市人口造成损害，还会对农村的生活和生产也带来不良影响。

（3）我国的城市水环境

据环境部门监测，全国城镇每天至少有1亿t污水未经处理直接排入水体。全国七大水系中一半以上河段水质受到污染，全国1/3的水体不适于鱼类生存，1/4的水体不适于灌溉，90%的城市水域污染严重，50%的城镇水源不符合饮用水标准，40%的水源已不能饮用，南方城市总缺水量的60%～70%是由于水源污染造成的。

5）城市噪声问题

据2001年环境公报，我国对273个城市进行了道路交通噪声监测，比上年增加了59个城市。其中9.5%的城市污染严重，16.5%的城市属中度污染，48.7%的城市属轻度污染，25.3%的城市道路交通声音环境质量较好。2001年，监测区域环境噪声的176个城市，6.3%的城市污染较重，49.4%的城市属中度污染，33.0%的城市属轻度污染，11.3%的城市区域声音环境质量较好。

6）城市电磁波污染

在一些大城市中，城市电磁波污染也日益引人注目。干扰台、广播和电视台、雷达站、高频热合机、火花塞等都是电磁波污染源。仅以高频热合机为例，2000年增加到13万台，电磁波辐射污染也被加重。据一些大城市的调查，长期暴露在电磁波辐射污染环境中的居民，已开始出现头晕、脱发等现象。

7）人口密集与绿地缺乏

（1）人口密集

人口密集是城市尤其是一些大城市、特大城市的普遍现象。据2007年资料，上海常住人口密度为2931人/km²，为我国内地人口密度最高的城市。2005年北京市人口平均密度为937人/km²。北京市常住人口1536万人，城区人口高度密集，城区人口密度为近郊区的近4倍，给资源和环境带来很大压力。

(2) 绿地缺乏

城市绿地是生态建设的重要场所。联合国生态与环境组织明确指出，衡量一个城市的绿化水平，主要是看人均占有多少公共绿地。联合国规定的城市人均绿地标准为 50～60m²，达到或超过这一标准的城市不多。全国绿化委员会办公室发布的《2006 年中国国土绿化状况公报》显示，目前全国城市建成区绿化覆盖率为 32.54%，绿地率为 28.51%，人均公共绿地为 7.89m²。这与联合国要求的世界平均水平相距甚远，与世界先进城市更无法相比。近几年来，我国城市绿地面积虽有所提高，但由于急功近利，多种草皮，其生态效益不如树木，这也是新的问题。城市绿地是城市中重要的栖息地和生态过程发生空间，要充分发挥其在城市生态系统中的生态和景观功能，维护整个城市的可持续发展。

复习思考题

1. 读下图回答：
(1) 请将青蛙、害虫、老鼠和蛇填在下图方框内，组成一个食物网。
(2) 从六种生物在食物网中所处地位看，初级消费者是_____；③所代表的消费者既是_____级消费者，又是_____级消费者。
(3) 图中食物网有_____条食物链，最长的食物链有_____级消费者。
(4) 如果人们大量捕杀青蛙和蛇，其后果是_____。

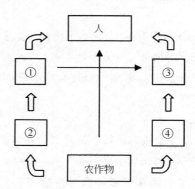

2. 举例说明生态系统的组成。
3. 简述生态系统的基本功能之间的关系。
4. 举例说明生态系统的类型。
5. 城市生态系统中生物群落的构成与自然生态系统相比，有什么不同？
6. 城市生态系统为什么容易出现环境污染问题？

园林植物环境

第 9 章 园林植物生长的地理因素

本章学习要点：

1. 气候的形成因素，包括辐射因素、地理因素和环流因素等对气候形成的影响；
2. 中国气候区划；
3. 我国土壤的地带性和我国植被水平分布规律。

9.1 气候的形成因素

9.1.1 辐射因素

太阳辐射是气候系统的能源，又是大气中一切物理过程和物理现象形成的基本动力，所以它是气候形成的基本因素。不同地区的气候差异及各地气候季节交替，主要是由于太阳辐射在地球表面分布不均及其随时间变化的结果。

1) 太阳辐射日辐射总量

日辐射总量的年变化，随地理纬度增高而增大，这和气温年较差(指最热月平均气温与最冷月平均气温之差)随纬度增高而增大是一致的。低纬度地区因一年中所得辐射日总量不仅多，而且年变化小，所以，温度终年较高，气温年变化小，无四季之分；高纬度地区，夏季辐射日总量很大，但春、秋分前后，辐射日总量升降迅速，变化极大，反映在气候上，过渡季节不明显，四季分明。我国大部分地区处于中纬度，故都有四季之分，只是向南夏季增长，向北冬季增长。这就是太阳辐射对温度影响的一种气候效应。

2) 季、年辐射总量

一季或一年内太阳辐射能量的总和，称为季或年的辐射总量。在太阳辐射日总量的基础上可求得太阳辐射季总量与年总量。其大小决定于太阳高度、昼夜长短和日地距离。图9-1反映了北半球季、年辐射总量随纬度的变化情况。

(1) 太阳辐射年总量随纬度增高而逐渐减少。其最大值出现在赤道，而极小值出现在极地。极地的太阳辐射年总量仅为赤道的41%左右。这种太阳辐射年总量的经向梯度是造成年平均温度由南向北逐渐递减的主要原因。

(2) 夏半年，太阳辐射总量最大值出现在北纬20°～30°，由此向北或向赤道逐渐减少。但由于夏半年纬度愈高，可照时间愈长，所以，夏半年南北之间的辐射差异较小。极地的太阳辐射总量约为赤道的83%。夏半年太阳辐射的这样分布使得南北之间温度差异较小，例如7月平均气温广州只比北京高2.3℃。

(3) 冬半年，赤道上太阳辐射总量最大。它随纬度增高而迅速减少，到极地辐射总量为零。这是因为北半球在冬半年，太阳高度和昼长时数都是随纬度增高而减小的。所以，南北之间的辐射和温度差异都较大。一月平均气温广州比北京要高18.1℃。

(4) 冬、夏半年太阳辐射总量的差异随纬度增高而增大，因而造成气温年较差随纬度增高而增大。

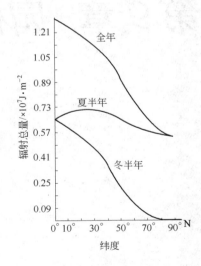

图 9-1　北半球季、年辐射总量随纬度的分布

（5）同一纬度上，无论日总量、季总量或年总量都是相同的。即太阳辐射总量具有与围圈平行、呈带状分布的特点，这是形成气候带状分布的主要原因。

9.1.2 地理因素

一个地区的气候总是与该地的地理环境分不开的。因为地理环境(包括地理纬度、海陆分布、地形起伏、植被、地表性质等)直接影响太阳辐射的时空分布和大气环流的性质，因此，地理环境也是形成气候的重要因子。

1) 纬度对气候的影响

地球表面接受的平均太阳年辐射总量低纬度接受得多，高纬度接受得少，这就从根本上决定了气温随纬度升高而递减的特点。当然温度的分布并非仅受纬度的影响，其他如海陆分布、天空状况等也直接影响它的分布。但是如果取各纬度气温的平均值，那么除纬度外其他因素的影响就会彼此互相抵消而大为减少。

根据全球的观测资料，温度随纬度变化的规律如下。

（1）南北温差。北半球冬季(1月)北极和赤道的温差达 67.5℃，而夏季(7月)温差为 26.7℃。显然赤道和极地的温差冬季比夏季大得多。

（2）气温年较差。各纬度平均气温年较差(7月和1月的温差)是随纬度增高而增大的。例如北半球，北纬90°，年较差为 40℃，而赤道仅为 0.9℃，年较差相差如此悬殊，决定了两地气候属完全不同的类型。

2) 海陆分布对气候的影响

地球上海洋面积占总面积的 70.8%，海陆面积之比为 7:3。海陆分布对气候的影响是由于海陆的物理性质不同造成的。

某一地区的气候受海洋影响较大，并且其气候特征能明显地反映出海洋的影响，则称之为海洋性气候。海洋性气候的特征是：气温日、年较差小，气温变化趋于平缓；最高温度出现在8月，最低温度出现在2月；秋温高于春温。具海洋性气候的地区降水总量大，季节分配均匀；此外，海洋性气候多云雾，日照少。

反之，受大陆影响较大，并能反映出大陆影响的气候特征，则称为大陆性气候。大陆性气候的特征是：气温日、年较差大，气温变化趋于极端；最高温度出现在7月，最低温度出现在1月；春温高于秋温。大陆性气候的地区降水总量小，降水集中。大陆性气候云少，日照百分率大。

海洋和大陆对温度的影响明显不同是由于两者的热特性不同。海水热容量大，吸收相同的太阳辐射，海水表面不易增温。海水又是流动的，海水表面吸收了太阳辐射能以后，可以很快传递到深层储存起来。海水对太阳辐射的透射能力也比陆地强得多，同时海洋上蒸发旺盛。因此，在增温季节，海水表面不易升温；而在降温季节，贮存于深层的热量会传递到海水表面，海洋上水汽凝结也会放出一部分热，使海水表面不易降温。所以，海洋具有使温度变化不致极端的能力。离海越远的地方，受海洋的影响越小，越具有明显的大陆性气候的特点。例如，我国西北的新疆、甘肃等地，气温日较差高达 30℃，真是"早穿皮袄午披纱，抱着火炉吃西瓜"。图 9-2 为兰州和百慕大两地气温、降水年变化图。兰州位于我国西北内陆，离海很远，百慕大是大西洋中的一个岛屿。兰州气温年较差达 29.3℃，百慕大仅为 10.3℃。

由于海陆的热力性质不同，使得夏半年海洋温度低于大陆，海洋上形成高压区，大陆上形成低压区，形成自海洋流向大陆的气流；冬半年则相反，大陆上温度低于海洋，形成高压区，

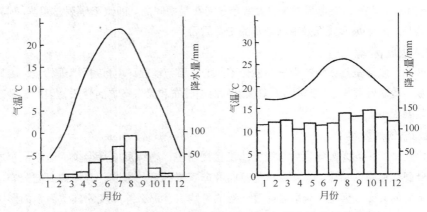

图 9-2　兰州(36°01′N)和百慕大(32°17′N)气温和降水的年变化

海洋为低压区,形成自大陆流向海洋的气流。由此可知,在海陆之间,一年中风向出现有规律的交替现象。夏半年风自海洋吹向陆地,冬半年风自大陆吹向海洋,这便是所谓的季风现象。我国位于欧亚大陆的东部,东临太平洋,是季风明显的国家,冬季盛吹偏北风,夏季盛行偏南风。

3)洋流对气候的影响

洋流是海洋中的海水,经常朝着一定方向有规律地流动,它对气候具有很大的影响。洋流的产生主要是由于长期稳定的风力的驱动。洋流有冷暖之分,暖流是指从低纬度流向高纬度的洋流,其温度比流经的地方水温高。寒流是指从高纬度流向低纬度的洋流,其温度比流经地方的水温低。大陆东岸的洋流大都来自低纬度,是暖流;大陆西岸的洋流大多来自高纬度,是寒流。

在暖流影响的地区,冬季较温暖,气温的年较差减小,其沿海岸气层结构常形成潮湿不稳定状态,有利于空气的上升运动,因而这里降水较多。在寒流影响的地方,就形成气温较低、降水量少和多雾的气候。

洋流运行具有一定的规律,在高纬度洋面,洋流呈气旋型(逆时针方向旋转);在低纬度洋面,洋流呈反气旋型(顺时针方向旋转)。因此在高纬度大陆的东岸有寒流,西岸有暖流;在低纬度的东岸有暖流,西岸有寒流。

如果洋流与盛行风相配合,不仅对海岸附近的气候有影响,而且可以影响到内陆。例如我国东南沿海,暖流与夏季风相一致,造成我国东部潮湿、炎热和多雨的气候。

4)地形对气候的影响

地形是间接的生态因子,它是通过对光、温度、水分、养分等的重新分配而起作用的。在山地条件下,地形是影响树木生长的重要因素。

(1)地形及其类型

地形是指地球表面的形态特征。地球表面有大陆、海洋,有高山和平原,还有沟谷、盆地和沙丘等,虽然它们的规模不同,成因不一,还在不断地变化,但它们都是在一定的地质条件和历史条件下,在内力(地壳运动、火山活动、地震)和外力(如流水、冰川、风、波浪)的共同作用下形成的,表现出一定的外貌形态,把这些不同规模的不断变化着的起伏系统称为地形。

大陆地形按地壳表面的水平和垂直方向空间位置的不同,一般分为山地、丘陵、高原、平原和盆地五种类型。据统计，在我国的陆地中，山地约占 33%，高原约占 26%，平原约占 12%，丘陵约占 10%，盆地约占 19%(地图出版社，1974)。

(2) 地形对气候的影响

地形对气候的影响表现在两个方面：一是山系对邻近地区的影响；二是地形本身形成的气候特点。

高大的山脉对气团运行有阻碍作用。如东西走向的山脉，使北方的冷空气不易南下，南方的暖空气难于北上，结果虽只一山之隔，气候却有很大差异。又如，横贯我们中原地区的秦岭山脉，山南 1 月平均温度均在 0℃ 以上，而山北均在 0℃ 以下了。降水量也是秦岭以南大于秦岭以北，如汉中年降水量为 871.8mm，而西安只有 580.2mm。又如天山北面的乌鲁木齐年降水量达 572.7mm，而南面年降水量都在 100mm 以下。因此，山脉常常是气候的分界线。

地形本身形成的气候特点是多种多样的。例如，盆地气候的年变幅大，趋于严酷；而高山气候年变幅小，趋于和缓；在山地的迎风坡，降水多，常是森林茂密；而背风坡则非常干燥，常只生杂草。

高原对气候的影响在两方面都很显著。例如，我国的西藏高原平均海拔 4000m 以上，面积达 200 万 km²，耸立于自由大气之中，高原本身形成了独特的高原气候区。它对邻近地区气候亦起着显著的影响，由于它的存在使南面印度洋的暖湿空气与北面西伯利亚的干冷空气不能得到交换，造成东亚冬季半年冷空气活动频繁，势力强大，气候干冷。

9.1.3 环流因素

大气环流是形成气候的一个重要因素。它的作用在于通过气团交换活动，使各地的热量和水分得到转移和调整；由于热量和水分随着气团移动的结果，辐射因素的影响减弱了。在气旋经常活动的地区，由于上升气流而形成大片云雨，其太阳辐射比同纬度其他地区要少；反之，在反气旋经常控制的地区，天空经常晴朗，太阳辐射则比同纬度其他地区要多。所以，世界上许多地区，虽然纬度相当，但由于大气环流的不同，常有完全不同的气候。

综上所述，大气环流对于气候的形成起着重要的作用。当大气环流形势趋于其长期平均的正常状态时，在其作用下的各地天气情况也是正常的；当环流形势在个别季节内出现异常状态时，便会直接导致某一时期天气反常，有些地区就会产生旱或涝、过寒或过暖等不正常的现象，这就是常说的气候异常。

9.2 中国气候区划

按照一定的目的和标准对一个国家或一个地区复杂多样的气候区分出若干相似的类型，以便更深刻地认识气候，更充分地开发、利用和保护气候资源，这便是气候区划的目的和任务。下面简要介绍中国气候区的划分及界线。

中国气候区划共分三级：

第一级：按日平均气温 ≥10℃ 积温，最冷月平均气温和年极端最低气温，将我国划分出 9 个气候带和 1 个气候区域，即北温带、中温带、南温带、北亚热带、中亚热带、南亚热带、北热带、中热带、南热带和高原气候区域(表 9-1)。

气候带	日平均气温≥10℃积温	最冷月平均气温	年极端最低气温	备注
Ⅰ 北温带	<1600～1700℃ (<100d)	<-30℃	<-48℃	
Ⅱ 中温带	1600～1700℃ 至 3100～3400℃ (100～160d)	-30℃ 至 -10℃	-48℃ 至 -30℃	
Ⅲ 南温带	3100～3400℃ 至 4250～4500℃ (160～220d)	-10℃ 至 0℃	-30℃ 至 -20℃	
Ⅳ 北亚热带	4250～4500℃ 至 5000～5300℃ (220～240d)	0℃ 至 4℃	-20℃ 至 -10℃	
Ⅴ 中亚热带	5000～5300℃ 至 6000℃ (240～300d)	4℃ 至 10℃	-10℃ 至 -5℃	
	5000～5300℃ 至 6500℃ (240～300d)	4℃ 至 10℃	-10℃ 至 -1～-2℃	云南地区
Ⅵ 南亚热带	6500℃ 至 8000℃ (300～365d)	10℃ 至 15℃	-5℃ 至 2℃	
	6000℃ 至 7500℃ (300～350d)	10℃ 至 15℃	1～-2℃ 至 2℃	云南地区
Ⅶ 北热带	8000℃ 至 9000℃ (365d)	15℃ 至 19℃	2℃ 至 5～6℃	
	>7500℃ (350～365d)	15℃ 至 19℃	2℃ 至 5～6℃	云南地区
Ⅷ 中热带	9000℃ 至 10000℃ (365d)	19℃ 至 26℃	5～6℃ 至 20℃	
Ⅸ 南热带	>10000℃ (<365d)	>26℃	>20℃	
Ⅹ 高原气候区	<2000℃ (<100d)			

第二级：在上述 9 个气候带和 1 个气候区域中，按年干湿状况(湿润、亚湿润、亚干旱、干旱)，分出 22 个气候大区。

第三级：在各气候大区中，分别按季干燥程度、积温(东北地区)或最热月平均气温分出 45 个气候区。

南热带和中热带位于南海诸岛，这里四季常绿。北热带位于台湾省、海南省、雷州半岛、云南的西双版纳、德宏等。南亚热带位于福建、广东和广西的丘陵、平原及云南的山间盆地。中亚热带位于南岭以北到长江以南及西南地区。北亚热带位于长江以北至淮河秦岭以南。南温带位于秦岭至长城间广大的华北地区和塔里木盆地。中温带位于东北、内蒙古、新疆大部分地区。北温带位于大兴安岭北部山区和天山山区。高原气候区域在青藏高原，具有立体的气候特色。

9.3　土壤的地带性

地球陆地表面上的各种土壤是各种成土因素综合作用下的产物，在地球陆地表面，一方面由于在不同纬度上，接受太阳辐射能不同，从两极到赤道，呈现出寒带、寒温带、温带、暖温带、亚热带和热带等有规律的气候带；另一方面，由于海陆的分布，地形的起伏，又引起了同一气候带内水热条件的再分配。如离海洋越远，降水量越少，蒸发量越大，气候越干旱，大陆性越显著。在山区，随着海拔的升高，温度和降水也会发生变化。这些水热条件的差异，必然产生与之相适应的不同植被类型(主要包括植物和微生物)，并呈现地理分布的规律性。而生物气候条件在地理上的规律性分布，就必然造成自然土壤有规律的地理分布。

人类农业生产活动给自然土壤地带分布规律性带来了新的影响。随着人为因素对土壤影响的深化，使农业土壤呈现以人类经济活动为中心的分布规律。

我国地域辽阔，世界上所分布的主要土壤类型，在我国几乎都能见到。尽管土壤类型繁多，但在地理上都具有明显的地带分布规律性。

9.3.1　土壤分布的水平地带性

土壤分布的水平地带性是指土壤分布与热量的纬度地带性和湿度的经度地带性的关系，但大地形(山地、高原)对土壤的水平分布也有很大的影响。

1) 土壤分布的纬度地带性

土壤分布的纬度地带性是指土壤随纬度不同而出现的变化。随着地球接受太阳辐射能自赤道向两极递减，所有的岩石风化、植被景观也都呈现出有规律的变化，使土壤的形成发育也相应发生这种沿纬度有规律的变化，从而使土壤的分布表现出明显的纬度地带性。

2) 土壤分布的经度地带性

土壤分布的经度地带性是指土壤随经度不同而出现的变化。由于距离海洋的远近及大气环流的影响而形成海洋性气候、季风气候以及大陆干旱气候等不同的湿度带，这种湿度带基本平行于经度，而土壤亦随之发生规律的分布，称之为土壤分布的经度地带性。

我国土壤水平地带性分布规律，主要是受水热条件的控制。我国的气候具有明显的季风特点，冬季受西北气流控制，寒冷干燥；夏季受东南和西南季风的影响，温暖湿润。东南季风不仅影响东部沿海而且深入内陆，西南季风除影响青藏高原外，还可波及长江中下游地区。因此，热量由南向北递减，湿度由西北向东南递增，故由北而南依次表现为寒温带、温带、暖温带、亚热带、热带气候，由东南向西北则出现湿润、半湿润、半干旱和干旱四个地区。纬度不同、距海洋远近不同及地形不同，引起水热条件的分异，从而形成了我国土壤水平地带的分布规律。一是东部沿海的湿润海洋土壤地带谱，二是西部的干旱内陆性地带谱。

东部湿润海洋土壤地带谱，由北而南依次分布着暗棕壤与漂灰土、棕壤、黄棕壤、红壤与黄壤、赤红壤、砖红壤。西部干旱内陆性土壤地带谱，由东向西，在温带上依次分布着黑土、黑钙土、栗钙土、棕钙土、灰漠土、灰棕漠土；在暖温带上则依次分布着棕壤、褐土、栗褐土、黑垆土与黄绵土、灰钙土、棕漠土(图9-3)。

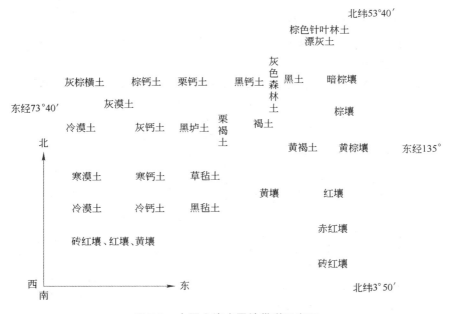

图9-3 中国土壤水平地带谱示意图

9.3.2　土壤分布的垂直地带性

土壤分布的垂直地带性是指土壤随地势的增高而发生的土壤演替规律。土壤垂直地带性分布是山地生物气候多伴随地势改变而造成。随地形海拔高度的升高，水热条件发生有规律的变化，岩石风化，自然植被等也发生相应的变化，从而造成土壤分布有规律的变化。

山地土壤由基带土壤自下而上依次出现一系列不同的土壤类型，构成一个山地土壤垂直带谱。山体的大小与高低、山地所在的地理位置、坡向与坡度等都影响着土壤的发育分布，因而土壤的垂直地带谱的类型和结构是复杂多样的。

处在不同地理位置的山地土壤，由于基带生物气候条件的差异，土壤的垂直地带谱类型是不同的。如位于暖温带的河北省雾灵山，海拔2050m，基带生物气候特点是半湿润带，其建谱土壤为褐土，垂直分布规律，从下往上则依次为褐土、淋溶褐土、棕壤、山地草甸土；而同位于暖温带的甘肃云雾山，海拔2500m，但其基带生物气候特点为半干旱地带，建谱土壤为黑垆土，土壤垂直分布规律从下往上则依次为黑垆土、栗钙土、褐土、山地草甸土。

随着山体高度的增加，相对高差愈大，山地垂直结构带谱愈完整。我国喜马拉雅山的珠穆朗玛峰，为世界最高峰，具有最完整的土壤垂直带谱，从基带往上分布着红黄壤、山地黄棕壤、山地酸性棕壤、山地漂灰土、亚高山草甸土、高山草甸土、高山寒冻土、冰雪线(图9-4)，为世界所罕见。

山地坡向对土壤垂直带谱结构的影响在我国有十分明显的反映。有些大的山系正好是土壤地带的分界线，如秦岭太白山跨北亚热带与暖温带的半湿润区，其南坡与北坡的土壤垂直带谱明显不同(图9-5)，南坡基带土壤为黄棕壤，而

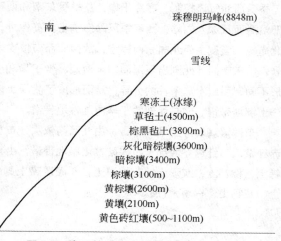

图9-4　喜马拉雅山南坡土壤垂直带示意图

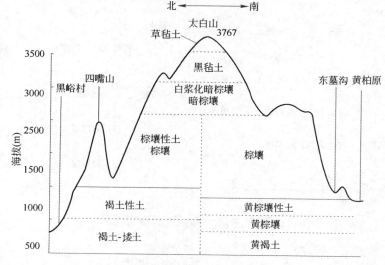

图9-5　秦岭主峰太白山南北坡土壤垂直分布

北坡基带土壤为褐土或蝼土，其建谱土壤以山地棕壤为主，其带幅虽然相差不大，但其下限则明显有别，南坡为海拔 1300m，而北坡为 1500m，其上的山地暗棕壤与山地草甸土亦呈同样规律的升降。

9.4　植被分布的地带性规律

任何植物群落的存在都与其生境条件密切相关。由于地球表面各地环境条件的差异，植被类型呈现有规律的带状分布，这就是植被分布的地带性规律。这种规律表现在纬度、经度和垂直方向上，合称为植被分布的三向地带性。

9.4.1　我国植被水平分布规律

我国位于亚洲大陆的东南部，西北部深入亚洲大陆腹地。东部、南部濒临太平洋，南端至热带区域(约为北纬 4°)，北部是寒温带，几乎达北纬 54°，纵跨 49° 以上纬度，长达 5500km；东起黑龙江乌苏里江汇合处，西至帕米尔高原，横贯 62 个经度，东西距离 5200km。在这广阔的土地上，温度从南向北依次降低；而雨量、湿度随大陆地势由东向西递减。再加上全国地势变化悬殊，有平原、山地和高原，尤其是起伏纵横的山脉，对于大气热量和降水分布也产生显著影响。其中东西向的山脉对寒潮向南流动起着不同程度的阻挡作用，常成为温度和其相联系的植被带的分界线。

此外，东北—西南走向的山脉对阻挡东南季风的入侵起到一定作用，加剧了我国西北部的干旱气候的形成。如长白山—千山首先阻隔了由东南来的太平洋水汽；而后依次又受大兴安岭—太行山，黄土高原上吕梁山，贺兰山—六盘山所阻。从北冰洋、大西洋吹来的少量水汽，到达新疆后，先为阿尔泰山所挡，再经天山相隔，以至使深处欧亚大陆腹地的南北疆气候，极端干旱化而成为大面积荒漠。

综上所述，我国森林植被分布具有与水分联系的经度以及与温度联系的纬度形成的水平地带性规律。就我国的具体情况来说，这种水平地带性在特定地形条件下产生了水热条件的重新分配，水平带呈东北—西南向倾斜，形成了一条以大兴安岭—吕梁山—六盘山—青藏高原东缘一线，与年平均 400mm 降水线相近，分我国为两个半壁。东南半部是季风湿润区，降水量在 400mm 以上，适于各种类型森林生长，现有森林占全国森林面积的 98%；西北半部受季风影响弱，为旱生草原和荒漠所分布，仅在局部山地有森林分布，如大青山、贺兰山、祁连山、天山、阿尔泰山，因海拔高而出现了森林，青藏高原属独特高寒植被带。

东南半部森林区，自北向南，沿纬度变化，依次为寒温带针叶林带、温带针阔叶混交林带、暖温带落叶阔叶林带、亚热带常绿阔叶林带、热带雨林、季雨林带(图 9-6)。

随着历史的发展，人类对于植被分布的影响日益加剧。可通过引种驯化、杂交以扩大分布区。如我国从澳洲引入的多种桉树，从美洲引入的多种松树，均获成功。又如我国独有的子遗种水杉，也为世界许多国家引种。此外由于人类垦殖、滥伐森林，不仅改变了原有植被分布，甚至造成了某些种大量减少或灭绝。

9.4.2　我国植被垂直分布规律

我国是一个多山国家，各气候区都有较高的山地，我国山地占国土总面积的 66%，因此研究山地植被垂直分布规律具有重要意义。山地植被最显著特征是随海拔高度升高，更替着不同的植被类

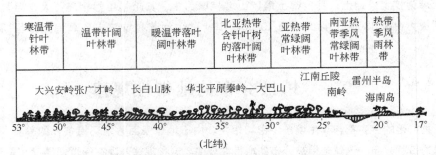

寒温带针叶林带	温带针阔叶林带	暖温带落叶阔叶林带	北亚热带含针叶树的落叶阔叶林带	亚热带常绿阔叶林带	南亚热带季风常绿阔叶林带	热带季风雨林带
大兴安岭张广才岭		长白山脉	华北平原秦岭—大巴山		江南丘陵南岭	雷州半岛海南岛

图 9-6　我国东半部自东北到华南植被的纬向变化

型，这就是植被的"垂直地带性"。各种垂直植被带大致与山的等高线平行，并具有一定厚度。山地植被垂直带依次出现的具体顺序，称为植被垂直带谱。

植被垂直带谱因各山地所处的地理位置、山体高度、距海洋远近以及坡向、坡度的不同而不同，其规律是：水平植被带为山地垂直带的基带，一般分布于山麓与低山；带谱的结构由北向南趋于复杂，层次增多；垂直方向上成带分布，与其水平方向上成带分布有一定的对应性，所以山地上植被带的分布，同样与该纬度带开始到极地上的水平植被带分布顺序相对应。植被分布垂直地带性是以纬度地带性为基础的，现以位于热带雨林的台湾玉山和位于温带针阔叶混交林的长白山两山垂直带谱作比较。

台湾玉山

北纬 24°30′，属热带

海拔 3950m

130～600m 热带雨林带

600～900m 山地雨林带

900～1800m 山地常绿阔叶林带

1800～3000m 暖温带针叶林、针阔叶混交林、常绿落叶

长白山

北纬 42°，属温带

海拔 2744m

250～500m 落叶阔叶林带

500～1000m 针叶、落叶阔叶混交林带

1000～1600m 亚高山针叶林带

1600～1900m 山地矮曲林带

1900～2744m 山地冻原带两山的垂直带

从上述两个森林垂直带谱中可见，玉山是位于热带，其垂直带基带属雨林类型，依次向上出现的植被与从热带雨林开始向北分布规律近似，为常绿阔叶林、落叶阔叶。

9.4.3　中国植被的区划

《中国植被》(1980)一书将我国植被划分为 8 个植被区(表 9-2)。根据植被分区，可以了解各植被区中的地带性植被及主要概况。

中国植被划分表

表 9-2

植被区域	地貌类型	年均温℃	年降水量 (mm)	气候特点
1 寒温带针叶林区域	谷底宽坦、山势缓和	-1.2～-5.6	360～500	气候条件严酷、寒冷
2 温带针阔叶混交林区域	山峦重叠、地势起伏	-1～6	600～800	海洋性温带季风气候
3 暖温带落叶阔叶林区域	山地、丘陵、平原	8～14	500～1000	夏季酷热而多雨、冬季严寒而晴燥
4 亚热带常绿阔叶林区域	平原、盆地、丘陵、高原、山地	12～20.5	1000～3000	夏季多雨、冬季干暖
5 热带季雨林、雨林区域	丘陵台地、高原	20～26	≥1500	热带季风气候、高温多雨
6 温带草原区域	山地、平原		300～500	大陆性气候
7 温带荒漠区域	沙漠、戈壁	—	10～800	气候极端干燥、冷热变化剧烈、风大沙多
8 青藏高原高寒植被区域	高山、高原、湖盆、谷地	10～23	500～4000	东南温暖湿润、西北寒冷干燥

1）寒温带针叶林区域

本区位于大兴安岭北部山地，是我国最北的一个植被区域。全区域内山势不高，一般海拔 700～1100m，山势和缓，山顶浑圆而分散孤立，无山峦重叠现象，亦无终年积雪山峰，气候条件比较一致，植被类型比较单纯。

本区域为我国最冷的地区，年平均温度在 0℃ 以下，冬季(年平均气温低于 10℃)长达 9 个月。无霜期 90～110d。年降水量平均为 360～600mm，大部分集中于温暖季节(7～8 月)，形成有利于植物生长的气候条件。本区域较普遍的土类是棕色针叶林土，低洼地为沼泽土。

由于气候条件严酷，植物种类较少，代表性的植被类型是以兴安落叶松为主所组成的明亮针叶林。兴安落叶松适应力很强，其分布纵贯全区，可自山麓直达森林上限，广泛成林，但以 500～1000m 山地中部、土壤较为肥沃湿润的阴坡生长最好。树高达 30m，常形成茂密的纯林，其主要特征是群落结构简单，林下草本植物不发达，下木以具旱生形态的杜鹃为主，其次为狭叶杜香、越橘等；乔木层中有时混生有樟子松，尤其在本区西北部较为普遍，甚至形成小面积樟子松林。在山地中部还有广泛分布的沼泽，生长有柴桦，下层为苔草、莎草等草本植物。

2）温带针阔叶混交林区域

本区域包括松辽平原以北、松嫩平原以东的广阔山地，南端以丹东为界，北部延至黑河以南的小兴安岭山地，全区成一新月形。范围广大，山峦重叠，地势起伏显著，形成较复杂的山区地形。主要山脉包括小兴安岭、完达山、张广才岭、老爷岭以及长白山等山脉。这些山脉海拔大多不超过 1300m，最高为长白山海拔，高达 2744m。

本区域受日本海的影响，具有海洋性温带季风气候的特征。由于所在纬度较高，所以年平均气温较低，表现为冬季长而夏季短。冬季长达 5 个月以上，愈北的地方，冬季愈长；最低温度多在 -35～-30℃。生长期约 125～150d。年降水量为 600～800mm，尤其东坡雨更多。降雨多集中在夏季，对植物生长非常有利。

本区域的地带性土壤为暗棕壤，又以山地暗棕壤为主。此外，还有草甸土、沼泽土及灰化沼泽土。

本区域的地带性植被以红松为主形成温带针阔混交林，一般称为"红松阔叶混交林"。这一类型在种类组成上相当丰密。针叶树种除红松外，在靠南的地区还有沙松以及少量的紫杉和崖柏。阔叶树种主要有紫椴、枫桦、水曲柳、花曲柳、黄檗、糠椴、千金榆、胡桃楸、春榆及多种槭树等；林下灌木有毛榛、刺五加、丁香等；藤本植物有猕猴桃、山葡萄、北五味子、南蛇藤、木通、马兜铃等。

本地区北部地带，主要树种有云杉、冷杉和落叶松。在以红松为主的针阔叶混交林内往往混生有冷杉、云杉和落叶松。更由于局部地形变化，如山地阴坡、窄河两岸，以及谷间低湿地，气候冷湿，且常有永冻层存在，已接近寒温带的自然条件，则形成小面积寒温性针叶林，镶嵌在本区域地带性植被——针阔叶混交林间。

3）暖温带落叶阔叶林区域

本区域位于北纬32°30′～42°30′，北与温带针阔叶混交林区域相接，南以秦岭、伏牛山和淮河为界，西自天水向西南经礼县到武都与青藏高原相分，东为辽东、胶东半岛，大致呈东宽西窄的三角形。全区域西高东低，明显地可分为山地、平原和丘陵。山地分布在北部和西部，高度平均超过海拔1500m，有些高度超过海拔3000m（如太白山），这些山地是落叶阔叶林分布的地方。丘陵分布在东部，包括辽东丘陵和山东丘陵，海拔平均不到500m，少数山岭超出1000m。这些丘陵是落叶阔叶林所在地。西部山地与东部之间的广阔地带，就是华北大平原和辽河平原，其海拔不到50m，土壤肥沃，是我国重要的粮棉产区之一，其间也散布着许多暖温带落叶阔叶树种。

由于本区域处在中纬度以及东亚海洋季风边缘，气候特点是：夏季酷热，冬季严寒而干燥。年平均气温一般为8～14℃，由北向南递增。植被组成由北向南逐渐复杂。本区域的年降水量除少数山岭外，平均为500～1000mm，由东南向西北递减。降水多集中在5～9月。由于冬季寒冷而干燥，夏季高温而多雨，长期以来形成适应于这种气候的落叶阔叶林。

分布于本区域的地带性土壤是褐色和棕色森林土，黄土高原上分布着黑垆土。

本区域的地带性植被为落叶阔叶林，以栎林为代表。此外，在各地还有以桦木科、杨柳科、榆科、槭树科等树种所组成的各种落叶阔叶林。针叶树中松属往往形成纯林或与落叶阔叶树种混交，从而居于重要地位。赤松分布于辽东半岛南部、胶东半岛及其南部沿海丘陵而至苏北云台山一带；油松分布于整个华北山地、丘陵上；其他如华山松分布于西部各省；而白皮松则多零星存在，组成针叶林的另一树种为侧柏，在某些环境下可以成为建群种，并广泛分布于各地。此外，在山区还可见到云杉属、冷杉属与落叶松属的树种组成的针叶林。

本区域目前有大面积的由于森林破坏后而出现的次生性灌木草丛，一般在东部以荆条、黄背草为主；越向西去，比较耐旱的酸枣与白羊草逐渐增多，同时混入一些草原区域的旱生种类如针矛属草类。

本区域由于长期垦殖，原始森林已毁灭殆尽，大都是次生灌丛和灌木草地。20世纪50年代后，封山育林，培育较多的次生林。这些山地森林是重要的水源涵养林，应加强抚育、改造和管护工作。

4）亚热带常绿阔叶林区

我国亚热带地区的范围特别广阔，约占全国总的面积的1/4左右，其北界在秦岭、淮河一线，南界大致在北回归线附近的南岭山系，东界为东南海岸和台湾岛以及沿海诸岛，西界基本上是沿西藏高原的东坡向南延至云南的西疆。长江中下游横贯本区中部，地势西高东低，西部海拔多为 1000～2000m，东部多为 200～500m 的丘陵山地；气候温暖湿润，年平均温度为 15～24℃；无霜期为 250～350d；年降雨量一般高于 1000mm，仅最北部为 750mm；土壤以红壤和黄壤为主。

地带性植被为亚热带常绿阔叶林（中亚热带），北部为常绿落叶阔叶混交林（北亚热带），南部为季风常绿阔叶林（南亚热带）。常绿阔叶林以栲属、青冈属、石栎属、润楠属、木荷属为优势种或建群种，其次为樟科、山茶科、金缕梅科、木兰科、杜英科、冬青科等。灌木层以柃木属、红淡属、冬青属、杜鹃属、紫金牛属、黄楠、乌药、黄栀子、粗叶木以及箭竹、箬竹为主。此外，还有小檗科、蔷薇科的一些种类。草本层以蕨类、莎草科、姜科、禾本科为主。

本区常绿阔叶林被破坏后，常为次生的针叶林。长江中下游一带主要为马尾松、人工杉木、毛竹林，西南则为云南松、思茅松等。

本区竹林占有一定的比例。南亚热带以丛生竹类为主，如慈竹属、刺竹属、单竹属的一些种类；中部和北部东侧以刚竹属为主，以及苦竹属、箬竹属的一些种类；西南山区主要有方竹属、筇竹属、刚竹属和箭竹属的一些种类。

本区还有很多地质史上的孑遗植物，如银杏、水杉、水松、银杉、金钱松、枫香、檫木、鹅掌楸、珙桐等，具有很高的观赏价值。

5）热带雨林、季雨林区

这是我国最为偏南的一个植被地区。东起台湾省东部沿海的新港以北，最西达到西藏亚东以西，东西跨越经度达 32°30′；南端位于我国南沙群岛的曾母暗沙（北纬 4°），北面界线则较曲折；在东部地区大都在北回归线附近，即北纬 21°～24°，但到了云南西南部，因受横断山脉影响，其北界升高到北纬 25°～28°，而在藏东南的桑昂曲地区附近更北偏至北纬 29°附近。在此带内除个别高山外，一般多为海拔数十米的台地或数百米的丘陵盆地，年平均温度约在 22℃以上，没有真正的冬季，年降水量一般在 1200～2200mm，典型土壤为砖红壤。

由于受季风气候以及地形土壤的影响，生境极为复杂，森林类型多种多样。其中具有地带代表性的是热带雨林和季雨林，在海滨及珊瑚岛上，分布着红树林、海滨沙生植被和珊瑚岛植被。

（1）热带雨林

在我国分布面积不大，见于台湾南部、海南岛东南部、云南南部和西藏东南部，是我国植物种类最丰富的植被类型。其基本特征是郁闭茂密，乔木层次多而分层不清，结构复杂，可划分为三层甚至五、六层。上层通常是常绿树，高可达 30～40m，以梧桐科、无患子科、龙脑香科、肉豆蔻科为主，大多具有发达的板根。灌木层主要由乔木的小树组成，真正的灌木不常见。林内草本不发达，木质藤本植物和附生植物较丰富。常见老茎生花、滴水叶尖、绞杀等热带雨林特征。

（2）热带季雨林

在我国热带季风地区有着广泛的分布。主要分布于广东和广西的南部以及云南海拔 1000m 以下的干热河谷两侧山坡和河谷盆地。分布区的年平均温度为 20～22℃，年降雨量一般为 1000～1800mm。分布区有明显的干湿季之分，每年 5～10 月降水量占全年总量的 80%，干季雨量少，地面蒸发强烈，在这种气候条件下发育的热带季雨林是以喜光耐旱的热带落叶树种为主，形成常绿和落叶混交的热带季雨林，有明显的季相变化。乔木树种常见的优势种有攀枝花（木棉）、第伦桃属、合欢属、黄檀属等。乔木亚层常有较多的常绿树种。林内藤本植物和附生植物较少，有板状根现象。

本区域是我国热量和降水量最丰富的地区，生长着种类极其繁多的森林植物和动物，又是我国惟一的橡胶种植区。

6）温带草原区域

我国温带草原区域，是欧亚草原区域的重要组成部分。包括松辽平原、内蒙古高原、黄土高原以及新疆北部的阿尔泰山区，面积十分辽阔，以开阔平缓的高平原和平原为主体，包括半湿润的森林草原区、半干旱的典型草原区和一部分荒漠草原区。气候为典型的大陆性气候，蒸发量大约相当于降雨量的 3~5 倍，不少地方超过 10 倍，所以各类旱生植物在植被组成中占绝对优势地位。地带性植被是以针矛属为主的丛生禾草草原，但在半湿润区的低山丘陵北坡和沙地、沟谷等处也有岛状分布的森林，在山区的垂直带上也常有森林带的出现。

7）温带荒漠区

本地区包括新疆的准噶尔盆地与塔里木盆地、青海的柴达木盆地，甘肃与宁夏北部的阿拉善高原以及内蒙古自治区鄂尔多斯台地的西端，约占我国国土面积的 1/5。整个地区是以沙漠与戈壁为主。气候极端干燥，冷热变化剧烈，风大沙多。年降水量一般低于 200mm。气温年较差和日较差为全国之最，一般年较差为 26~42℃，极端日较差可达 30~40℃。植被主要由一些极端旱生的小乔木、灌木、半灌木和草本植物所组成，如梭梭、沙拐枣、旱柳、泡泡刺、胡杨、麻黄、骆驼刺、猪毛菜、沙蒿、苔草以及针茅等。较高山地受西来湿气流影响，降水量随海拔高度的上升而渐增，因而也出现了草原或耐寒针叶林。

8）青藏高原高寒植被区

青藏高原位于我国西南部，平均海拔 4000m 以上，是世界上最高的高原。包括西藏自治区绝大部分、青海南半部、四川西部以及云南、甘肃和新疆部分地区。由于海拔高、寒冷干旱，大面积分布着灌丛草甸、草原和荒漠植被。但在东部尤其东南部（横断山脉地区），夏季盛行东南风，由于水热条件较好，湿润多雨，分布着以森林为代表的大面积针阔叶林。四川西部的折多山以东、邛崃山以西的大渡河流域，分布着大面积的针叶林和片段的常绿阔叶林，形成结构复杂的植被垂直带谱。

9.4.4　植被的地理分布规律与园林绿化

植物地理分布规律是植物及其种群与其地理环境长期相互作用的结果。任何一种植被类型都受一定环境的制约，同时又对一定范围的环境发生影响。不同植被地带的植物群落组成成分和结构是在不同地带环境条件的制约下，通过植物长期适应和发育而形成的。应用植物地理环境分布指导园林绿化工作，在园林植物选择、引种、配置等方面具有重要的意义。

1）园林绿化植物的选择

城市按其地理位置，从属于所在地的地理气候区。在城市园林绿化工作中，绿化植物的选择，应考虑城市所处的气候带和植物的地带性分布规律及特点，充分利用城市所在地带的自然保护区和各种天然植被调查成果，挖掘利用乡土植物，使绿化植物的选择符合城市所处地理位置的植物分布规律。充分发挥乡土植物生态上的适应性、稳定性、抗逆性强和生长较旺盛的特点，保证适地适植物，有利于园林绿化的成功。此外，充分挖掘利用丰富的乡土植物资源，可以选出大量的园林绿化新材料，丰富城市园林绿化植物种类，使园林绿化面貌充分反映出各地区的自然景观的地带性特色。这样不仅能体现地方风格，而且符合生态园林原则。例如，长江中下游地区可选择银杏，东北地区选择红松；深圳市可选择阴香、榕树、秋枫、樟树等；青海西宁选择乡土植物华北紫丁香、羽叶丁香、贺兰山丁香等；江苏镇江市可选择利用乡土地被植物紫花地丁、金钱草等。

2) 引种域外园林植物，增加植物多样性

城市园林植物群落组成与所处的生物气候带植被具有较大的相似性，但城市植被属于人工植被，是在人为干预下形成的，人工引进外来植物明显增多。引种是园林绿化中园林植物的一个重要来源。通过引种，增加园林植物的种类，增加植物的多样性，丰富园林景观，满足园林绿化的多功能要求，使城市达到植物与环境多样性统一，增添大自然的风韵。引种的实践证明，相似的气候条件下，引种易于成功。因此，园林植物引种时，根据城市所在气候带的植物地带性分布特点，在具有相似的气候条件的地区引种，就易获得成功。例如我国引种的日本香柏、法国梧桐、南洋杉、大叶黄杨、马拉巴栗、阿珍榄仁、酒瓶椰、三角花等。我国从域外引种园林植物很普遍，从而丰富了各地园林绿化植物的种类。

3) 园林植物群落结构配置

分布在不同气候带的植物群落具有不同的结构特征，群落的结构特征受到所处地带环境条件的制约，同时又是群落内各种群间和种群内在适应和生存竞争中达到一种动态平衡的结果。自然条件下，森林群落的层次结构，一般分为乔木层、下木层、草本层及活地被植物层四个层次。然而，不同植物地带的自然森林群落，其各种层次的发达程度、比例及种类组成则很不相同。根据这一规律，在建园时，可以根据当地的地带性自然植物群落结构，选择各层次的植物种类，并进行合理的结构配置，这样能满足各种植物对生境的要求，使园林植物群落形成稳定的结构，取得较好的景观效果。

复习思考题

1. 分析本地区气候特点。
2. 阐述地形对气候的影响。
3. 我国气候划分为哪9个气候带和哪1个气候区域？
4. 什么是土壤分布的纬度地带性？
5. 什么是土壤分布的垂直地带性？
6.《中国植被》将我国植被划分为哪8个植被区？

第10章 实验实训

10.1 光及其生态作用的观测

10.1.1 日照时数的观测

1）目的及要求

了解日照仪器的构造和原理，学会日照计的安装和使用，掌握日照时数的观测方法。

2）仪器、材料、药品

乔唐日照计、日照纸、深色硼玻璃杯、脱脂棉、15W红色灯泡、红布、铁氰化钾、柠檬酸铁铵。

3）观测内容和方法

测定日照时数多用乔唐日照计（又称暗筒式日照计），它是利用太阳光通过仪器上的小孔射入筒内，使涂有感光药剂的日照纸上留下感光迹线，由其长度来判定日照时数。

(1) 乔唐日照计的构造与安装

乔唐日照计由金属圆柱筒和支架底座等组成（图10-1）。圆筒的筒口带盖，底端密闭。筒的两侧各有一个进光小孔，两孔前后位置错开，以免上、下午的日影重合。圆筒的上方有一隔光板，把上、下午日光分开。筒口边缘有白色标记线，用来确定筒内日照纸的位置。圆筒下部有固定螺丝，松开可调节暗筒的仰角。支架下部有纬度盘和纬度记号线。圆筒内装一金属弹性压纸夹，用以固定日照纸。仪器底座上有三个等距离的孔，用以固定仪器。

乔唐日照计应安置在终年从日出到日落都能受到阳光照射的地方。若安装在观测场内，要先稳固地埋好一根柱子，柱顶要安装一块水平而又牢固的台座，把仪器安装在台座上。要求底座水平，筒口对准正北，将底座固定。然后转动筒身使纬度线指示当地纬度值。

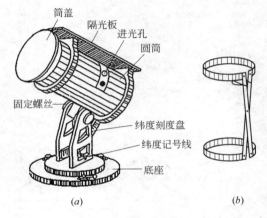

图10-1 乔唐日照计

(a)外形；(b)纸夹

(2) 日照纸涂药

日照记录纸是涂有感光药的日照纸。配制涂药时，按1∶10配制显影剂铁氰化钾（又称赤血盐）水溶液；按3∶10配制感光剂柠檬酸铁铵。把两种水溶液分别装入暗色瓶中。应该注意柠檬酸铁铵是感光吸水性较强的药品，要防潮；铁氰化钾是有毒药品，应注意安全，宜放在暗处妥善保管。

日照纸涂药应在暗处或夜间弱光下（最好是红光下）进行。涂药前，先用脱脂棉把日照纸表面逐张擦净，使纸吸收均匀；再用蘸有上述两种等量混合的药水的脱脂棉均匀涂抹日照纸。涂药的日照纸应严防感光，可置于暗处阴干后暗藏备用。涂药后应洗净用具，用过的脱脂棉不能再次使用。

(3) 换纸和整理记录

每天在日落后换纸，即使是全天阴雨，无日照记录，也应照样换下，以备日后查考。上纸时，注意使纸上10∶00时线对准筒口的白线，14∶00时线对准筒底的白线；纸上两圆孔对准两个进光孔，压纸夹交叉处向上，将纸压紧，盖好筒盖。换下的日照纸，应依感光迹线的长短，在其下描画铅笔线。然后，将日照纸放入足量的清水中浸漂 3～5min 拿出(全天无日照的纸，也应浸漂)；待阴干后，再复验感光迹线与铅笔线是否一致。如感光迹线比铅笔长，则应补上这一段铅笔线，然后按铅笔线计算各时日照时数(每一小格为 0.1h)。将各时的日照时数相加，即得全日的日照时数。如果全天无日照，日照数应记为 0.0。

(4) 检查与维护

首先，每月检查一次仪器的水平、方位、纬度的安装情况，发现问题，及时纠正。其次，日出前应检查日照计的小孔，有无被小虫、尘土等堵塞或被露、霜等遮住。

4) 结果计算

统计某日的日照时数(实照时数)和计算该日的日照百分率，并将观测结果记入表 10-1；查算当地某年各月的实照时数、可照时数及日照百分率，并记入表 10-2。

日照时数(小时)观测表   表 10-1

时　　间	日　照　时　数	时　　间	日　照　时　数
4：00～5：00		12：00～13：00	
5：00～6：00		13：00～14：00	
6：00～7：00		14：00～15：00	
7：00～8：00		15：00～16：00	
8：00～9：00		16：00～17：00	
9：00～10：00		17：00～18：00	
10：00～11：00		18：00～19：00	
11：00～12：00		19：00～20：00	

日照时数及日照百分率   表 10-2

项　　目	月　份											
	1	2	3	4	5	6	7	8	9	10	11	12
实照时数												
可照时数												
日照百分率												

10.1.2　光对园林植物的生态作用观测

1) 目的与要求

掌握照度计(图 10-2)的使用方法，明确光对园林植物生长发育和形态结构的影响。

2) 仪器、用具、材料

照度计、测高器、围尺、皮尺、铅笔、记录板等。

3) 观测内容和方法

(1) 用照度计测定不同光环境条件下的光照度，并进行比较。光照度用照度计测定。照度计由硒光电池和微电表组成，如图 10-2 所示。

硒光电池装在圆形有柄的胶木盒内，观测时将光电池放在所要观测的部位，受光后就产生电流，电流的强弱决定于光强的大小。光电池用电线连接到微电表，微电表上的指针示度就是光照强度的读数。光电池附有相应的滤光器，当光照很强时，必须将滤光器放在光电池上，并将开关调至相应

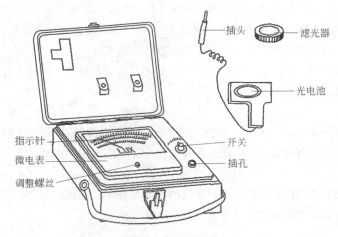

插头
滤光器
光电池
指示针
开关
微电表
插孔
调整螺丝

图 10-2　照度计

的倍数挡上，再进行读数。在观测时，光电池要水平放置，并要放在应测高度有代表性的部位。每次测光时，光电池的放置位置不要变动，否则会影响观测结果。

(2) 观察园林植物在不同光照条件下的生长发育情况：比较强光和弱光条件下园林植物的形态特征和开花结实状况；比较园林植物不同部位的开花结实状况和叶片的形态结构；观察受单向光照射条件下园林植物的形态及生长发育状况。

(3) 观察喜光植物和耐阴植物在叶片形态、构造、着生状况等方面的区别。

10.1.3　作业

(1) 通过日照时数和光照度的测定结果，分析光对园林植物生长发育的影响。

(2) 写出实习报告。

10.2　植物生长环境温度的观测

10.2.1　土壤温度与空气温度的观测

1) 目的及要求

掌握地表温度、土壤温度和空气温度的观测方法及有关仪器的使用方法，明确温度对园林植物生长发育和形态结构的影响。

2) 仪器与用具

地面温度表、普通温度表(图 10-3)、最高温度表(图 10-4)、最低温度表(图 10-5)、曲管地温表(图 10-6)、直管地温表(图 10-7)。

3) 观测方法

绿地内、外的土壤温度和空气温度的观测：普通温度表如干球温度表，用于观测空气温度，若将感应部分包上纱布，并使之湿润，就成为湿球温度表。湿球温度表与干球温度表配合，用于空气湿度的观测。观测时间安排在夏季晴天上午或下午进行，就近选择森林公园或是一定面积的绿地，并在附近找一空旷地对比。测定两处：地表(0cm)和距地表 1.5m 处，正确观察记载读数，求算结果，从而比较分析绿地与空旷地的温度、湿度差，并分析原因。

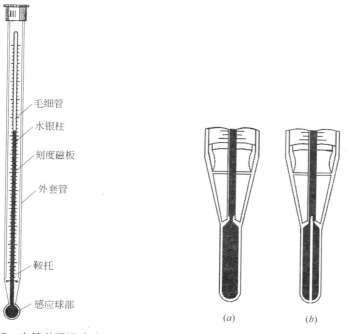

图 10-3　套管普通温度表

图 10-4　最高温度表感应部分构造

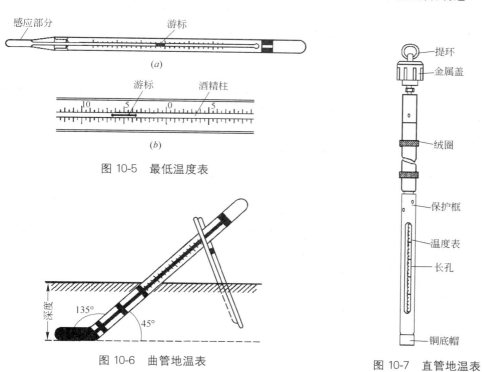

图 10-5　最低温度表

图 10-6　曲管地温表

图 10-7　直管地温表

10.2.2　温度对植物形态的影响的观测

温度对植物形态的影响是同其他因子(如日照、水分)的影响交织在一起的。单就温度的影响来说，一般温度过高或过低，都会使叶面积变化，特别是在生育期的影响尤为显著。树皮、根颈木栓化，某些植物具厚薄不一的木栓层及叶被蜡质、白粉、茸毛，芽具鳞片等都是植物抵御、适应低温或高温的表现。

10.2.3 作业

（1）比较绿地内、外的温差，并分析原因。

（2）园林植物在栽培中，应如何采用人工设施调节土壤温度、空气温度，以达到定时、定量、定规格的生产？

（3）写出实训报告。

10.3 空气湿度、降水和蒸发的观测

10.3.1 空气湿度的测定

1）目的及要求

了解表示空气湿度的参数和空气湿度测定仪器的结构及使用方法，掌握空气湿度测定原理和方法。

2）仪器和材料

干湿球温度表、毛发湿度表、小型蒸发皿等。

3）观测方法

干湿球温度表测定空气湿度是根据干球温度与湿球温度差值的大小而测定空气湿度大小的。

（1）将干湿球温度表垂直挂在小百叶箱内的温度表支架上，左边是干球温度表，右边是湿球温度表。如没有百叶箱，干湿球温度表也可以水平放置，但干湿球温度表的球部必须防止太阳辐射和地面反辐射的影响及雨雪水的侵袭，保持在空气流通的环境中，绝对禁止把干湿球温度表放在太阳光直接照射下测定空气湿度。

（2）观察时间及观察项目：观察时间以北京时间为准，每天在 7 时、13 时、17 时作 3 次观测。观察空气湿度一般用干、湿球温度表，定时记录干、湿球温度表的示数，根据其示度差，可查算出相对湿度、露点温度和水汽压。也可用毛发湿度表观测空气的相对湿度。

4）结果计算

根据观测的干球温度与湿球温度的差值查表即可求出空气的相对湿度。

将测定空气湿度的结果记录于表 10-3 中。

空气湿度的记录 表 10-3

	干球温度(℃)	湿球温度(℃)	干湿球温度差(℃)	相对湿度(%)	露点温度(℃)	水汽压(hPa)
7：00						
14：00						
17：00						

10.3.2 降水量的观测

1）目的及要求

了解测定仪器的结构和使用方法，掌握降水量的测定原理与方法。

2）仪器和材料

雨量器、虹吸式雨量计。

3）观测方法

（1）雨量器及其使用

① 雨量器构造：雨量器是用来测定一定时段内的液体和固体降水量的仪器(图 10-8)。它由口径 20cm 的承水器、漏斗、储水筒(外筒)、储水瓶组成，并配有与其口径成比例的专门雨量杯。雨量杯刻度每一小格表示 0.1mm，每一大格表示 1.0mm。

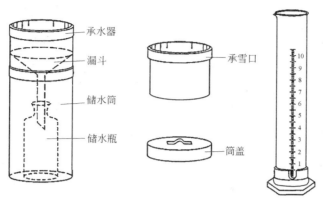

图 10-8　雨量器及量筒

② 雨量器安装：雨量器安置在观测场内固定架子上，器口保持水平，口沿距地面 70cm。冬季积雪较深地区，应在其附近装一能使雨量器口距地高度达到 1.0～1.2m 的备用架子。当雪深超过 30cm 时，应把仪器移至备用架子上进行观测。

冬季降雪时，须将漏斗和储水瓶取走，直接用承雪口和储水筒承接降雪。

③ 观测和记录：有降水时每天 8：00、20：00 进行观测，观测时要换取储水瓶，将储水瓶内的水缓缓地倒入专用量杯中量取，量取时量杯要保持水平，精确至 0.1mm。在很大的阵性降水后，或在气温较高的季节，降水停止后，应及时测定。冬季下雪时，改用承雪口和储水筒直接测定。观测时用备用储水筒去换取已盛有雪的储水筒，盖上盖子带回室内，待雪化后用量杯量取；也可加一定的温水，使雪融化后再用量杯量取，但应记住从量得数值中扣除加入的温水水量。无降水时，降水量不作记录。不足 0.05mm 降水量记为 0.0。

④ 雨量器维护：每次巡视仪器时，注意清除承水器、储水器内的昆虫、树叶等杂物；定期检查雨量器的高度、水平，发现不符合要求的应及时纠正；承水器的刀刃口要保持正圆，避免碰撞变形。

(2) 虹吸式雨量计及其使用

① 构造：虹吸式雨量计是用来连续记录液体降水量和降水时间的仪器(图 10-9)。它由承水器、浮子室、自计钟、虹吸管等组成。当雨水由承水器进入浮子室后，室内水面就升高，浮子和笔杆也随着上升。笔尖在自记纸上划出相应的曲线就表示降水量、降水时间和降水强度。当笔尖达到自计纸上限时(一般相当于 10mm 或 20mm 的降水量)，浮子室内的水就从虹吸管排出，流入管下的盛水器中，笔尖就回到 0 线上。若仍有

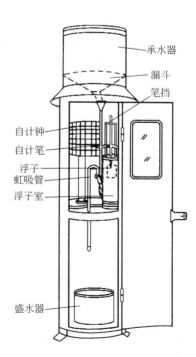

图 10-9　虹吸式雨量计

降水，笔尖又随之上升画线。自计曲线的坡度表示降水强度大小。

② 安装：将仪器安装在观测场水泥或木底座上，承水器口距地高度以仪器自身高度为准。器材保持水平，用三根纤绳拉紧。

③ 观测与记录：从自记纸上读取降水量，每一小格0.1mm。一日内有降水时(自记迹线上升不小于0.1mm)，必须换自计纸，一般于每天8：00进行换纸。无降水时，自计纸也可以8~10d换一次。应在每日换自计纸时加注1mm水量，使笔尖抬高位置，避免每日迹线重叠。

④ 维护：初结冰前应把浮子室内的水排尽，冰冻期长的地区应将内部机件拆回室内。其他同雨量器。

4) 观测结果

将降水量的观测结果记录于表10-4中。

降水量(定时)记录 表 10-4

年 月 日	8：00	20：00	合 计

10.3.3 蒸发量的测定

1) 目的及要求

了解测定仪器的结构和使用方法，掌握蒸发量的测定原理与方法。

2) 仪器和材料

雨量器、虹吸式雨量计。

3) 测定方法

(1) 小型蒸发器的构造

小型蒸发器是用来测定水面蒸发的仪器(图10-10)。它是一只口径为20cm、高约10cm的金属圆盆，器旁有一倒水小嘴，口缘镶有内直外斜的刀刃形铜圈，为防鸟兽饮水，器口附有上端向外张开成喇叭状的金属网圈。

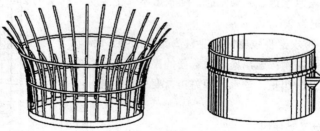

图 10-10 蒸发器

(2) 安置

蒸发器应安置在观测场内终日受日光照射的地方，安置地点竖一圆柱，柱顶安一圆架，将蒸发器安放在其中。蒸发器口缘保持水平，距地面高度为70cm。冬季积雪较深地区的安置同雨量器。

(3) 观测与记录

每天20：00观测一次，用专门量杯先测量前一天20：00注入的20mm清水(即今日原量)，经过24h蒸发后剩余的水量，记入观测簿余量栏，然后倒掉余量，重新量取20mm清水注入蒸发器内，并记入次日原量栏。蒸发量计算公式如下：

$$蒸发量 = 原量 + 降水量 - 余量 \tag{10-1}$$

冬季结冰时可以改用称量法测量。将蒸发器内注入 20mm 清水后称其重量（即今日原量），经过 24h 蒸发后再称其重量，称为余量，二次重量之差即为蒸发量。其计算公式如下：

$$蒸发量(mm) = \frac{原量(g) - 余量(g)}{31.4} \tag{10-2}$$

（4）维护

每天观测后均应清洗蒸发器（洗后要倒净余水）并使用干净水，其他同雨量器。

4）观测结果

将蒸发量的观测结果记录于表 10-5 中。

蒸发量(小型)记录 表 10-5

年 月 日	原 量	余 量	降 水 量	蒸 发 量

10.3.4 作业

（1）分析本地区空气湿度、降水量及蒸发量。

（2）写出实训报告。

10.4 大气的观测

10.4.1 风速和风向的观测

1）目的要求

熟悉轻便风速仪的使用，掌握轻便风速仪观测风向、风速的方法。

2）仪器、材料

三杯轻便风速仪记录表、铅笔等。

3）三杯轻便风速仪的构造及使用

（1）构造

由风向部分（包括风标、方向盘、制动小套）、风速部分（包括十字护架、风杯、风速表）和手柄组成（图 10-11）。

（2）使用

① 手握住手柄，手臂高举过头。

② 用食指或拇指向下按动风速表按钮，30s 后读取风向和风速。

③ 将读取的数据记录于表 10-6 中。

（3）维护

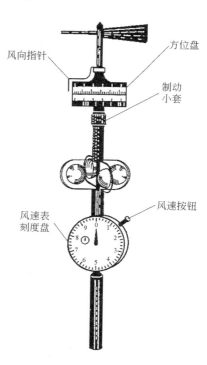

图 10-11 三杯轻便风速仪

时间	2	8	14	20	合计	平均
风向						
风速						

① 保持仪器清洁、干燥，若被雨水或雪淋湿，应及时擦干。

② 避免磕碰和振动，非观测时间，不得轻易将仪器取出盒内，切勿手摸风杯。

③ 不观测时不得随便按动风速按钮，计时开始后也不得再按动按钮。

④ 不得将紧固螺母随意松动，否则仪器会出现异常。

⑤ 仪器使用达 120h 必须重新检定。

4）观测方法

(1) 风速：观测时风速表刻度盘与当时风向平行。观测者应站在仪器的下风方，然后将方向盘的制动小套管向下拉并向后转一角度，启动方向盘，使其能自由旋转，按地磁子午线的方向固定下来，注视风向指针约两分钟，记录其最多风向。

(2) 风向：在观测风向时，待风杯旋转约半分钟，按下风速按钮，启动仪器。待一分钟后指针自动停转，再读出风速示值(m/s)。按此值从风速检定曲线图中查出实际风速，即为所测的平均风速。

(3) 观测完毕，将方位盘制动小套管向左转一个角度，借弹簧的弹力，小套管弹回上方。

10.4.2　植物抗污能力调查

1）目的要求

了解园林植物抗污能力。

2）用具和材料

卷尺、记录表格。

3）观测方法

选择不同的地点(工场区、居民区、化工厂等)观察各种园林植物对大气污染的反应，同时观察不同植物的抗污能力。记入表 10-7。

园林植物对大气污染抗性调查表　　　　　　　　　　表 10-7

植物名称	受害症状	抗性强弱

10.4.3　作业

(1) 分析本地区大气状况，分析不同植物对大气污染的抗性。

(2) 写出实训报告。

10.5　土壤分析样品的采集与土壤剖面的观察

10.5.1　土壤分析样品的采集

1）目的及要求

使学生掌握土壤剖面样品和耕层混合样品的采集方法。为使采集的土样具有最大的代表性，在采集土样的过程中，按"随机"、"多点"和"均匀"的原则进行取样。

2）材料与用具

小铁铲、布袋、标签、钢卷尺、木锤、土钻。

3）实训的内容与方法

（1）土壤剖面样品的采集

在采集这类样品时必须根据植被类型、地形特点以及本地区自然成土条件和土壤类型差异来选取样点、挖掘剖面，然后按照土壤剖面的颜色、结构、质地、松紧度、湿度和植物分布等，自上而下划分土层，进行仔细观察并记录。自下而上逐层采集分析土样。将采好的土样放入布袋或塑料袋内，一般采 1kg 左右。土袋内外应附上标签，写明采集地点、剖面号、土层深度、采集日期及采集人等。一般需要采集 3～5 个重复剖面样品。剖面一般宽 1m，长 1.5～2m，深 1m 或到达地下水位，如图 10-12 所示。挖掘剖面时应注意以下几点：

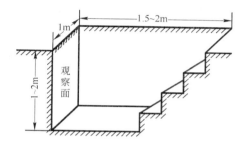

图 10-12　耕作土壤剖面观测示意图

① 观察面向阳，上下必须垂直。

② 表土和底土分别堆放在坑的左右两边，待观察完毕，按原来的土层顺序将坑填好，尽量恢复原状。

③ 观察面的上方不能堆放土壤，禁止人踩踏，以免破坏土壤的自然状态。

④ 正对观察面的方向，挖成阶梯状，以便于观察。

（2）耕层混合样品的采集

① 采样点的确定：采样点的分布应按照"随机"、"多点"和"均匀"的原则，使采集的土样具有最大的代表性。布点的形式以蛇形为好，在地块面积小、地势平坦、肥力均匀的情况下，方可采用对角线或棋盘式采样路线（图 10-13）。采样点的数目应根据采样区域大小和土壤肥力差异而定，采点数一般为 5～20 个。

② 采样方法：在选定的采样点，先将表土上的杂物去除，然后用土钻或小铲垂直入土 0～25cm。采集的土壤样品首先将大块破碎，去掉枯枝落叶、根系等植物残体及土壤动物，再混合均匀。如土样量过多可采用"四分法"弃去多余的土（图 10-14），取一份装入干净的布袋或塑料袋中，一般每个混合土样的重量以 1kg 为宜。袋内放两张标签，用铅笔注明样品编号、采集地点、土壤名称、采样深度、采集人和采集日期等。

4）作业

（1）采样点的分布应遵循怎样的原则？

（2）采样布点的形式有几种？并分别进行描述采样路线。

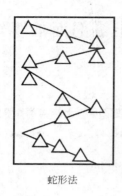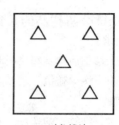

蛇形法　　　　　　　棋盘式法　　　　　　　对角线法

图 10-13　采样点分布图

第一步　　　　　　　第二步　　　　　　　第三步

图 10-14　四分法取舍样品示意图

(3) 写出实训报告。

10.5.2　土壤的剖面观察

1) 目的与要求

掌握土壤剖面观察的内容和方法。

2) 材料和设备

(1) 制备 10% 的盐酸溶液：吸取 10mL 浓盐酸，加入到 90mL 蒸馏水中。

(2) 铁锹、皮尺、小刀、土壤硬度计、改锥、土壤标准比色卡、布口袋或塑料袋、标签、铅笔、水、土壤剖面标本盒。

3) 观察方法步骤

(1) 土壤剖面挖掘

挖掘的剖面一般宽 1m、长 1.5～2m、深 1m 或到达地下水位。观察面朝阳，背面修成阶梯便于观察时上下。挖出的土堆在土坑的两侧，正面上方不得堆土和站立，以保持土壤观察面的自然状态。观察采样后，应回填土坑。

(2) 土壤剖面发育层次的划分

土壤剖面自上而下修好后，根据剖面的主要形态特征(颜色、质地、结构、松紧等)划分出不同的土层。

(3) 土壤剖面发生层次形态特征的观察和记载

把土壤剖面各项形态指标记录于表 10-8 中。

① 土层厚度：记载每个发育层次的厚度。

土壤剖面形态特征的观察和鉴定记录表　　　　　　表 10-8

剖面深度 (cm)	颜色	质地	松紧	结构	湿度	孔隙状况	根系状况	新生体	侵入体	盐酸反应

② 土壤颜色：土壤颜色是土壤发生层次外表形态特征最显著的标志，绝大多数呈复合色。先确定主色和次色，记载时次色在前，主色在后。如某土层以棕色为主，黄色为次，既为黄棕色。

③ 土壤质地：野外鉴定土壤质地，一般用目视手测的简便方法。土壤质地分为沙土、沙壤土、中壤土、重壤土、黏土。

④ 土壤结构：在各层分别掘出较大的土块，于 1m 高处落下，然后观察其结构体的外形、大小、硬度、颜色，并确定其结构名称。可分为团粒结构、粒状结构、核状结构、柱状结构、片状结构、块状结构等。

⑤ 土壤松紧度：可分为松散、较松、较紧、紧实、坚实。可用采土工具简易测定土壤的松紧度，其测量标准如下：

a. 松散：稍用力，就可将小刀插入很深的土层。

b. 较松：用力不大，就可将小刀插入很深的土层。

c. 较紧：用力不大，就可将小刀插入土层 2～3cm。

d. 紧实：用力较大，小刀才能插入土层 2～3cm。

e. 坚实：用力很大，小刀也难进入土层。

⑥ 土壤干湿度：在野外速测方法中，通常只用眼睛和手来观察和触测，根据水分含量可分为干、润、湿润、湿、极湿五级，其判别标准如下：

a. 干：捏之则散成面，吹时有尘土扬起。

b. 润：土样放在手中，有明显湿润的感觉，手捏成团，扔之散碎；吹不起灰尘。

c. 湿润：土样放在手中有湿的印迹，土样放在纸上有湿斑。

d. 湿：土样放在手中，有明显湿润感，手压无水流出。

e. 极湿：土壤水分过分饱和，手握土块有水流出。

⑦ 新生体和侵入体：

a. 新生体是指在土壤形成发育过程中所产生的新物体，不是成土母质原有的物质。比较常见的土壤新生体有石灰结核、石灰假菌丝体、石灰霜；盐霜、盐晶体、盐结皮；铁锰胶膜、铁锈斑纹、铁锰还原的青灰色或灰蓝色条纹及二氧化硅、铁锰硬盘、黏土硬盘以及砂浆等。

b. 侵入体指由于人为活动由外界加入土体中的物质。它不同于成土母质和新生体，常见的侵入体有砖瓦碎片、陶瓷片、炭渣、煤渣、焦土块、骨骼、贝壳、石器等。

⑧ 植物根系：需查明根的数量、种类、大小、活根和死根。可分为：

a. 多量根：土层内根系交织密布，每平方米 10 条以上根系。

b. 中量根：土层内含有较多根系，每平方米 5 条以上根系。

c. 少量根：土层内含有少量根系，每平方米 1～2 条根系。

d. 无：无根系或极少根系。

⑨ 石灰反应：用 10% 盐酸滴入土中，观察泡沫反应的有无和强弱。

⑩ 土壤酸碱度：用 pH 试纸测定（表 10-9）。

<table>
<tr><th colspan="8">土壤酸碱性划分标准   表 10-9</th></tr>
<tr><th>酸度类型</th><th>强酸</th><th>酸</th><th>弱酸</th><th>中性</th><th>弱碱</th><th>碱</th><th>强碱</th></tr>
<tr><td>pH 值</td><td><4.5</td><td>4.6～5.5</td><td>5.6～6.5</td><td>6.6～7.5</td><td>7.6～8.0</td><td>8.1～9.0</td><td>>9.0</td></tr>
</table>

层次过渡情况指上、下土层颜色或质地、结构等变化的过渡情况。一般用"较明显"、"明显"、"不明显"表示。

4）作业

（1）根据所观察到的结果，对该土壤进行综合评价。

（2）写出实习报告。

10.6　土壤分析样品的处理和贮存

10.6.1　新鲜样品的处理和贮存

1）目的与要求

掌握新鲜样品处理和贮存的方法。

2）材料和设备

土壤标本瓶（塑料瓶）2 个、标本筛（2、0.25mm）、制样板、研钵、镊子、标签纸等。

3）处理和贮存方法

某些土壤成分，如铵态氮、硝态氮等在风干过程中会发生显著变化，必须用新鲜样品进行分析。为了能真实地反映土壤在田间状态下的某些理化性质，新鲜样品要及时送回室内进行处理和分析。用粗玻璃棒或塑料棒将土样弄碎，混匀后迅速称样测定。

新鲜样品一般不宜贮存。如需暂时贮存，可将新鲜样品装入塑料袋，扎紧袋口，放入冰箱冷藏室或进行速冻固定保存。

10.6.2　风干样品的处理和贮存

1）目的与要求

掌握风干样品处理和贮存的方法。

2）材料和设备

土壤标本瓶（塑料瓶）2 个、标本筛（2、0.25mm）、制样板、研钵、镊子、标签纸等。

3）处理和贮存方法

从野外采回的土壤样品要及时放在样品盘上，摊成薄薄的一层，置于干净整洁的室内通风处自然风干，严禁暴晒。风干过程中要防止酸、碱等气体及灰尘的污染，同时要经常翻动，以免发霉而引起性质的改变。

风干后的土样按照不同的分析要求进行不同的处理。

（1）物理分析样品的处理与贮存

将风干土壤样品，放在制样板上用圆木棍碾碎，然后通过 2mm 孔径的标本筛，留在筛上的土块再倒在木板上重新碾碎，如此反复进行，使全部土壤过筛。留在筛上的碎石称重后须保存，以备砾石称重计算之用。同时将过筛的土样称重，以计算砾石重量百分数。然后将土样混匀后盛入广口瓶内，贴签，作为土壤颗粒分析及其他物理性质测定之用。若在土壤中有铁锰结核、石灰结核等，绝不能用木棒碾碎，应细心拣出称重，保存。

（2）化学分析样品的处理与贮存

将风干样品放在制样板上，用木棍或塑料棍碾压，并将枯枝落叶、根系等植物残体、石块等侵入体和新生体剔除干净，压碎的土样全部通过 2mm 孔径筛。未过筛的土粒必须重新碾压过筛，直至全部样品通过 2mm 孔径筛为止。过 2mm 孔径筛的土样可供有效性养分及交换性能、pH 等项目的测定。

通过 2mm 孔径的标本筛的土样按照四分法取出一部分进一步碾碎，使其全部通过 0.25mm 孔径筛，用以测定土壤有机质、腐殖质、全氮、碳酸钙等成分。

风干后的土样按照不同的分析要求研磨过筛，充分混合后，装入瓶中备用。瓶内外各放一张标签，写明编号、采样地点、土壤名称、采样深度、样品粒径、采样日期、采样人及制样时间、制样人等项目。制备好的样品要妥善贮存，避免日晒、高温潮湿和酸碱等气体的污染。

10.6.3　作业

写出实训报告。

10.7　土壤自然含水量的测定

10.7.1　烘干法

1）目的与要求

了解烘干法测定土壤自然含水量的测定原理，掌握测定方法。

2）主要仪器设备

土钻、土壤筛(孔径 2mm)、铝盒、分析天平(感量为 0.01g)、电热恒温鼓风干燥箱、干燥器(内盛变色硅胶)。

3）测定方法

（1）使用范围

本方法适用于测定除有机土(有机质含量在 200g/kg 以上)及含大量石膏的土壤以外的各类土壤的含水量。

（2）方法原理

土壤样品在 105±2℃烘干至恒重时的失重，即为土壤样品所含水分的质量。

（3）试样的制备

新鲜土壤：在园林绿地或裸地上用土钻采集有代表性的土样，将所需深度的土壤 10～20g 迅速装入已知准确质量的铝盒内，盖紧，用电子天平迅速称重，或带回室内，用天平(感量 0.01g)立即称重。精确至 0.01g。

风干土样：选取有代表性的风干土样，压碎，经过 2mm 筛混合均匀后备用。

4）测定步骤

（1）新鲜土样水分的测定

将已称重的盛有新鲜土样的铝盒，将盒盖倾斜放在铝盒上，置于已预热至 105±2℃ 的烘干箱中烘约 6～8h，移入干燥器内冷却至室温，称重。精确至 0.01g。

(2) 风干土样水分的测定

取待测的风干土样约 5g，均匀平铺在干燥的铝盒内，盖好，称重。精确 0.01g。将盒盖倾斜放在铝盒上，置于已预热至 105±2℃ 的烘干箱中烘约 6h，移入干燥器内冷却至室温，称重。精确至 0.01g。

5) 结果计算

$$土壤含水量(\%) = \frac{土壤水分重量}{湿土重量} \times 100\% = \frac{W_1 - W_2}{W_1 - W_0} \times 100\% \tag{10-3}$$

式中　W_0——烘干空铝盒的质量(g)；

　　　W_1——烘干前铝盒及土样的质量(g)；

　　　W_2——烘干后铝盒及土样的质量(g)。

平行测定的结果用算术平均值表示，保留小数点后一位。

10.7.2　酒精燃烧法

1) 目的与要求

了解酒精燃烧法测定土壤自然含水量的测定原理，掌握测定方法。

2) 实验原理

利用酒精的燃烧放出的热量，使土壤水分迅速蒸发。酒精燃烧时火焰距土面 2～3cm，样品温度约为 70～80℃，通过几次重复，土壤水分完全丧失掉。火焰即将熄灭的几秒钟内，火焰迅速下降，土温迅速上升至 180～200℃，而后迅速下降至 80～90℃，由于高温阶段的时间极短，样品中有机质和盐分的流失甚微。此法适用于田间测定，简便易行。

3) 材料和设备

天平(感量为 0.01g)、酒精灯、土铲、有盖的铝盒、工业酒精、火柴等。

4) 测定步骤

(1) 称取土样 3～5g(精确至 0.01g)，放入已知重量的铝盒中。

(2) 向铝盒内加酒精，直到土面全部浸没即可。

(3) 点燃酒精燃烧，当酒精燃尽时，火焰熄灭，冷却后再加入 1.5～2ml 酒精，进行第二次燃烧，一般情况下，重复 3～4 次燃烧后即可达恒重。然后称重(精确至 0.01g)。

5) 结果计算

$$土壤含水量(\%) = \frac{土壤水分重量}{湿土重量} \times 100\% = \frac{W_1 - W_2}{W_1 - W_0} \times 100\% \tag{10-4}$$

式中　W_0——烘干空铝盒的质量(g)；

　　　W_1——烘干前铝盒及土样的质量(g)；

　　　W_2——烘干后铝盒及土样的质量(g)。

平行测定的结果用算术平均值表示，保留一位小数。

10.7.3　作业

(1) 根据测定结果计算出土壤水分含量。

(2) 写出实训报告。

10.8　土壤质地的测定

10.8.1　简单目测指感法

1) 目的与要求

目测指感法测定土壤质地是一种经验性的估测方法，准确性比较差，但一般能够满足园林生产的要求，此法通常在田间进行。要求能够熟练地掌握目测指感法测定土壤质地的原理和方法。

2) 测定原理

目测指感法测定土壤质地就是凭视觉和感觉来判断确定土壤质地类型。它以土壤的黏结性和可塑性这两个物理特性为基础，以土块表面的黏结性、坚实度确定土壤质地名称。当加适量的水使土壤达可塑范围时，按其可塑性的大小划分土壤质地名称。

3) 材料和设备

各种质地的土壤、水、容器(烧杯或纸板)、镊子等。

4) 操作步骤及其鉴别标准

按照边摸边看、先沙后黏、先干后湿的顺序，对已知质地的土壤进行手摸测定其质地。边摸边看就是首先目测，观察有无坷垃、坷垃多少和软硬程度。质地粗的沙质土壤一般无坷垃，土壤比较粗糙、无滑感，土壤质地越细的黏重土壤坷垃越多、越硬。当适量加水后，把土壤按照搓成球状→条状→环状，最后压扁成片状的顺序进行操作，观察裂纹是否明显。各种质地的土壤手测标准参考如下：

(1) 沙土：肉眼能够分辨出土壤颗粒的大小，无土块，手感粗，均匀无滑感，加水后不能成球。有些沙土肉眼可见一些发亮的白云母碎片。

(2) 沙壤土：手感比较粗糙，基本无土块。加水可搓成小球，但球面有裂口，易散碎。

(3) 轻壤土：有少量干土块，手捏易碎，加水可搓成小条，但容易断裂。

(4) 中壤土：干土块增多，手捏硬度增加，加水可搓成小条，不易断裂。

(5) 重壤土：干土块比较多，而且比较硬，加水可搓成条，且能弯成小环，但压缩后产生裂口。

(6) 黏土：干土块很多，并且坚硬，手捏比较难碎，加水可搓成任何形状，搓成的小环压缩后无裂口，而且指纹明显。

根据以上标准对已知土样进行判断，确定出相应的土壤质地类型。

5) 作业

测定未知质地的土壤，并记录操作步骤、手摸的感觉和所观察到的现象。写出实训报告。

10.8.2　比重计测定法

1) 实验目的

掌握比重计测定法测定土壤质地的原理和方法。

2) 实验原理

比重计法测定土壤质地是将较小的土粒经过物理、化学方法处理后分散成单粒，将其制成一定容积的悬浮液，使分散的土壤颗粒在悬浮液中自由沉降。由于土壤颗粒的大小不同，沉降的速度也不一样，在一定的时间内，用甲种比重计可测得悬浮在比重计所处深度的某种土粒的含量，经校正后可计算并查表确定出质地名称。

3）实验材料及设备

（1）试剂

① 0.5M 的氢氧化钠溶液：称取 20g 氢氧化钠(NaOH，化学纯)，用蒸馏水定容至 1000ml 摇匀。

② 0.5M 的草酸钠溶液：称取 33.5g 草酸钠(化学纯)，用蒸馏水定容至 1000ml 摇匀。

③ 0.5M 的 6—偏磷酸钠溶液：称取 51g 6—偏磷酸钠(化学纯)，用蒸馏水溶解后定容至 1000ml 摇匀。

④ 2%碳酸钠溶液：称取 20g 化学纯碳酸钠，溶于 980ml 蒸馏水中。

（2）实验设备

1000ml 沉降筒、不锈钢搅拌棒、甲种比重计(鲍氏比重计)、温度计(量程 0℃～100℃)、瓷蒸发皿、三角瓶、洗瓶、0.01g 感量天平、过 20 目筛的风干土样等。

4）实验操作步骤

（1）称取

称取过 20 目筛(筛孔直径 0.8mm)的风干土样 50g 放入 250ml 的蒸发皿或烧杯中，加入分散剂 50ml。(根据其 pH 值的不同加入不同的分散剂：石灰性土壤加 0.5M 6—偏磷酸钠溶液，中性土壤加 0.5M 的草酸钠溶液，酸性土壤加 0.5M 的氢氧化钠溶液)。

（2）分析样品的分散

在正常室温下，用带胶头的玻璃棒小心研磨 15min 后，将分散的土样全部倒入 1000ml 的量筒中，并用蒸馏水洗净蒸发皿中残留的土壤倒入量筒，最后把量筒用水定容至 1000ml(加入化学分散剂后，对样品进行物理分散处理，以保证土粒的充分地分散)。如果空气温度过低也可以用煮沸的分散方法。即：在盛有土样的三角瓶中再加入蒸馏水，使瓶内总体积达到约 250ml，摇匀，随后将三角瓶放在电炉或电热板上加热煮沸。在沸腾过程中应经常用玻璃棒搅动三角瓶内土液，以防土粒沉积在瓶底结成硬块或烧焦影响分散效果或因为瓶底受热不均而发生破裂。煮沸后保持沸腾半小时，全部进入沉降筒内，并冲洗数次。每次用水不宜过多，以免最终水量超过 1000ml。

（3）搅拌、测温、沉降

用搅拌棒上下搅拌 1min(约上下 30 下)，并测定悬浮液温度(温度计应放在沉降筒中部，读数精确至 ±0.1℃)。沉降开始，土粒开始沉降的时间即为计划开始时间，沉降时间的长短要按照表 10-10 所列的温度、粒径、时间关系来确定。在整个测定过程中，应注意保持悬液的静置状态，以免影响测定结果。

（4）测定悬浮液密度

最后用甲种比重计测量悬液密度，即：在读数时间到达前 10～15s，将比重计轻轻放入悬液中，勿使其左右摇摆、上下沉浮。在液体弯月面和比重计相接的上缘刻度上读数并记录。读数后将比重计轻轻取出，放入盛有蒸馏水的高型烧杯中，以备下次使用。

按上述步骤，可分别测出各级土粒的比重计读数，经校正后即得范围内的土粒累计含量。

空白实验除去不加土样以外，其他步骤重复上述操作过程并测定，记录读数。

5）结果计算

（1）根据含水量将风干土重换算成烘干土重

$$烘干土重(g) = \frac{风干土重}{100 + 风干土水分含量(\%)} \times 100 \qquad (10\text{-}5)$$

小于某粒径颗粒沉降时间表(简易比重计法)　　　　表 10-10

温度(℃)	<0.05mm			<0.01mm			<0.005mm			<0.001mm		
	时	分	秒	时	分	秒	时	分	秒	时	分	秒
4		1	32		43		2	55		48		
5		1	30		42		2	50		48		
6		1	25		40		2	50		48		
7		1	23		38		2	45		48		
8		1	20		37		2	40		48		
9		1	18		36		2	30		48		
10		1	18		35		2	25		48		
11		1	15		34		2	25		48		
12		1	12		33		2	20		48		
13		1	10		32		2	15		48		
14		1	10		31		2	15		48		
15		1	8		30		2	15		48		
16		1	6		29		2	5		48		
17		1	5		28		2	0		48		
18		1	2		27		1	55		48		
19		1	0		27		1	55		48		
20			58		26		1	50		48		
21			56		26		1	50		48		
22			55		25		1	50		48		
23			54		24	30	1	45		48		
24			54		24		1	45		48		
25			53		23		1	40		48		
26			51		23		1	35		48		
27			50		22		1	30		48		
28			48		21	30	1	30		48		
29			46		21		1	30		48		
30			45		20		1	28		48 48		

(2) 比重计读数校正

① 分散剂校正值(g/L) = 分散剂体积×分散剂溶液的浓度×分散剂的摩尔质量(g/mol) × 10^{-3}

式中,分散剂体积的单位为 ml。

② 温度校正值可从表 10-11 中查得。

校正后比重计读数(g/L) = 比重计原读数 − (分散剂校正值 + 温度校正值)

③ 计算结果:

小于 0.01 粒径的土粒累计含量(%) = 校正后比重计读数/烘干土质量×100%

6) 作业

(1) 查表 10-12 确定土壤质地类型:按卡庆斯基制质地分类标准,查出质地名称

(2) 每人上交一份实验报告。

温度(℃)	校正值	温度(℃)	校正值	温度(℃)	校正值
6.0~8.5	−2.2	18.5	−0.4	26.5	+2.2
9.0~9.5	−2.1	19.0	−0.3	27.0	+2.5
10.0~10.5	−2.0	19.5	−0.1	27.5	+2.6
11.0	−1.9	20.0	0.0	28.0	+2.9
11.5~12.0	−1.8	20.5	+0.15	28.5	+3.1
12.5	−1.7	21.0	+0.3	29.0	+3.3
13.0	−1.6	21.5	+0.45	29.5	+3.5
13.5	−1.5	22.0	+0.6	30.0	+3.7
14.0~14.5	−1.4	22.5	+0.8	30.5	+3.8
15.0	−1.2	23.0	+0.9	31.0	+4.0
15.5	−1.1	23.5	+1.1	31.5	+4.2
16.0	−1.0	24.0	+1.3	32.0	+4.6
16.5	−0.9	24.5	+1.5	32.5	+4.9
17.0	−0.8	25.0	+1.7	33.0	+5.2
17.5	−0.7	25.5	+1.9	33.5	+5.5
18.0	−0.5	26.0	+2.1	34.0	+5.8

卡庆斯基土壤质地分类 表 10-12

质地名称		物理性黏粒小于 0.01mm 的含量(%)		
		灰化土类	草原土及红、黄壤类	柱状碱土及强碱土类
砂土	松砂土	0~5	0~5	0~5
	紧砂土	5~10	5~10	5~10
壤土	砂壤土	10~20	10~20	10~15
	轻壤土	20~30	20~30	15~20
	中壤土	30~40	30~45	20~30
	重壤土	40~50	45~60	30~40
黏土	轻黏土	50~65	60~75	40~50
	中黏土	65~80	75~85	50~65
	重黏土	>80	>85	>65

10.9 电位测定法测定土壤 pH 值

1) 目的及要求

明确测定土壤酸碱度的意义，了解测定原理，掌握土壤 pH 值的电位测定方法。

2) 实验原理

采用电位法测定土壤 pH 值是将 pH 玻璃电极和甘汞电极(或复合电板)插入土壤悬液或浸出液中构成一原电池，测定其电动势值，再换算成 pH 值。在酸度计上测定，经过标准溶液校正后则可直接读取 pH 值。水土比例对 pH 值影响较大，尤其对于石灰土壤稀释效应的影响更为显著。以采取较小水土比为宜，本方法规定水土比为 2.5：1。同时酸性土壤除测定水浸土壤 pH 值外，还应测定盐浸 pH 值，既以 1M KCl 溶液浸提土壤 H^+ 后用电位法测定。本方法适用于各类土壤 pH 值的测定。

3）材料和设备

（1）仪器设备

酸度计、pH 玻璃电极、饱和甘汞电极(或复合电极)、烧杯、玻璃棒等。

（2）试剂

① 去除二氧化碳的水：煮沸 10min 后加盖冷却，立即使用。

② 1M 氯化钾溶液：称取 74.6g 氯化钾溶于 800ml 水中，用稀氢氧化钾和稀盐酸调节溶液 pH 值为 5.5～6，稀释至 1L。

③ pH 4.01(25℃)标准缓冲溶液：称取经 105℃烘干 2～3h 的邻苯二甲酸氢钾 10.21g，溶于蒸馏水中，并定容至 1L。

④ pH 9.18(25℃)标准缓冲溶液：称取 3.8g 经平衡处理的硼砂($Na_2B_4O_7 \cdot 10H_2O$，分析纯)，溶于无二氧化碳的水中，并定容至 1L。

硼砂的平衡处理：将硼砂放在盛有蔗糖和食盐饱和水溶液的干燥器内平衡两昼夜。

⑤ pH6.87(25℃)标准缓冲溶液：称取经 105℃烘干 2～3h 的磷酸氢二钠 3.533g 和磷酸二氢钾 3.338g，溶于蒸馏水中，并定容至 1L。

4）实验操作步骤

（1）仪器校准

各种 pH 计和电位计的使用方法不尽一致，电极的处理和仪器的使用按仪器说明书进行。将土壤待测液与标准缓冲液调到同一温度，并将温度补偿器调到该温度值。用标准缓冲溶液校正仪器时，先将电极插入与所测土样 pH 相差不超过 2 个 pH 单位的标准缓冲溶液中，启动读数开关，调节定位器时读数刚好为标准溶液的 pH 值，反复几次至读数稳定。取出电极洗净，用滤纸条吸干水分，再插入第二个标准缓冲溶液中。两标准液之间允许偏差 0.1pH 单位，如超过则应检查仪器电极或标准缓冲溶液是否有问题。仪器校正无误后方可用于样品测定。

（2）土壤水浸液的 pH 值测定

土样处理：称取过 2mm 孔径筛的风干土壤 10.00g，于 500ml 高型烧杯中，加 25ml 去除 CO_2 的水，用搅拌器搅拌 1min，使土粒充分分散，静置半小时后待测。将电极插入待测液中(注意玻璃电极球泡下部位于土液界面处，甘汞电极插入上部清液)，轻轻摇动烧杯，以除去电极上的水膜，促使其快速平衡，静置片刻，按下读数开关，待读数稳定(在 5s 内 pH 不超过 0.02)时记下 pH 值。放开读数开关，取出电极，以水洗涤，用滤纸条吸干水分后即可进行第二个样品的测定。每测 5～6 个样品后，须用标准缓冲溶液检查定位。

（3）土壤氯化钾浸提液的 pH 测定

当土壤水浸液 pH<7 时，应测定土壤盐浸提液的 pH 值。测定方法除用 1M 氯化钾溶液代替无二氧化碳的水以外，其他步骤与水浸液 pH 测定相同。

5）结果计算

用酸度计测定 pH 值时，直接读取 pH 值，不需计算，结果保留一位小数，并标明浸提剂的种类。

精密度：平行测定结果允许的绝对相差。中性、酸性土壤≤0.1pH 单位，碱性土壤≤0.2pH

单位。

6）注释

（1）温度影响电极电位和水的电离平衡，温度补偿器、标准缓冲溶液、待测液温度要一致。标准缓冲溶液 pH 值随温度变化而稍有变化，校准仪器时可参照表 10-13。

标准缓冲溶液在不同温度下 pH 值的变化

表 10-13

温度(℃)	pH 值		
	标准缓冲溶液 4.01	标准缓冲溶液 6.87	标准缓冲溶液 9.18
0	4.003	6.984	9.464
5	3.999	6.951	9.395
10	3.998	6.923	9.332
15	3.999	6.900	9.276
20	4.002	6.881	9.225
25	4.008	6.865	9.180
30	4.015	6.853	9.139
35	4.024	6.844	9.102
38	4.030	6.840	9.081
40	4.035	6.838	9.068
45	4.047	6.834	9.038

（2）测量时土壤悬浮液的温度与标准缓冲溶液的温度之差不应超过 1℃。

（3）长时间不用的玻璃电极需要在水中浸泡 24h，使之活化后才能进行正常反应。

（4）标准缓冲溶液在室温下一般可保存 1～2 个月，发现混浊沉淀就不能再用。

（5）操作过程中避免酸碱蒸汽浸入。

7）作业

写出实训报告。

10.10 重铬酸钾水化热法测定土壤有机质的含量

1）目的及要求

了解重铬酸钾水化热法测定土壤有机质的原理，掌握测定土壤有机质含量的方法。

2）实验原理

土壤腐殖质与土壤矿物质结合紧密，不易用机械方法分开。测定土壤有机质的方法很多，主要有重量法、容量法和比色法。容量法是最简单而快速的方法，目前在我国广泛应用。常用的容量法主要有重铬酸钾水化热和重铬酸钾氧化法。重铬酸钾水化热法的基本原理是由于浓硫酸和水混合能产生大量的热，可用一定量的标准重铬酸钾——硫酸溶液氧化土壤有机质，剩余的重铬酸钾用硫酸亚铁溶液滴定。从所消耗的重铬酸钾量计算有机碳的含量，再乘以常数 1.724(按土壤有机质平均含碳量 58% 计算)和系数 1.33(使用水化热法的系数)，即为土壤有机质含量。

3）材料和设备

（1）试剂

① 制备 1.0M 重铬酸钾溶液：称取 49.04g 重铬酸钾溶于 600～800ml 蒸馏水中，经完全溶解加水定容至 1000ml。

② 制备 0.5M 硫酸亚铁标准溶液：称取硫酸亚铁 140g 溶于 600～800ml 蒸馏水中，加化学纯浓硫酸 20ml 搅匀，用蒸馏水定容至 1000ml，保存在棕色瓶中。

③ 浓硫酸：化学纯，密度为 $1.84g/cm^3$。

④ 制备邻啡罗啉指示剂：称取 1.49g 邻啡罗啉和 0.7g 硫酸亚铁(或 1.0g 硫酸亚铁铵)，溶于 100ml 蒸馏水中，贮存在棕色瓶中。

(2) 实验设备

恒温水浴锅、滴定台、滴定管(25ml)、三角瓶(250ml)、小漏斗等、扭力天平。

4) 测定步骤

(1) 准确称取过 0.25mm(60 目筛)标准筛的风干土样 2g 两份，分别放入两个 500ml 的三角瓶中，然后准确加入 1.0M 重铬酸钾溶液 10ml，摇匀，再小心加入浓硫酸 20ml，充分摇动 1min，使土壤分散，以保证试剂与土壤样品充分作用。

(2) 土样静置 30min 再加水稀释至 200ml，摇匀。再加入 5～6 滴邻啡罗啉指示剂，摇匀。

(3) 滴定：用 0.5M 硫酸亚铁标准溶液滴定，溶液由棕黄色变为绿色，再突变为棕红色为滴定终点，记录硫酸亚铁溶液的用量。同时做两个空白对照，可用纯沙代替土壤，以免溶液溅出。

5) 结果计算

$$土壤有机质含量(\%) = \frac{(V_0 - V) \times C_2 \times 0.003 \times 1.724 \times 1.33}{烘干土重} \times 100\%$$ （10-6）

式中　V_0——处理滴定所消耗的硫酸亚铁溶液的体积(ml)；

V——滴定时所消耗的硫酸亚铁溶液的体积(ml)；

C_2——亚铁标准溶液的摩尔浓度(M)；

0.003——原子的毫摩尔质量(g)；

1.724——有机碳换算为土壤有机质的系数；

1.33——实验方法的校正系数。

6) 作业

写出实训报告。

10.11　碱解扩散法测定土壤水解氮的含量

1) 目的及要求

了解土壤水解氮的测定原理，较熟练地掌握土壤水解氮含量的测定方法。

2) 实验原理

在扩散皿中，土样于一定浓度的碱溶液中水解，在特定的温度下，可使土壤中的速效氮以及易水解的有机态氮水解为氨，并被硼酸溶液吸收。用标准酸滴定硼酸溶液，根据标准酸的消耗量就可计算硼酸所吸收的氨的量，即土壤碱解扩散的氮量。

3) 材料和设备

(1) 试剂

① 1.8M氢氧化钠溶液：称取72.0g氢氧化钠溶于1000ml蒸馏水中。

② 1.2M氢氧化钠溶液：称取48.0g氢氧化钠溶于1000ml蒸馏水中。

③ 锌—硫酸亚铁还原剂：称取硫酸亚铁50g研碎，再称锌粉10g混合，贮于棕色瓶中。

④ 碱性胶液：称取40g阿拉伯胶粉放入装有50ml蒸馏水的烧杯中，加热至70～80℃，搅拌促溶，约1h后，在室温下冷却。加入20ml甘油和20ml饱和的碳酸钾(K_2CO_3)水溶液，摇匀，放冷。再离心去掉泡沫和不溶物，贮藏备用。

⑤ 0.01M盐酸标准溶液：量取0.83ml浓盐酸溶于1000ml蒸馏水中，即为所需要的盐酸标准浓度溶液。也可以用0.01M硫酸标准溶液。

⑥ 定氮混合指示剂：称取0.1g甲基红、0.5g溴甲酚绿，一起放入玛瑙研钵中，加入少量95%的酒精，研磨至指示剂完全溶解，再加95%的酒精至100ml，密封贮藏。

⑦ 2%硼酸溶液：称取20.00g硼酸(H_3BO_3，分析纯)用温热(约60℃)的蒸馏水溶解，冷却后稀释至1000ml，使用时每升硼酸溶液加入甲基红—溴甲酚绿混合指示剂20ml，并用稀盐酸或稀氢氧化钠溶液调至红紫色，pH值为4.5。此溶液不宜放置过长，如在使用中pH值发生变化，需随时用稀酸或稀碱调节。

(2) 仪器

扩散皿(图10-15)、移液管、蒸馏水、试纸、烧杯、滴定装置、恒温培养箱。

4) 实验操作步骤

(1) 称取过2mm孔径标准筛的风干土壤2.00g(精确至0.01g)和1g锌—硫酸亚铁还原剂，均匀地铺放在扩散皿的外室内(若为水稻土，不需加还原剂)。

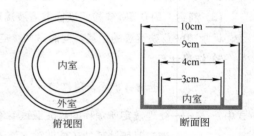

图10-15 扩散皿示意图

(2) 在扩散皿内室加入2ml 2%的硼酸溶液，在扩散皿外室边缘均匀地涂上一层碱性胶液，盖上毛玻璃，旋转数次，使毛玻璃与皿边完全黏合，再慢慢转开毛玻璃的一边，使扩散皿外室露出一条狭缝。

(3) 从毛玻璃盖的狭缝处迅速向外室加入1.8M的氢氧化钠溶液10ml(水稻土用1.2M的氢氧化钠溶液)，立即盖严扩散皿。小心转动扩散皿，使土壤与碱液充分混合，使土壤均匀分散在扩散皿的外室。用橡皮筋套紧固定毛玻璃盖，放入40±1℃的恒温培养箱中，24±0.5h后取出。

(4) 滴定：取出扩散皿，小心转开毛玻璃盖，用0.01M盐酸标准溶液滴定扩散皿内室的硼酸溶液中吸收的氨量，直至溶液的颜色由蓝绿色变为紫红色，即达终点，记录盐酸用量(ml)。边滴定边用玻璃棒轻轻搅动内室溶液，在滴定时不宜摇动扩散皿，以免试剂溢出。在测定样品的同时，要做空白对照试验，校正试剂和滴定误差。

5) 结果计算

$$土壤水解氮含量(mg/kg) = \frac{(V - V_0) \times C \times 14}{m} \times 1000 \qquad (10-7)$$

式中　V——滴定待测液所消耗的盐酸标准溶液的体积(ml)；

　　　V_0——滴定空白所消耗的盐酸标准溶液的体积(ml)；

　　　C——盐酸标准溶液的浓度(M)；

　　　m——所用风干土壤的质量(g)；

14——氮的毫摩尔质量(mg);

1000——换算成每千克含量。

平行测定结果以算术平均值表示，保留整数。

6）作业

计算土壤水解氮的测定结果，写出实验报告。

10.12 NaHCO₃浸提—钼锑抗比色法（Olsen法）测定土壤有效磷的含量

1）目的及要求

了解 NaHCO₃ 浸提—钼锑抗比色法测定土壤有效磷的原理，掌握测定方法和操作技能，能比较准确地测定土壤有效磷的含量。

2）实验原理

土壤中的磷主要是钙磷酸盐、铁磷酸盐、铝磷酸盐。NaHCO₃ 可以抑制 Ca^{2+} 的活性，能够将活性比较大的钙磷酸盐提取出来，同时也能够提取出铁磷酸盐、铝磷酸盐表面的磷。所浸提的磷在还原条件下与钼酸铵定量反应，形成蓝色的磷钼酸铵，再用分光光度计进行比色，就可以计算出浸提剂中磷的含量。该方法适用于石灰性、中性和酸性水稻土。

3）材料和设备

（1）试剂

① pH 值为 8.5 的 0.5M 碳酸氢钠溶液：称取 42.0g 碳酸氢钠(NaHCO₃，化学纯)溶入蒸馏水，定容至 1000ml，用 0.5M 氢氧化钠溶液或 0.1M 硫酸溶液调节 pH 值为 8.5，密封贮藏。如果贮藏时间超过 20d 后需重新调节 pH 值。

② 2.5M 氢氧化钠溶液：称取 10.0g 氢氧化钠(NaOH，化学纯)溶于 100ml 蒸馏水中，贮于塑料瓶中。

③ 0.1M 硫酸溶液：量取 5.6ml 浓硫酸定容于 1000ml 蒸馏水中，贮于玻璃试剂瓶中。

④ 0.3% 的酒石酸锑钾溶液：量取 3g 酒石酸锑钾(KSbOC₄H₄O₆·1/2H₂O，分析纯)溶于 1000ml 蒸馏水中，贮存于玻璃试剂瓶中。

⑤ 钼锑储备液：取钼酸铵 10g(分析纯)溶于 60℃ 300ml 蒸馏水中，冷却。另取 181ml 分析纯浓硫酸缓慢注入放有约 800ml 蒸馏水的烧杯中混合，不断搅拌，冷却至室温后，将硫酸溶液缓缓倒入钼酸铵溶液中，不断搅拌，冷却。再加入 100ml 酒石酸锑钾溶液，最后稀释至 2000ml，摇匀，储于棕色试剂瓶中备用。

⑥ 无磷活性碳粉

⑦ 硫酸钼锑抗混合显色剂：称取 0.5g 抗坏血酸(C₆H₈O₆，分析纯)溶于 100ml 钼锑储备液中(此试剂现配现用)。

⑧ 磷标准液：

100ppm 磷标准液：称取经过 2h 105℃ 烘干的 KH₂PO₄(分析纯)0.4394g 于烧杯中用蒸馏水溶解，将溶液逐步地注入 1000ml 容量瓶中，加入 5ml 浓 H₂SO₄ 后，再用水定容至 1000ml，摇匀即得 100ppm 磷标准液。

5ppm 磷标准液：吸取 5ml 的 100ppm 磷标准液放于 100ml 容量瓶中，用蒸馏水定容至 100ml 并摇匀，既得 5ppm 磷标准液。该溶液现配现用。

(2) 仪器和设备

分光光度计、振荡器、250ml 三角瓶、漏斗、无磷滤纸、移液管、容量瓶、量筒、过 20 目土壤筛的风干土样等。

4) 实验操作步骤

(1) 土样的处理

称取过 2mm 孔径土壤筛的风干土样 2.5g 放于 200ml 三角瓶 (或塑料瓶) 中，加入 1g 无磷活性炭，加入 25±1℃ 0.5MNaHCO₃ 溶液 50ml。塞紧瓶塞，在振荡机上振荡 30min，立即用无磷滤纸过滤。滤液盛接于 150ml 三角瓶中备用 (注意事项：活性碳对磷也有吸附作用，尽量减少用量。振荡的时间和温度对测定结果影响很大，必须严格控制)。

(2) 标准液、土样滤液的显色

吸取滤液 10ml 于 25ml 容量瓶中，缓慢加入显色剂 5ml，慢慢摇动，排出 CO₂ 后加水定容至刻度，充分摇匀，在室温高于 25℃ 处放置 30min，用 1cm 光径比色皿在波长 700nm 处比色，测量吸光度。

校准曲线的绘制：吸取磷标准液 0、0.5、1.0、1.5、2.0、2.5、3.0ml 于 25ml 容量瓶中，分别加入 10ml 0.5MNaHCO₃ 浸提液，显色剂 5ml，慢慢摇动，排出 CO₂ 后加水定容至刻度。此系列溶液中磷的浓度依次为：0.00、0.10、0.20、0.30、0.40、0.50、0.60μg/ml，在室温高于 25℃ 处放置 30min，按土壤样品待测液的实验步骤和条件进行比色。用系列溶液中的 0 浓度溶液调解仪器零点，测量吸光值，绘制校准曲线。

5) 结果计算

$$土壤速效磷含量(mg/kg) = c \times V \times D / m \qquad (10\text{-}8)$$

式中　c——从标准曲线上查得的显色液磷浓度(μg/ml)；

　　　V——显色液体积，25ml；

　　　D——分取倍数及样品提取液体积/显色时分取体积，50/10；

　　　m——风干试样质量(g)。

平行测定结果允许相对误差在 10% 以内，以算术平均值表示，结果取整数。

6) 作业

(1) 计算土壤有效磷的测定结果，分析该土壤磷的供给能力。

(2) 写出实训报告。

10.13　四苯硼钠比浊法测定土壤有效钾的含量

1) 目的及要求

了解测定土壤有效钾含量的基本原理，掌握实验操作技能和实验方法。

2) 实验原理

土壤有效钾含量的测定方法主要是化学浸提方法，常用的浸提剂是碱性 1M 的 NaNO₃ 溶液。硝酸钠中的 Na⁺ 可将土壤胶体上吸附的 K⁺ 交换下来，从而进入土壤的浸提溶液中。土壤的浸提溶液中的钾离子可利用四苯硼钠比浊法测定。用分光光度计进行比色测定。

3）材料和设备

（1）试剂

① 制备3%四苯硼钠液：称取四苯硼钠 Na[B(C₆H₅)₄] 固体颗粒3g溶于100ml水中，加10滴0.2MNaOH溶液，摇匀，放置过夜，过滤，清液保存于棕色瓶中备用（时效1个月）。

② 1M的NaNO₃溶液：85gNaNO₃溶于蒸馏水，并定容至1L。

③ 0.2MNaOH标准液：称取20g氢氧化钠溶于100ml蒸馏水中。

④ 0.05M硼砂溶液：称取19.07g硼砂溶于1L水中。

⑤ 甲醛—EDTA掩蔽剂：称取2.5gEDTA二钠溶于20ml0.05M硼砂溶液中，加热熔解，冷却后加入80ml37%甲醛溶液，混匀后即成为pH9.2的掩蔽剂。

⑥ 1:1甘油水溶液：1份水与1份甘油混合。

⑦ 钾标准液：称取0.1907g氯化钾溶于1M硝酸钠溶液中，并用硝酸钠溶液定容至1L，即为100μg/ml的钾标准溶液。吸取100μg/ml的钾标准溶液0、1、2、4、8、10ml放于25ml容量瓶中，用1M硝酸钠溶液定容至25ml，并得到0、2、4、8、16、20μg/ml钾标准系列溶液。

（2）仪器设备

扭力天平、振荡机、光电比色计、250ml三角瓶、漏斗、滤纸、洗球、移液管、容量瓶、量筒、风干土样等。

4）实验操作步骤

（1）浸提液制备

称取过1mm土壤筛的风干土样5g于三角瓶中（或塑料瓶中），加入1M的NaNO₃溶液25ml加塞，在20~25℃条件下振荡20min，过滤到三角瓶中待用。

（2）土样待测液制备

吸取8ml浸提液于25ml容量瓶中，加入1ml甲醛—EDTA掩蔽剂，摇匀。加入2ml1:1甘油，用带针头刻度的注射器快速加入1ml3%四硼酸钠溶液，摇匀，放置10min。

（3）测定

测定时摇匀待测液，用光电比色计测定，以蒸馏水为参比调节仪器密度值之差为校正光密度值。

（4）工作曲线的绘制

分别吸取0、2、4、8、16、20μg/ml钾各标准液8ml于25ml容量瓶中，与待测液一样进行显浊，用0浓度钾标准系列溶液调吸收值为零，然后对各浓度依次进行比浊。按土壤样品待测液的透光度，可从标准曲线上查得相应钾的含量。

5）结果计算

土壤速效钾(K，μg/ml) = 待测液钾(μg/ml) × 浸提液体积(25ml)/风干土样质量(5g)

土壤速效钾(K，mg/kg) = 土壤速效钾(K，μg/ml)

待测液钾浓度从钾标准工作曲线上查得。

6）作业

（1）计算土壤速效钾的测定结果，分析该土壤钾的供给能力。

（2）写出实训报告。

10.14　化肥的一般鉴定

1) 目的与要求

为了避免因运输或其他原因使标签丢失或损坏等造成肥料分不清，不能识别肥料的种类，可用简易方法加以鉴别。本实训通过常见化肥的理化性质的认识，掌握常见化肥的定性鉴别的方法。

2) 方法原理

各种化肥其化学成分、理化性质和外观形态各不相同。因此，可以通过观察其外形、气味、溶解性、水溶液的酸碱性、灼烧反应和离子化学鉴定方法识别。

3) 鉴定

(1) 观察外部形态和溶解性

磷肥一般呈粉状，带有灰色，无嗅味，不溶于水(磷酸氢氨、磷酸铵除外)；氮肥、钾肥一般呈白色结晶，且溶于水，如碳酸氢铵带有氨气嗅味。因此，可根据外观和水中溶解情况大致地将磷肥和氮、钾肥分开。

(2) 常见氮肥的鉴定

① 常见氮肥有碳酸氢铵、硫酸铵、硝酸铵、尿素、石灰氮、磷酸氢铵、磷酸铵等。这些氮肥除石灰氮以外，都溶于水。石灰氮目前仅少数地区使用，由于其呈灰黑色粉末状(与磷肥颜色不同)，遇酸有气泡发生，有一般特殊的刺鼻味，故易和其他氮肥区分。

② 碳酸氢铵为白色结晶，且有氨气味，而氯化铵、硝酸铵、磷酸氢铵、磷酸铵和硫酸铵等虽呈白色结晶，但没有氨味，可加以区分。

③ 将氮肥投入烧红的火炭上，燃烧并发亮的即为硝酸盐类；其中如在水溶液中加入 10%氢氧化钠(或加石灰研磨)时有氨味产生者即为硝酸铵；如没有氨味者，即可在火焰上灼烧鉴定，有黄色火焰者是硝酸钠，紫色火焰者即为硝酸钾；在烧红的炭火上熔化并发白烟的，且将其至于水溶液中，加入 10%氢氧化钠时，无氨味的就是尿素；如有氨味，并在其水溶液中(经盐酸酸化)加入 2.5%氯化钡时，产生大量沉淀的，即为硫酸铵；不产生白色沉淀，并在硝酸存在条件下与 1%硝酸银生成白色絮状沉淀的，即为氯化铵；不产生白色絮状沉淀时，其水溶液(不能酸化)与 1%硝酸银水溶液生成黄色或黄色沉淀者，即为磷酸氢铵或磷酸铵。

④ 一般有强烈氨味的液体化肥为氨水。

(3) 磷肥的鉴定

取少量的磷肥放在铁片上，置于酒精灯上灼烧，有焦臭味、变黑、冒烟的为骨粉；无焦臭味、褐色、有金属光泽的为磷矿粉。灰色粉末，用 pH 试纸测试溶液，酸性的为过磷酸钙，碱性的为钙镁磷肥。

(4) 钾肥的鉴定

① 将固体肥料放在铁片上，置于酒精灯上灼烧，肥料不溶融、残留跳动、有爆裂声的为钾肥。

② 在小试管加入 5ml 待测肥料水溶液，加入几滴 2.5%$BaCl_2$，若有白色沉淀生成，再加入 1M 盐酸溶液 1～2ml，摇动沉淀仍不消失，该肥料为硫酸钾。

③ 加入氯化钡溶液不产生沉淀者，另取溶液再加 1%硝酸银数滴，产生白色沉淀，并不溶于硝

酸的为氯化钾。

4）试剂的配制

（1）2.5%BaCl$_2$ 溶液：将 2.5gBaCl$_2$ 溶于 100ml 蒸馏水中，摇匀即可。

（2）1%AgNO$_3$ 溶液：将 10gAgNO$_3$ 溶于 100ml 蒸馏水中，摇匀即可。

（3）10%NaOH：称取 10gNaOH 溶于 100ml 蒸馏水中，冷却后，装瓶。

5）作业

根据观察鉴定，写出化肥的鉴定实训报告。

10.15　园林植物配置观察与植被调查

10.15.1　园林植物配置观察

1）目的要求

调查园林植物群落的植物种类，了解植物群落的配置特点。

2）内容与方法

选择一园林绿地，调查其植物组成、配置状况及植物生长状况等。

园林植物配置调查表 表 10-14

	植物种类	优势种	生长状况
乔木层			
灌木层			
草本层			

3）用具和材料

记录纸等。

4）作业

（1）写出植物群落植物名录。

（2）分析评价绿地配置的合理性，分析植物群落的建群种。

（3）写出实训报告。

10.15.2　植被调查与分析

1）目的及要求

学会植被调查与分析方法。

2）用具与材料

轮尺或围尺、测高器、记录表等。

3）调查内容与方法

选择有充分代表性的城镇绿地作为标准地，标准地的形状一般为正方形或矩形，便于计算面积。标准地面积不宜过小，可为 40m×40m 或 20m×30m，一般面积不小于 600 m^2。在标准地内设置 3～4 块 1m×1m 的样方进行草本植被调查，设置样方 3～4 块 5m×5m 的样方进行灌木调查，在标准地内进行乔木树种每木调查测定树高、树胸径，树冠等，记录标准样地的地形地势等。

（1）标准地调查记录表(表 10-15)

标准地调查记录表

表 10-15

标准地编号	标准地面积与形状	地形地貌	海拔高度	坡向

坡度	坡位	土壤状况	小气候特征	

(2) 植被调查记录表(表 10-16)

植 被 调 查 记 录 表

表 10-16

组成	多度	密度(株/m²)	盖度(%)	频度	平均高度(m)	物候相	生活力	备注

(3) 乔木层每木调查记录表(表 10-17)

乔木层每木调查记录表

表 10-17

序号	树种	树高(m)	胸径(m)	生长力	备注

188

园林植物环境

4)作业

(1) 记录样地概况调查表、植物群落特征调查、记录乔木层每木调查表、记录下木层调查表、记录活地被物调查表等。

(2) 写出实训报告。

附录 抗大气污染植物简表

序号	植物名称	植物性状	科名	分布区	适宜生境	高度(m)	根系分布	生长速度	萌生能力	主要繁殖方法	SO₂	Cl₂	HF	Hg	NH₃	O₃	粉尘	绿化用途	其他用途
											对大气污染物的抗性								
1	杉松	常绿乔木	松科	东北牡丹江长白山及辽河东部山区	喜光,但耐阴,喜肥沃、湿润的土壤	30	浅根	10年后生长快	弱	播种	中						中	四旁绿化	用材
2	大叶相思	常绿乔木	含羞草科	广东、广西、福建、云南有栽培	喜光、耐酸、耐瘠薄、耐干旱	10～15	浅根	快	强	播种	强	中					中	污染区绿化	薪炭;南方荒山造林树种
3	樟叶槭	常绿小乔木	槭树科	湖南、福建、广东、广西、浙江、台湾	喜生于向阳地,耐寒	10		慢	中	播种	强	强						污染区绿化	树皮作烤胶、优良木材
4	茶条槭	落叶小乔木	槭树科	东北、华北	喜光,能适应干燥土壤	2～6		中	中	播种	中	中						中等污染区绿化	用材
5	五角枫	落叶乔木	槭树科	华中、华北	稍耐阴,对土壤酸碱度要求不严	20		中	中	播种	强	中				强		污染区绿化	用材
6	糖槭	落叶乔木	槭树科	东北	喜光、耐寒、耐干燥	20		快	强	播种	中							污染区绿化	树液含糖
7	臭椿	落叶乔木	苦木科	东北、华北、华南、西北	喜光,耐干旱、瘠薄,耐盐碱、微酸性、中性、碱性土壤中均能生长	20	深根,主根庞大,侧根发达	快	强	播种	强	强			中	强		污染区及行道树	用材
8	合欢	落叶乔木	含羞草科	东北、华北、华南、西南	喜光,宜肥沃平原,水湿条件好的环境,但也耐干旱瘠薄	10	深根	快	中	播种	中	—	强					城市庭园绿化	用材
9	石栗	常绿乔木	大戟科	云南、广东、广西、台湾	喜光,湿润沃土	15	深根	快	中	播种扦插	强	—	中				中	工矿区及城市绿化	油脂植物
10	盆架子	常绿乔木	夹竹桃科	云南、广东、广西	喜温暖、湿润的土壤	10	深根	快	强	播种扦插	中	中					强	城市行道树及中等污染区绿化	—
11	假槟榔	常绿乔木	棕榈科	广东、广西有栽培	喜光,宜湿润土壤	20	侧根发达	中	弱	播种	强	强						庭园绿化	—

序号	植物名称	植物性状	科名	分布区	适宜生境	高度(m)	根系分布	生长速度	萌生能力	主要繁殖方法	对大气污染物的抗性							绿化用途	其他用途
											SO₂	Cl₂	HF	Hg	NH₃	O₃	粉尘		
12	树菠萝	常绿乔木	桑科	广东、广西、云南、福建、台湾	喜光，宜湿润、深厚的土壤	10~15	深根	中	强	播种	强	—					中	防污绿化及庭园、道路绿化	—
13	桂木	常绿乔木	桑科	广东、广西	喜光，宜肥沃的土壤，适应性强	15	根系发达	中	强	播种 扦插	强		中					城市及工矿区绿化	—
14	侧柏	常绿乔木	柏科	各地	喜生于温暖、静风环境，耐干瘠，对土壤酸性、碱性适应性强	20	浅根侧根发达	中	弱	播种	中	—	强		强		中	庭园绿化	种子药用
15	枸树	落叶小乔木	桑科	华南、西南、华东、华中、华北	多见于低山山坡、沟边	16	深根	快	强	播种	中	—	强					大气污染区绿化	木材、树皮含鞣质，可制栲胶
16	蚬木	常绿至半落叶乔木	橄榄科	云南、广西	喜光，宜生于肥沃的钙质土中	20~30	深根	中	中	播种	强		强					石灰岩地绿化	珍贵木材
17	鱼尾葵	常绿乔木	棕榈科	广东、广西、福建、台湾有栽培	喜肥沃、湿润的土壤	20	浅根	快	弱	播种	强		强					城市公园及庭园绿化	—
18	板栗	落叶乔木	壳斗科	各地，以华北和长江流域栽培集中	喜光，宜微酸性土壤	15~20	深根、根系发达	中	中	播种	强		中				强	工厂区绿化	果食用，用材树
19	木麻黄	常绿乔木	木麻黄科	南方沿海及海南岛普遍栽培	喜光，耐干旱、瘠薄，耐盐碱	10~20	深根、根系发达	快	中	播种	强		中					污染区绿化的先锋树种	沿海抗风固沙
20	朴树	落叶乔木	榆科	淮河流域、秦岭以南和长江中下游	常见于庭园	10~20	深根	快	强	播种	中		弱				中	中等污染区绿化	树皮富含纤维，可榨油
21	油松	常绿乔木	松科	我国北方	喜光、耐寒、耐旱、耐贫瘠，要求土壤通气性好	8~15	深根、根系发达	中	弱	播种	弱		弱				弱	庭园四旁绿化	木材富含松脂，耐腐

序号	植物名称	植物性状	科名	分布区	适宜生境	高度 (m)	根系分布	生长速度	萌生能力	主要繁殖方法	SO₂	Cl₂	HF	Hg	NH₃	O₃	粉尘	绿化用途	其他用途
22	雪松	常绿乔木	松科	各地有栽培	喜光，喜温凉的气候，较耐寒，不耐水湿	20~30	浅根	较快	中	播种、扦插、嫁接	弱	弱	弱				弱	庭园观赏树、行道树	木材致密、耐腐
23	华山松	常绿乔木	松科	华北、西北、西南	喜光，喜温暖、湿润的气候，耐寒，不耐炎热，不耐盐碱，喜排水良好的土壤	7~15	浅根，主根不明显	中	弱	播种	中	弱					中	庭园绿化、行道树	用材
24	元宝枫	落叶小乔木	槭树科	黄河中下游地区	喜温，耐半阴，喜温凉的气候，耐寒，不耐涝，耐盐碱，较耐旱	5~10	深根	中	中	播种、扦插	中	弱	中				中	行道树、庭园、四旁数种、风景林的旁生树种	木材坚硬、纹理好
25	白玉兰	落叶乔木	木兰科	我国中部各地栽培	喜光，耐半阴，耐寒，不耐水湿，较耐旱	10	中	慢	中	播种、扦插、嫁接	强	强	强					观赏树	—
26	栾树	落叶乔木	无患子科	我国北部及中部	喜光，耐半阴，耐旱，耐瘠薄，盐渍，耐石灰质土壤	10	深根	中	强	播种、扦插、分蘖	中	弱					强	庭园观赏树、行道树、工矿区绿化、荒山防护林、绿化	用材、叶可制栲胶、种子可榨油
27	垂柳	落叶乔木	杨柳科	长江流域及以南平原地区，华北、东北有栽培	喜光，喜温暖、较耐寒，喜湿润的气候，特耐水湿，耐盐碱	10	根系发达，较浅	快	强	播种、扦插	强	中					弱	庭园观赏树、工矿区绿化、四旁绿化	用材
28	木芙蓉	落叶灌木或小乔木	锦葵科	黄河流域至华南有栽培	喜光，不耐寒，喜温暖、湿润的气候，喜肥沃、湿润的沙质壤土，耐轻盐碱	2~5	浅根	中	强	扦插、压土	强	中						庭园观赏树、花篱	花、叶、根可入药
29	梓树	落叶乔木	紫葳科	东北、华北、华南西南部	喜光，耐寒，不耐干旱，耐瘠薄，喜肥沃、湿润的土壤	10~20	深根	中	中	播种、扦插	强	弱					中	行道树，大气污染区绿化	—

192 园林植物环境

序号	植物名称	植物性状	科名	分布区	适宜生境	高度(m)	根系分布	生长速度	萌生能力	主要繁殖方法	SO₂	Cl₂	HF	Hg	NH₃	O₃	粉尘	绿化用途	其他用途
											对大气污染物的抗性								
30	榆叶梅	落叶灌木	蔷薇科	中国北部	喜光、耐寒,不耐水涝,耐旱耐贫瘠、较耐碱土壤	3~5	浅根	中	较弱	嫁接	弱	中					弱	庭园绿化、荒地绿化	—
31	海芒果	常绿乔木	夹竹桃科	广东、台湾	喜光,适于滨海沙滩	6	深根	快	强	播种	弱	弱	中					污染区绿化	果有剧毒
32	散尾葵	丛生灌木或小乔木	棕榈科	广东、广西有栽培	喜湿润沃土	3~8	侧根发达	中	弱	播种	强		中					庭园绿化	—
33	阴香	常绿乔木	樟科	华南、西南	喜光,宜酸性、湿润沃土	20~25	深根	中	强	播种	强	强	强				强	工矿区防污绿化	优良木材
34	樟树	常绿乔木	樟科	长江流域至台湾	喜光,喜温暖的气候和湿润沃土	20~30	深根,根系发达	中	强	播种	强	强	强				强	工矿区及城市行道树	木材优良,种子提炼樟油
35	油樟	常绿乔木	樟科	四川西南部	喜温暖湿润的气候和湿润的环境	20~30	深根	中	中	播种	中		弱				强	风景观赏树	木材优良,芳香
36	柚	常绿乔木	芸香科	广东、广西、福建、浙江等地	喜光,宜湿润沃土	5~8	深根	中	强	播种嫁接	强—中		强—中				强	中等污染区绿化	果树
37	黄皮	常绿小乔木	芸香科	华南	喜光,喜肥沃、湿润的土壤	5~7	深根	中	中	播种	强		强				强	庭园绿化	果树
38	蝴蝶果	常绿乔木	大戟科	广西、贵州、云南	喜光及温暖的气候,酸性土及钙质土均适	25~30	深根	快	中	播种	强		中				强	大气污染区行道树	淀粉、用材
39	山楂	落叶小乔木	蔷薇科	东北、华北	能生长于沙土坡上,耐旱、耐瘠	6	深根	中	强	嫁接	强		强				强	污染区绿化	果树
40	枇杷	常绿小乔木	蔷薇科	长江流域以南	喜温暖、湿润、排水良好的环境	3~5	深根	中	强	播种嫁接	中—强		中				强	中等污染区及庭园绿化	水果

序号	植物名称	植物性状	科名	分布区	适宜生境	高度(m)	根系分布	生长速度	萌生能力	主要繁殖方法	对大气污染物的抗性							绿化用途	其他用途
											SO_2	Cl_2	HF	Hg	NH_3	O_3	粉尘		
41	丝棉木	落叶小乔木	卫矛科	华北、华东、西北、西南	喜光，适应性较强，耐旱瘠	10	深根	中	强	扦插	中	强	中		强		中	污染区绿化	用材，油脂
42	龙眼	常绿乔木	无患子科	中南	喜光，宜温暖、湿润的气候	10以上	深根，根系发达	中	强	嫁接	强	中	弱		强			庭园绿化	果树
43	高山榕	常绿乔木	桑科	西南、华南	喜温暖、湿润的气候和湿润的土壤	20~30	深广	快	强	扦插	强	强	强		强			污染区优良绿化树种	庭园绿化
44	环纹榕	常绿乔木	桑科	云南、广西、广东	喜光，宜肥沃土壤	15~20	深广	快	强	扦插	强	中			强			污染区优良绿化树种	庭园绿化
45	美丽枕果榕	常绿乔木	桑科	广东	喜光，宜肥沃土壤	10~15	深广	快	强	扦插	强				强		强	污染区优良绿化树种	庭园绿化
46	印度胶榕	常绿乔木	桑科	南方有栽培	喜光，宜肥沃土壤	10~20	深广	快	强	扦插	强	强			强		强	污染区优良绿化树种	庭园绿化
47	榕树	常绿乔木	桑科	南方	喜光，村庄及低平地均可生长	15~25	深根	中	强	播种 扦插	强	强			强		强	污染区优良绿化树种	公园及行道树
48	菩提榕	常绿乔木	桑科	南方有栽培	喜温暖潮湿	10~20	深根	快	强	扦插	中	强			中		强	庭园绿化	公园行道树
49	黄葛榕	常绿乔木	桑科	南方	喜光，宜湿润沃土	15~25	深根	快	强	扦插	中	中			中		强	中等污染区城市绿化	公园及行道树，用材
50	梧桐	落叶乔木	梧桐科	长江流域以南	喜光，喜钙，极不耐湿	10	深根	快	强	播种	强—中	中	中		中			中等污染区绿化	油脂植物
51	白蜡	落叶乔木	木樨科	华东、华北、西南、华南	喜光，宜温暖、湿润的气候，对土壤要求不严	20	深根	快	强	播种 扦插	强	强	强	强	强			污染区绿化	白蜡虫的饲料
52	银杏	落叶乔木	银杏科	华北、东北、华中、华南	喜光，宜深厚的沃土，对土壤酸碱性适应性强	30	深根	慢	弱	播种	中	中			弱		强	污染区行道树及庭园绿化	种子可食，木材优良

194

园林植物环境

序号	植物名称	植物性状	科名	分布区	适宜生境	高度(m)	根系分布	生长速度	萌生能力	主要繁殖方法	SO₂	Cl₂	HF	Hg	NH₃	O₃	粉尘	绿化用途	其他用途
53	皂角	落叶乔木	苏木科	东北、华北、华东、华南、西南	喜光、耐旱，适土层深厚的土壤	15	深根	中	强	播种	强	弱	弱				强	中等污染区绿化	用材、药用
54	银桦	常绿乔木	山龙眼科	华南、西南	喜光、宜肥沃、湿润的土壤、可耐旱、耐轻霜	20	深根	中	中	播种	中	中						中等污染区及城市行道树	用材
55	黄槿	常绿乔木	锦葵科	华南沿海	喜光、喜热带海岸和潮湿环境	4~7	浅、广	快	强	扦插	强	强				强		污染区及城市行道树、防护林	防风固沙
56	核桃	落叶乔木	胡桃科	华北、西北、华东、西南、华南以黄河中下游栽培较多	喜光、凉爽、宜温暖、湿润沃土、较耐旱、耐寒	30	深根	中	中	扦插、嫁接	强	中	中		强		弱	中等污染区绿化树种、庭荫树	果可食、木本油科
57	杜松	常绿乔木	柏科	东北、华北、西北	喜光、耐旱、酸、耐瘠薄	10~15	深根、侧根发达	中	弱	播种、扦插	强	强	强					污染区造林树种	用材
58	女贞	常绿灌木或小乔木	木樨科	长江流域以南	耐旱、怕涝	7~10	深根	快	强	播种	强	中	中					工矿区绿化	果药用
59	蒲葵	常绿乔木	棕榈科	广东、广西、福建、台湾	喜光、宜高温多湿的气候	15~20	无主根、侧根明显	快	弱	播种	强	强	强				强	工矿污染区、城市公园及庭园绿化	编织原料
60	荷花玉兰	常绿乔木	木兰科	华中、华东、华南	喜光、喜肥沃土壤	20~25	深根	慢	弱	嫁接	强	中	中		弱		强	中等污染区及庭园绿化	用材
61	芒果	常绿乔木	漆树科	华南	喜光、适于土层较深的沃土	15~20	深根	中	强	播种、嫁接	强	强	强		强			工矿区及城市行道树	水果
62	扁桃	常绿乔木	漆树科	云南、广东、广西、台湾	成年树喜光和温热、湿润的环境	25~30	深根	中	中	播种、嫁接	强	强	强		中		强	工矿区及城市行道树	水果
63	人心果	常绿乔木	山榄科	广东、广西南部	喜光、喜温暖、适肥沃土壤	5~10	深根	中	强	播枝、圈种	强	强	强		中			庭园绿化	水果、饮料
64	苦楝	落叶乔木	楝科	长江以南	喜光、喜温暖、不耐寒、宜肥沃土	5~8	深根	快	强	播种	强	中	中		中			绿化树种	用材、叶作土农药

序号	植物名称	植物性状	科名	分布区	适宜生境	高度(m)	根系分布	生长速度	萌生能力	主要繁殖方法	对大气污染物的抗性							绿化用途	其他用途
											SO_2	Cl_2	HF	Hg	NH_3	O_3	粉尘		
65	牛乳树	常绿乔木	山榄科	广东	喜光，宜温暖、湿润的气候	10~20	深根	中	中	播种	强	强	中				强	工矿区绿化及庭园观赏	油料
66	红皮云杉	常绿乔木	松科	东北、内蒙古	喜光，喜生于湿润土壤中	25~30	浅根，侧根发达	快	弱	播种	中	中	中					四旁绿化优良树种	用材
67	海南红豆	落叶乔木	蝶形花科	广东、广西、云南、福建	喜光，喜湿润的环境	5~15	深根	中	中	播种	强	强	中					防污绿化、庭园绿化	用材
68	杨梅	常绿乔木	杨梅科	长江以南	喜光，喜酸性土	7~10	深根	快	强	播种	强	弱						污染区绿化，水源林、防火林、四旁绿化	用材，水果、根、皮作药用
69	桑树	落叶乔木	桑科	华南、华东、西南、东北	喜光，喜温暖、耐湿润的气候，耐瘠薄	10~15	深根	快	强	扦插	中—强	强				强		污染区绿化	叶为家蚕饲料，果可食
70	云杉	常绿乔木	松科	陕西、甘肃南部、青海东部	耐干冷，适生于土层深厚、排水良好的酸性棕色森林土中	45	浅根	慢	弱	播种	中—强	中				强		园林绿化	优良木材
71	白皮松	常绿乔木	松科	河北、河南、山东、山西、湖北	喜光，宜湿润的环境	20	深根	快	弱	播种	中	中	强					污染区行道树或防护林	用材
72	悬铃木	落叶乔木	悬铃木科	黄河流域以南	喜光，宜深厚、较耐寒，适应性较强	25	深根	快	强	播种、扦插	弱	弱	强	强				行道树，庭园观赏，花可泡水饮用	
73	鸡蛋花	落叶乔木	夹竹桃科	广东、广西、云南、福建	适于湿润、肥沃的土壤	3~7	浅根	中	中	扦插	强	中	强				强	中等污染绿化	用材
74	罗汉松	常绿乔木	罗汉松科	长江流域以南	喜光，宜深厚、湿润的土壤	5~10	深根	慢	弱	播种	强—中	强						庭园绿化	优良纤维、用材
75	加杨	落叶乔木	杨柳科	南岭以北	喜光，宜肥沃、湿润的土壤	20	深根	快	强	扦插、压条	强	中	弱					防污绿化	优良纤维、用材

续表

序号	植物名称	植物性状	科名	分布区	适宜生境	高度(m)	根系分布	生长速度	萌生能力	主要繁殖方法	对大气污染物的抗性							绿化用途	其他用途
											SO₂	Cl₂	HF	Hg	NH₃	O₃	粉尘		
76	青杨	落叶乔木	杨柳科	东北、西北、四川、西藏	喜温暖、湿润的环境,较耐寒,对土壤条件要求不严,但不耐淹		深根	快	强	扦插 播种	中	强	中					行道树及防护林	优良纤维,用材
77	钻天杨	落叶乔木	杨柳科	西北、华北	喜光和湿润的土壤	30	深根	快	强	扦插 播种	中	强	中					行道树及防护林	优良纤维,用材
78	红叶李	落叶乔木	蔷薇科	北方	喜光和肥沃土	2~4	深根	中	强	嫁接	中		中					园林绿化	果树
79	毛白杨	落叶乔木	杨柳科	黄河流域	喜光,宜凉爽、湿润的气候,耐旱,对土壤要求不严	30	深根	快	强	扦插 压条	强	强	中				强	防污绿化,河堤防护林及行道树	用材
80	山桃	落叶乔木	蔷薇科	东北、黄河流域	喜光,耐盐碱土,耐干旱	10	深根	快	强	播种 扦插	中	中						污染区绿化	果可食
81	麻栎	落叶乔木	壳斗科	华北、华中、华南	喜光,耐盐碱土,耐干旱	20	深根	中	强	播种	中	中						工矿区绿化	淀粉,用材
82	辽东栎	落叶乔木	壳斗科	东北、黄河流域	喜光,耐干旱	10	深根	中	强	播种	中	中						工矿区绿化	淀粉,木材培育木耳
83	栓皮栎	落叶乔木	壳斗科	辽宁、河北、山西、甘肃	喜光,耐旱瘠	15~25	深根,根系发达	中	强	播种	强	强						中等污染区绿化	淀粉,木材培育木耳
84	刺槐	落叶乔木	蝶形花科	东北、华北	喜光,宜深厚肥沃的沙质土,适应性强	20	浅根,根系发达	快	强	播种	中	中	强			强		防污绿化,行道树及防护林	用材
85	圆柏	常绿乔木	柏科	东北、华北、西北	喜肥沃、湿润、深厚、排水良好的土壤	10	深根	慢	弱	播种	强	强			强			污染区造林、庭园绿化	用材,药用
86	龙柏	常绿乔木	柏科	华北、长江流域	喜肥沃、湿润、深厚、排水良好的土壤	10	深根	慢	弱	播种 嫁接	强	强	强			强		大气污染区绿化、庭园绿化	用材
87	旱柳	落叶乔木	杨柳科	华北、东北、西北、华东	喜光、耐寒、耐旱,适应性强	20	深根	快	强	扦插	中	中	中				中	中等污染区绿化	蜜源植物

序号	植物名称	植物性状	科名	分布区	适宜生境	高度(m)	根系分布	生长速度	萌生能力	主要繁殖方法	对大气污染物的抗性							绿化用途	其他用途
											SO_2	Cl_2	HF	Hg	NH_3	O_3	粉尘		
88	乌桕	落叶乔木	大戟科	长江流域以南、陕西、甘肃南、山东	喜光，多植于村边及平原区	15	深根	慢	强	播种	强	中					强	中等污染区绿化	油料，用材
89	槐树	落叶乔木	蝶形花科	华北、华东、西南	喜光，宜肥沃、湿润的土壤	25	深根	中	中	播种、扦插、嫁接	强	中	中	强			强	防污绿化	蜜源植物，叶、花、皮、种子药用
90	海南蒲桃	常绿乔木	桃金娘科	广东、广西、福建、云南	喜光，宜湿润的红壤、砖红壤土	6~15	深根	快	强	播种	强	强	强	强				防污绿化	用材，水果
91	北京丁香	落叶乔木	木樨科	华北、东北	喜光，耐瘠薄	5~7	深根	快	中	播种	强	强	强	中				防污绿化	—
92	蒲桃	常绿乔木	桃金娘科	广东、广西	喜光，宜在河岸、溪润旁栽植	10	根系发达	中	强	播种	强	中	强			中	中	庭院及污染区绿化	果树
93	橡胶	落叶乔木	橡树科	东北、华北	喜湿润的土壤	20	深根	快	强	播种	强	强	强			中		污染区绿化	蜜源植物
94	棕榈	常绿乔木	棕榈科	长江中下游	喜温暖、肥沃、排水良好的土壤	18	浅根	慢	弱	播种	强	强	强	中				污染区绿化	编织原料
95	家榆	落叶乔木	榆科	东北、华北、西北、华中、华东	喜光，耐寒、耐旱瘠、盐碱	20	根系发达	快	强	播种	强	中	中	中				中等污染区绿化	叶可食；种子可榨油
96	枣	落叶乔木	鼠李科	各地	喜光，适应性极强，耐旱、耐涝、耐热、耐寒	10	深根	中	中	嫁接、播种	强	中	强	强				污染区绿化	蜜源植物，果品
97	米兰	常绿灌木或小乔木	楝科	华南	喜温及温暖、湿润的气候	2~6	浅根	中	强	圈枝、扦插	强	强	强					庭园观赏	香料，观赏
98	鹰爪	常绿攀缘灌木	番荔枝科	南方	常栽植于庭园中，适肥沃的土壤	4	浅根	快	强	播种、扦插	中	中						庭园绿化，污染区绿化	—
99	紫穗槐	落叶灌木	蝶形花科	东北、华北、西北、华东	耐旱，耐碱，耐瘠薄，适应性广	1~4	深根	快	强	扦插	强	中	强	强		强		污染区绿化	枝叶作绿肥，种子榨油

198
园林植物环境

序号	植物名称	植物性状	科名	分布区	适宜生境	高度(m)	根系分布	生长速度	萌生能力	主要繁殖方法	对大气污染物的抗性							绿化用途	其他用途
											SO₂	Cl₂	HF	Hg	NH₃	O₃	粉尘		
100	锦熟黄杨	常绿灌木	黄杨科	黄河流域以南	多生于山地,宜潮湿的土壤	5~10	深根	中	强	扦插	强						强	污染区作绿篱或林木下层配置	—
101	黄杨	常绿灌木或小乔木	黄杨科	东北、西北、中、西南	多生于山谷、溪边、林下,于山地、庭园栽培	1~3	深根	中	强	播种	强		强				强	庭园绿化,污染区绿化	—
102	油茶	常绿灌木	山茶科	长江流域以南	喜光及温暖、湿润的气候,耐瘠薄,宜酸性土	2~3	深根	慢	中	播种	强		强				强	污染区绿化净化树种	油料,观赏
103	山茶	常绿灌木	山茶科	长江流域以南	宜温润、湿润,排水良好的土壤	1~3	深根	慢	中	圈枝	强	强	强					庭园绿化及盆景	观赏
104	蜡梅	落叶灌木	蜡梅科	江苏、浙江、湖北、四川	喜温暖、湿润的环境	3	深根	慢	中	播种	中				强	中		轻度污染区绿化,庭园观赏	花可提取香油,根茎入药
105	柑橘	常绿小乔木或灌木	芸香科	长江流域以南	喜光及温暖、湿润的环境	2~4	侧根发达	中	强	播种、嫁接、压条	强		强					污染区绿化	果树
106	蚊母	常绿乔木	金缕梅科	华南、华东	喜光及温暖、湿润的环境	5~7	深根	中	强	播种、扦插	强		强					污染区绿化,绿篱	用材
107	沙枣	落叶小乔木	胡颓子科	西北、华北、东北	喜光,适应风沙,耐旱瘠、盐碱	15	浅根,根幅广	快	强	播种、扦插	强		强					防风固沙	用材、果品、蜜源植物
108	胡颓子	落叶灌木	胡颓子科	华北、华中、华南	喜光及温暖、湿润的环境	3	深根	中	中	播种、扦插	强		强					污染区绿化,供观赏	果品
109	红果仔	常绿灌木或小乔木	桃金娘科	广东、广西	喜光,宜温暖、湿润的环境,耐旱瘠	6	侧根发达	中	中	播种	中		弱					污染区绿化	果品
110	华北卫矛	落叶灌木或小乔木	卫矛科	华北、东北	喜生于河岸、溪谷等湿润环境,耐干旱、寒	1~3	深根	中	中	播种、扦插	中	中	中					污染区绿化	—

续表

序号	植物名称	植物性状	科名	分布区	适宜生境	高度(m)	根系分布	生长速度	萌生能力	主要繁殖方法	对大气污染物的抗性							绿化用途	其他用途
											SO₂	Cl₂	HF	Hg	NH₃	O₃	粉尘		
111	翅卫矛	落叶灌木	胡颓子科	河南、陕西、甘肃、四川	喜光，但耐阴，宜湿润，土层较厚的环境	5	深根	中	中	播种								污染区绿化	一
112	大叶黄杨	常绿小乔木或灌木	胡颓子科	黄河以南	喜光，喜温暖、湿润的环境	5~6	深根	中	强	扦插							中	污染区作绿篱	一
113	栀子	常绿灌木	茜草科	华中、华南	水湿条件良好的环境	0.5~2	深根	中	强	扦插	强	强						庭园绿化，盆景	果作药用及染料
114	接骨草	落叶灌木	爵床科	华南	耐阴，适应性强，但以湿润土壤为宜	0.4~0.7	浅根，根系发达	快	强	扦插	中	中						污染区绿篱	药用
115	木槿	落叶灌木	锦葵科	各地	喜光，宜肥沃、湿润的土壤	3~4	浅根	中	强	扦插	强	强						庭园绿化	果作药用及染料
116	枸骨	常绿小乔木或灌木	冬青科	长江中、下游	喜光，宜湿润沃土和温暖的气候	3~4	深根	中	强	播种扦插	中	中						工矿区绿化	花供香料植物
117	茉莉	常绿灌木	木樨科	南方	喜光，宜湿润沃土	0.4~0.8	侧根发达	中	强	扦插	中	中				强		庭园绿化，绿篱花坛	花及作茉莉花茶
118	紫薇	落叶灌木或小乔木	千屈菜科	华东、华北、华中、西南	喜光，宜湿润沃土	6~7	深根	中	强	播种嫁接	强	中						污染区及城市行道树	一
119	小叶女贞	常绿或半常绿灌木	木樨科	江苏、陕西、河南、湖北、湖南、四川、贵州、云南	喜光，喜湿润沃土，但耐瘠薄	2~3	深根	中	中	扦插	中	中			弱			庭园绿化	油料植物
120	夜合欢	常绿灌木	木兰科	南方	喜光，宜湿润沃土及温暖的气候	3~8	浅根	慢	中	圈枝压条	强	强						庭园绿化	花有浓郁芳香
121	含笑	常绿灌木	木兰科	南方	喜光，宜湿润沃土	2~4	浅根	中	强	圈枝压条	中	中						工厂区、庭园绿化	花芳香

园林植物环境

序号	植物名称	植物性状	科名	分布区	适宜生境	高度(m)	根系分布	生长速度	萌生能力	主要繁殖方法	对大气污染物的抗性							绿化用途	其他用途
											SO_2	Cl_2	HF	Hg	NH_3	O_3	粉尘		
122	九里香	常绿小乔木或灌木	芸香科	广东、广西、湖南、贵州、云南	喜光,宜肥沃、湿润的土壤	3~8	深根	中	中	播种 扦插	强	强						工厂区、庭园绿化	盆景
123	夹竹桃	常绿小乔木或灌木	夹竹桃科	长江以南	喜光,喜温暖,宜湿润土	1.5~3	根系发达	快	强	扦插	强	强						污染区行道树及庭园绿化	—
124	桂花	常绿小乔木或灌木	木樨科	黄河流域以南	喜温暖,喜阴但耐阴,宜肥沃、湿润的土壤	3~6	深根	慢	弱	圈枝 压条	中	中	中－强					污染区行道树及庭园绿化	花作香料及入药
125	石楠	常绿小乔木或灌木	蔷薇科	华东、华中、华南、西南	喜温暖、耐阴,对土壤要求不严,宜肥沃、湿润的土壤	4~6	深根	慢	强	播种 嫁接	中	中				强		中等污染区庭园绿化	用材
126	海桐	常绿小乔木或灌木	海桐花科	华东、华中、华南、西南	喜光,宜肥沃、湿润的土壤	2~6	深根	中	强	播种 扦插	强	强						工矿区作花坛、花带、庭园绿化	—
127	枳橙	常绿小乔木或灌木	芸香科	长江流域	喜光,宜肥沃、湿润的土壤	2~4	深根	中	中	嫁接	强	强						庭园观赏	药用
128	接骨木	落叶小乔木或灌木	忍冬科	华北、华东、东北	适应性广、耐旱瘠	2~3	深根	快	中	播种	中	强						污染区及园林绿化	—
129	柽柳	落叶小乔木或灌木	柽柳科	山东至广东、云南	喜光及温凉气候,耐盐碱、干旱,且耐涝	5	深根	快	强	扦插 播种	强	强						污染区绿化、固沙、观赏	—
130	珊瑚藤	落叶藤本	蓼科	广东、广西	喜湿润沃土		根系发达	快	强	播种	强	强						轻度污染区棚架植物	—
131	珊瑚树	常绿小乔木或灌木	忍冬科	华南、华东、西南	喜温暖,喜肥沃、湿润的土壤	3~6	深根	快	强	播种	强	中						中等污染区作绿篱,庭园绿化	—

序号	植物名称	植物性状	科名	分布区	适宜生境	高度(m)	根系分布	生长速度	萌生能力	主要繁殖方法	对大气污染物的抗性							绿化用途	其他用途
											SO₂	Cl₂	HF	Hg	NH₃	O₃	粉尘		
132	五叶地锦	落叶藤本	葡萄科	华北、华中、华南、华东	喜湿润沃土	—	根系发达	快	强	播种	强	弱						攀缘植物	—
133	爬山虎	落叶藤本	葡萄科	华北、华中、华南、华东	喜湿润沃土	—	根系发达	快	强	播种	强	中				强		庭园观赏	—
134	炮仗花	常绿藤本	紫葳科	广东、广西	喜光、宜肥沃土	—	根系发达	快	强	扦插	强	弱						攀缘植物	—
135	野牛草	多年生草本	禾本科	华北、西北	耐旱瘠	0.05~0.25	浅根	中	强	播种、分根	强				中	强		保持水土、固沙、固堤	牧草
136	美人蕉	多年生草本	美人蕉科	长江以南	喜光和水湿条件良好的环境	1.5	浅根	快	强	分根	强	强						庭园绿化	根茎含淀粉
137	竹节草	多年生草本	禾本科	长江流域以南	生长于山坡及旷野、耐旱瘠	0.2~0.5	浅根	快	强	播种、分根	中—强	中—强						优良的水土保持植物	牧草、药用
138	绊根草	多年生草本	禾本科	黄河以南	生于旷野草地、田间等地	0.1~0.2	浅根	快	强	播种、分根	中—强	中—强						优良的固堤保土植物	牧草
139	假俭草	多年生草本	禾本科	华东、华南、西南	湿润草地或旷野均能生长	0.1~0.3	浅根	中	中	播种、分根	中—强	中—强						优良的固堤保土植物	良好牧草
140	玉簪	多年生草本	百合科	各地	宜湿润沃土	0.3~0.8	浅根	中	中	分根	强	弱						盆景及绿化	

主 要 参 考 文 献

[1] McNeely J. A. 等. 保护世界的生物多样性. 薛达元等译. 北京: 中国环境科学出版社, 1990.

[2] Nebel B. J. 环境科学. 范淑琴等译. 北京: 科学出版社, 1987.

[3] Odum E. P. 生态学基础. 孙儒泳等译. 北京: 科学出版社, 1981.

[4] 上海市园林学校. 园林气象学. 北京: 中国林业出版社, 1989.

[5] 中科院南京土壤研究所. 土壤理化分析. 北京: 上海科技出版社, 1978.

[6] 孔国徽等. 大气污染与植物. 北京: 中国林业出版社, 1988.

[7] 气象学编写组. 气象学. 北京: 中国林业出版社, 1995.

[8] 王丙庭. 农业气象. 上海: 上海科学技术出版社, 1988.

[9] 东北林业大学. 森林生态学. 北京: 中国林业出版社, 1981.

[10] 东北林学院. 森林生态学. 北京: 中国林业出版社, 1981.

[11] 北京市气象局气候资料室. 北京气候志. 北京: 北京出版社, 1987.

[12] 全国农业技术推广服务中心. 土壤分析技术规范. 第2版. 北京: 中国农业出版社, 2006.

[13] 关连珠. 土壤肥料学. 北京: 中国农业出版社, 2001.

[14] 刘常富, 陈玮. 园林生态学. 北京: 科学出版社, 2003.

[15] 吕英华, 秦双月. 土壤与施肥. 北京: 中国农业出版社, 2002.

[16] 孙义. 农业化学. 北京: 上海科技出版社, 1980.

[17] 孙儒泳. 基础生态学. 北京: 高等教育出版社, 2002.

[18] 江苏省淮阴农业学校. 土壤肥料学. 北京: 中国农业出版社, 1999.

[19] 冷平生, 苏淑钗. 园林生态学. 北京: 气象出版社, 2001.

[20] 冷平生. 园林生态学. 北京: 中国农业出版社, 2003.

[21] 冷平生. 城市植物生态学. 北京: 中国建筑工业出版社, 1999.

[22] 吴礼树. 土壤肥料科学. 北京: 中国农业出版社, 2004.

[23] 园林植物生态学编写组. 园林植物生态学. 北京: 中国林业出版社, 1999.

[24] 宋志伟, 王志伟. 植物生长环境. 北京: 中国农业大学出版社, 2007.

[25] 李小川. 园林植物环境. 北京: 高等教育出版社, 2002.

[26] 李笃仁, 黄照愿. 常用土壤肥料手册. 北京: 中国农业出版社, 1989.

[27] 李振基, 陈小麟, 郑海雷. 生态学. 北京: 科学出版社, 2004.

[28] 李博等. 生态学. 北京: 高等教育出版社, 2000.

[29] 杨玉珙等. 森林生态学. 第2版. 北京: 中国林业出版社, 1994.

[30] 邹良栋. 植物生长与环境. 北京: 高等教育出版社, 2004.

[31] 陆鼎煌. 气象学与林业气象学. 北京: 中国林业出版社, 1994.

[32] 陈有民, 园林树木学. 北京: 中国林业出版社, 1990.

[33] 陈家豪. 农业气象学. 北京: 中国农业出版社, 1999.

[34] 周纪纶. 植物种群生态学. 北京: 高等教育出版社, 1993.

[35] 林启美. 土壤肥料学. 北京: 中央广播电视大学出版社, 1999.

园
林
植
物
环
境

［36］　罗汉民，阎秉辉，吴诗敦. 气候学. 北京：气象出版社，1986.

［37］　南京农学院. 土壤农化分析. 北京：中国农业出版社，1980.

［38］　祝延成，董厚德. 生态系统浅说. 北京：科学出版社，1987.

［39］　高祥照等. 化肥手册. 北京：中国农业出版社，2000.

［40］　康亮. 园林花卉学. 北京：中国建筑工业出版社，1999.

［41］　森林生态学编写组. 森林生态学. 北京：中国林业出版社，1990.

［42］　谢德体. 肥料学. 北京：中国林业出版社，2004.

［43］　鲁敏，李英杰. 城市生态绿地系统建设. 北京：中国林业出版社，2005.

［44］　褚天铎. 肥科学使用指南. 北京：金盾出版社，1997.

［45］　颜景芝. 土壤肥料学. 北京：中国林业出版社，2000.